中国大气污染特征与影响评估研究

杜媛芳 著

西南交通大学出版社
·成都·

内容简介

本书开篇对大气污染相关概念、理论、负外部性影响及影响机制进行了全面概览，然后深入剖析了中国大气污染在时间和空间维度上的分布特征及其主要来源，接着从实战角度出发，运用多元统计分析方法与计量模型，实证研究了大气污染对居民呼吸系统健康、疾病负担、生命质量、农业生产以及经济发展的影响，并核算了相关经济损失，最后探讨了针对大气污染治理的对策建议。

本书注重理论与应用的结合，可作为生态学、统计学专业本硕阶段关于大气污染理论与影响评价分析方面的学习和参考资料。

图书在版编目（CIP）数据

中国大气污染特征与影响评估研究 / 杜媛芳著.
成都：西南交通大学出版社，2025.6. -- ISBN 978-7-5774-0488-2

Ⅰ.X51

中国国家版本馆 CIP 数据核字第 2025TD9309 号

Zhongguo Daqi Wuran Tezheng yu Yingxiang Pinggu Yanjiu
中国大气污染特征与影响评估研究

杜媛芳　著

策 划 编 辑	黄淑文
责 任 编 辑	黄淑文
封 面 设 计	原谋书装
出 版 发 行	西南交通大学出版社 （四川省成都市金牛区二环路北一段 111 号 西南交通大学创新大厦 21 楼）
营销部电话	028-87600564　028-87600533
邮 政 编 码	610031
网　　　址	https://www.xnjdcbs.com
印　　　刷	成都蜀通印务有限责任公司
成 品 尺 寸	185 mm×260 mm
印　　　张	12
字　　　数	255 千
版　　　次	2025 年 6 月第 1 版
印　　　次	2025 年 6 月第 1 次
书　　　号	ISBN 978-7-5774-0488-2
定　　　价	68.00 元

图书如有印装质量问题　本社负责退换
版权所有　盗版必究　举报电话：028-87600562

前言

随着全球气候变化和环境污染问题日益突出，人们对大气环境整体健康的要求日益增加，大气质量持续成为全球关注的焦点。大气作为维持地球生命的关键资源，是工业化进程中必须保障的核心公共资源。然而，空气污染不仅对人类生存和发展构成严重挑战，而且在生命质量、经济、社会和环境等诸多领域产生深远影响。尤其是空气污染的负外部性已经超出西方外部性理论的范畴，成为了全球性公共议题。在中国，党的十八大以来，以习近平同志为核心的党中央以前所未有的力度抓生态文明建设，我国污染防治攻坚战各项阶段性目标任务全面完成，生态环境得到显著改善。但空气污染仍然对人们的生命质量、经济发展和农业生产产生负外部性影响，制约着高质量经济社会发展和农业生产的可持续性。

提高生命质量、经济发展和农业生产的高质量发展需关注以下方面：以改善民众健康状况和延长寿命为基础，将提升生命质量主观体验作为重要目标，以及将实现经济社会、农业生产绿色可持续发展视为根本保障。本书围绕这几个关键任务和目标展开深入探讨，旨在为解决我国空气污染问题提供理论依据和实践指导。

全书共分为8章，可以概括为4个版块。第1~2章为第1版块，关于空气污染的研究背景、意义、理论框架、概念和现状研究的梳理。对相关概念进行界定，对研究现状进行梳理，明确了本研究的理论基础。第3章为第2版块，生态文明视角下探讨我国空气污染的时空分布特征和主要来源。第4~7章为第3版块，分别从客观观测空气污染指标和主观感知污染水平的多个污染指标，实证分析了生态文明视角下空气污染对居民呼吸系统健康、居民生命质量、疾病负担、经济发展和农业生产的负外部性影响，并对相应的健康、经济损失进行了评估。第8章为第4版块，结论、建议与展望，对全书研究内容进行总结，根据本书的研究结论，针对空气污染负外部性影响问题，本书提出了降低空气污染对生命质量、经济、社会及环境的负外部性影响、防控治理空气污染的相关政策建议，分析了本书的不足之处并提出了后续研究的改进方向。

本书从实战角度出发，通过多元统计分析方法、计量模型实证分析了大气污染对居民呼吸系统健康、疾病负担、生命质量、农业生产和经济发展的影响及相关经济损失。例如，通过呼吸系统疾病住院人数分析发现，空气污染对呼吸系统健康表现出急性效应和显著的滞后效应，增加了呼吸系统疾病的住院风险，并导致严重的健康经济损失。运用向量自回归模型和向量误差修正模型分析了空气污染、国民健康与经济发展之间存在显著的长期均衡关系及短期波动的交互影响关系。同时采用修正的人力资本法全面评估了空气污染所造成的间接经济损失。此外，本书创新性地引入空气质量主观评价作为衡量空气污染的指标，从健康效用和体验效用两个维度系统地研究了空气污染与居民健康相关生命质量的相关性，为空气污染对健康负外部性影响的实证研究提供了微观心理机制支持。同时，本书还以我国供需缺口最大的粮食作物——豆类作为研究对象，基于面板数据建立面板空间计量模型，探究废气排放对豆类单位面积产量的影响，发现废气中 SO_2 排放量显著影响豆类单产，而温度、降水量和灾害天气等因素也对豆类生产产生显著影响。

特别地，在当前大数据时代，学会数据分析是一项越来越受到就业市场欢迎的技能，同时也是进一步升级研究不可或缺的分析工具。本书将有助于读者真正掌握和熟练应用统计分析工具，提高运用统计方法分析解决问题的能力。

本书注重理论与应用的联系，可以作为本硕阶段生态学、统计学专业大气污染理论与影响评价分析的学习和参考资料。

作　者

2025 年 3 月

目录 CONTENTS

1 引言 ·· 001
   1.1 研究背景与意义 ··· 001
   1.2 文献回顾 ·· 004
   1.3 研究内容与思路方法 ··· 016

2 理论框架与概念界定 ··· 019
   2.1 基本理论 ·· 019
   2.2 概念基础 ·· 022
   2.3 空气污染的负外部性影响分析 ····································· 027
   2.4 生命质量经济社会环境对空气污染的影响 ···················· 036
   2.5 空气污染负外部性影响的理论机制分析 ························ 037
   2.6 本章小结 ·· 043

3 空气污染的时空分布特征与主要来源 ···································· 045
   3.1 数据与方法 ··· 045
   3.2 中国城市空气污染时空演变特征分析 ··························· 047
   3.3 空气污染未来发展情况分析 ······································· 058
   3.4 空气污染的来源分析 ·· 064
   3.5 本章小结 ·· 067

4 空气污染对居民呼吸系统健康的影响 ···································· 069
   4.1 数据与方法 ··· 069
   4.2 空气污染状况统计性描述分析 ···································· 073
   4.3 呼吸系统疾病的住院情况统计性描述分析 ···················· 079
   4.4 空气污染影响呼吸系统疾病住院人数的异质性分析 ········ 083
   4.5 稳健性分析 ··· 091

  4.6 空气污染的健康经济损失评估及治理效应情景分析 ································ 092
  4.7 本章小结 ·· 096

5 空气污染对居民生命质量效用的影响 ··· 098
  5.1 数据与方法 ··· 098
  5.2 空气污染对居民生命质量影响的因素分析 ·· 106
  5.3 空气污染对生命质量健康效用的影响分析 ·· 110
  5.4 空气污染对生命质量体验效用的影响分析 ·· 111
  5.5 实证结果的稳健性检验 ·· 114
  5.6 本章小结 ·· 114

6 空气污染、国民健康与经济发展的交互影响 ····································· 116
  6.1 数据与方法 ··· 116
  6.2 空气污染、国民健康和经济发展实证模型设定 ··································· 121
  6.3 空气污染、国民健康和经济发展描述性分析结果 ······························· 125
  6.4 空气污染、国民健康和经济发展交互影响模型分析结果 ····················· 130
  6.5 空气污染间接经济损失评估 ·· 140
  6.6 本章小结 ·· 143

7 空气污染对农业生产的影响评价研究 ··· 145
  7.1 数据与方法 ··· 145
  7.2 空气污染对农业生产影响实证模型设定 ··· 147
  7.3 空气污染对农业生产影响的描述性分析结果 ······································ 150
  7.4 空气污染对农业生产影响的模型分析结果 ··· 151
  7.5 本章小结 ·· 157

8 结论、建议与展望 ·· 158
  8.1 研究结论 ·· 158
  8.2 政策建议 ·· 161
  8.3 研究局限性与研究展望 ·· 164

参考文献 ··· 166

1 引 言

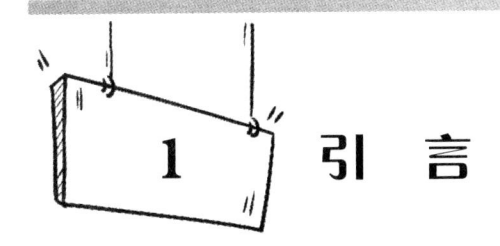

1.1 研究背景与意义

1.1.1 研究背景

大气是地球生物生存的必需品,更是全球各国(地区)应该首先确保的基本公共品。在人类社会工业化进程中,空气污染是任何一个国家(地区)所必然面临的环境问题。工业先行国家的经验和教训已经表明,空气污染同时影响着生存和发展。一方面,污染所带来的健康、环境损害威胁地球生物的生存。另一方面,污染还会通过各种渠道影响经济社会发展的速度和质量。因此,空气污染对生命质量、经济、社会和环境的负外部性影响问题是一个重大公共议题。

空气污染对人类的影响是多层次、多尺度、全方位的。首先,空气污染直接危害人们生理健康和心理健康,降低居民生命质量,空气污染的持续暴露是人类发病率和死亡率[①]的主要原因之一。短期或长期暴露于受污染的空气会增加呼吸系统、心血管、神经系统和免疫相关疾病的发病率和住院率,同时污染也与癌症、预期寿命和出生缺陷死亡的发生有关。除生理健康以外,空气污染也对人类生命质量的其他各个方面造成直接和间接的负面影响,包括抑郁、满意度、认知决策等健康相关生命质量。沙尘暴、雾霾等空气污染因素的爆发可能导致人们在日常生活和旅行中减少户外活动,以规避空气污染对健康的负面影响。这种做法可能会限制个体之间的面对面交流和社交互动,从而严重干扰他们的日常生活和工作,最终影响他们的整体生命质量。自 1952 年伦敦烟雾事件(Bell & Davis,2001)以来,空气污染灾难和事件引起了全球学术界、领导者和公众对空气污染与健康之间关系的关注。

其次,空气污染对经济、社会、农业生产和环境的负面影响是广泛而深刻的。具体而言,空气污染不仅会直接和间接导致农业与工业生产的产量及质量降低,进而对经济产生负外部性影响。同时,空气污染还会引发气候变化等气候效应,加剧交通、城市化和社会道德等方面的问题,从而加大环境压力和社会不稳定因素。这些问题相互关联,对经济、社会和环境的可持续发展产生不利影响。

[①] 世界卫生组织于 2021 年发布的《全球空气质量指南》指出,每年约有 700 万人死于与空气污染相关的疾病。

最后，空气污染所产生的负外部性已在程度与影响上突破了西方外部性理论所涉及的范畴，这一现象主要表现为：第一，污染的范围和复杂性超出了传统理论所能描述的局限，如跨国界污染、长距离传输等现象；第二，空气污染对公共健康、生态系统及气候变化的影响已达到前所未有的程度，对全球可持续发展产生严重威胁；第三，空气污染治理涉及的多层次、多领域的利益主体和政策协同问题，亦在治理实践中暴露出传统理论的不足。

此外，在经济发展持续推进的背景下，健康、环境、资源和经济成本已成为衡量经济质量的关键指标。因此，全球正面临空气污染防治的紧迫任务。实际上，环境问题从本质上看是一个经济问题，随着经济发展的逐步成熟，其作为经济发展副产品逐渐显现。尽管经济发展导致了大量污染物排放，然而技术创新对空气污染治理产生了积极影响。因此，解决环境问题的根本路径依赖于经济的持续进步，而非停止经济发展。从经济学角度分析环境问题的成因、危害以及解决策略，是解决环境问题的关键途径。

自改革开放以来，中国经济持续快速增长，但伴随而来的是日益严重的环境问题，尤其是空气污染。各类污染源，如工农业生产、生活炉灶、采暖锅炉、交通运输及森林火灾等，不断排放大量空气污染物，导致全国范围内空气质量恶化。以2010年为例，全国排放的二氧化硫、氮氧化物、烟尘及工业粉尘总量较高，分别为2185.1万吨、1852.4万吨、829.1万吨和448.7万吨。面对这一挑战，中国作为最大的发展中国家和负责任的大国，积极承担国际应对大气环境改善的责任。2012年和2013年，环保部发布了新修订的《环境空气质量标准》与《环境空气质量评价技术规范（试行）》。实际上，自1978年《中华人民共和国宪法》强调环境保护起，中国采取了一系列措施应对空气污染，完善空气污染防治政策。2013年，《空气污染防治行动计划》（"大气十条"）发布，设定治理目标并提供指导意见。区域协作机制得到加强，以统筹环境治理。政府陆续出台《打赢蓝天保卫战三年行动计划》《2019年全国空气污染防治工作要点》《"十四五"全国清洁生产推行方案》及2035年远景目标等政策。

此外，中国政府越来越重视生态环境问题对人体健康的影响，于2019年7月发布《国务院关于实施健康中国行动的意见》和《健康中国行动（2019—2030年）》，提出"大健康"概念，明确"健康中国2030"战略核心是以人民健康为中心。该理念强调，全方位的健康不仅包括生理健康，还涵盖影响人体健康的各种因素，这些因素既相互独立，又相互依存。2020年9月，中国政府提出节能减排"双碳"目标，制定一系列政策标准，涵盖空气质量改善、挥发性有机物（VOCs）治理等领域，为生态环境保护和人民健康提供重要依据。2020年中国明确提出2030年"碳达峰"与2060年"碳中和"目标。党的二十大明确提出"深入推进环境污染防治……持续深入打好蓝天、碧水、净土保卫战。加强污染物协同控制，基本消除重污染天气。"2023年11月国务院印发《空气质量持续改善行动计划》，也强调"协同推进降碳、减污、扩绿、增长，以改善空气质量为核心，以减少重污染天气和解决人民群众身边的突出大气环境问题为重点"，通过统筹减污降碳协同增效，旨在满足中国经济高质量发展的需求，同时深入推进环境治理，从源头和根本上改变生态环境质量。在各级政府的共同努力下，全国空气污染，特别是 $PM_{2.5}$ 污染得到显著改善。综上所述，自改革开放以来，中国在实现经济高速增长的同时，也逐步加强环境保护与治理。一系列政策的实施，确保了空气质量逐步改善。这不仅有助于实现经济高质量发展，还强调了人民健康的重要性，为构建"健康中国"奠定了坚实基础。

综合来看，空气污染所产生的负外部性不仅局限于居民生活质量、环境与经济领域，同时也涉及效率与公平等关键公共议题。因此，在经济发展与环境保护之间寻求平衡，以有效预防空气污染对生活质量与经济的负面影响，已成为一个至关重要的问题。为解决此问题，深入探究中国主要城市空气污染的时空变化特征、未来演变趋势，以及空气污染对生活质量、经济、环境与社会的影响和效应，显得尤为重要和必要。

1.1.2 研究意义

自2005年习近平总书记提出"绿水青山就是金山银山"这一科学论断以来，国家越来越认识到良好的生态环境和绿色发展理念的重要性。然而，经济快速增长所付出的健康、资源、环境、生活和经济代价不容忽视，因此评估和分析空气污染的效应损失，并对其进行货币化的估算，对于促进政府空气污染治理的改进政策、加大治理力度具有重要意义。尽管在学术界，空气污染的研究主要关注其负面外部性问题，宏观层面的影响研究较为广泛，但对空气污染对生命质量、经济、社会和环境全面系统的研究仍然存在不足，特别是对空气污染对生命质量的主观评价的研究不够深入。本书旨在从微观和宏观层面上实证分析空气污染对生命质量和经济发展的负外部性影响，并探讨其影响机理。通过这些研究，本书可为政策制定者提供防范和治理空气污染的依据，以减弱其对健康和经济的负面影响，并为未来的空气污染治理提供理论和实践上的参考和指导。

本书的研究对于深入探究空气污染的影响机理、加强空气污染治理以及推进可持续发展具有重要的理论意义和现实应用价值。首先，从学术研究意义上来看，本书旨在建立一个全面系统的空气污染生命质量经济社会环境效应分析框架，将空气质量视为一种典型的公共品，并将其纳入健康和经济分析框架中，以深入分析空气污染对生命质量和经济发展的影响。为此，我们将空气污染的负外部性影响分为生命质量、经济、社会和环境四个方面，并将空气污染造成的损失分为身心健康、认知决策、生命质量、公平效率、农业生产、气候环境、经济发展以及相应的直接经济损失和间接经济损失。我们构建的空气污染对生命质量、经济、社会和环境的影响的分析体具有实用性、完备性、一般化和可量化等特点，综合应用了多种评估方法。这一分析框架的构建不仅能够满足空气污染各种影响的评估，还为探索空气污染治理的有效策略提供了理论支持。因此，本书为空气污染负外部性影响研究提供了一个较科学全面的分析框架，具有重要的理论意义。

其次,从研究现实意义上来看,本书的探讨与策略制定不仅可以提高公众对空气污染的认识,还能够为未来的环境治理和公共卫生政策制定提供有价值的参考。本书旨在深入研究空气污染对公众生命质量和经济发展的影响以及相关防控措施,以促进公共卫生和经济绿色可持续发展,实现人民群众的健康幸福生活。此外,本书还将空气污染治理行动看作全球公共品,并提出了全球协同治理观及污染治理建议,具有重要的启示意义。本书的研究结论通过多尺度的环境空气质量评价、科学认识城市空气污染物的时空分布特征及未来发展情况、评估分析空气污染对呼吸系统健康、生命质量、农业生产、国民健康和经济发展的影响以及空气污染、国民健康和经济发展之间的交互影响,定量测算空气污染造成的经济损失,为科学认知空气质量的变化特征、重视经济发展过程中的环境污染问题以及由此造成的生命质量和社会经济损害提供了理论支持和政策建议。本书的结果不仅为民众在空气未污染时采取预防措施提供指导意见,而且为相关部门开展空气污染防治工作提供重要的理论依据,有助于从被动的空气污染监测转变为主动应对空气污染物的控制。

本书旨在贯彻党的二十大精神,践行人与自然和谐共生、绿色发展及当代大健康理念,满足公众日益增长的环境和生命质量需求。本书通过评估空气污染对生活质量和经济发展的影响及效应,优化空气质量预防与控制空气污染的负外部性影响,为空气污染治理和经济绿色可持续发展等领域的决策提供理论支持和政策建议。优良的空气质量是最公平的公共产品,而空气污染治理行动则是具有全球性的公共产品,更是普惠性民生福祉的体现。因此,研究空气污染对生活质量和经济的影响具有迫切性和现实应用价值。

1.2 文献回顾

空气污染作为环境污染的重要组成部分,在环境经济学中被视为不可避免的经济发展问题。随着空气污染数据质量的提高以及学者们对其持续的关注,相关研究文献不断涌现。通常,研究从意识到空气污染并关注其对个体健康影响开始,接着探讨空气污染的成因以及其对经济的负面影响,然后分析空气污染与经济发展之间的相互作用关系,最终研究空气污染对经济造成的损失。为了深入探讨空气污染对生命质量和经济发展的负外部性影响,本书系统梳理和总结了相关研究成果。

1.2.1 空气污染的研究现状

环境空气污染监测、评价和预测一直是中外学者研究的热点,该领域已经取得了有意义的成果。虽然人们在18世纪中叶的产业革命后才开始真正认识到空气污染问题,但目前已开展了大量相关研究(Mohan, et al., 2007; Abulude et al., 2022; Moscoso-

López，et al.，2022）。关于空气污染监测的研究，包括监测技术的发展以及数据处理和分析方法的改进。例如，国内外研究者都利用了传感器、监测站和卫星数据等不同类型的数据进行空气质量监测，以实现对空气质量的高精度监测和分析。其中，美国科学家查里斯·大卫·基林（Charles David Keeling）于1958年开始在莫纳罗亚和南极展开了一系列高精度、连续的大气二氧化碳观测，被誉为"开启高精度连续观测大气CO_2的第一人"。20世纪60年代初，基林和气象学家伯特·伯林首次对大气中的二氧化碳测量数据进行了"反演"，并证明化石燃料排放确实对二氧化碳的全球分布有很大贡献（Keeling，1961）。随后，更多学科的研究者开始关注包括二氧化碳浓度的空气污染问题。

与国外相比，中国在经济发展方面相对滞后，因此早期未能充分关注空气污染问题，相应的分析评价研究也较为滞后。在1980年前后，主要采用空间计量模型、回归分析模型、神经网络模型、时间序列模型等方法，对空气污染物对能见度、气溶胶特性或空气质量影响因素及预测分析等进行研究。随着污染加剧①，中国的空气污染问题逐渐受到重视。21世纪初，相关研究开始关注雾霾天气（宋宇等，2003），开展了一系列关于雾霾成因、雾霾与雾的区别、雾霾物理化学特性及来源、雾霾与能见度、颗粒物的时空分布及吸湿特性等问题的研究。例如，研究者对雾霾成因、颗粒物来源及其物化特性、颗粒物对能见度的影响等展开了深入研究（钱峻屏等，2006；余锡刚等，2010；Liu，et al.，2011；毛敏娟等，2013）。

通过文献梳理，相关研究主要集中在：（1）不同尺度及典型地区空气质量的分析，空气质量的年际变化特征、城市和乡村空气质量比较以及重大节事活动期间空气质量变化特征分析等（Zhang，et al.，2020）；（2）空气质量的影响因素研究。引起空气质量变化的因素众多且比较复杂，如雾霾、气溶胶污染物因素（Song，2017）、能源（Li，et al.，2018）、气象要素（周兆媛等，2014；Ji，et al.，2020）、气候变化（孙家仁等，2011）、社会经济因素（Lin & Wang，2016）等。何振芳等（2021）利用AQI、气象要素以及社会经济数据研究发现，气候条件是河北省空气污染的诱导因素，人为排放是河北省大气重污染的主要因素。（3）空气质量预测分析，主要有潜式预报（Zhu，et al.，2018）、数值预报（Denby，et al.，2010；Zhou，et al.，2016）和统计预报（Liu，et al.，2019）三类。数值预报是基于模拟污染源排放数据以及物理、化学反应等非线性过程的模型，来预测大气污染物的排放、传输和扩散等各个过程。自1994年以来，中国的科研工作者利用空气污染来源解析、集合预报、大气化学数据同化等先进技术，研发了一系列空气质量模式，包括区域大气环境模拟系统（RegAEMS）（王体健等，1996）、嵌套网格空气质量预报模式系统（NAQPM）（王自发等，2006）和化学天气数值预报系统（CUACE）（王宏等，2009）。这些模式在空气质量模拟预报和空气污染防治等方面取得

---

① 根据国际能源机构2009年公开的《世界能源展望》数据，2007年全球二氧化碳排放量达到288亿吨，其中中国占21%，成为世界最大气体排放国。

了显著的科研成果。例如，罗干等（2022）检验发现，改进后的区域大气环境模拟系统（RegAEMS）对大气污染物浓度水平以及氮沉降分布状况具有较强的模拟预测能力。

统计预报一般通过分析与空气污染相关的一段时期的污染物影响因素与污染物浓度的监测数据的统计规律，对未来趋势进行预测，因具有快捷、简单的特点，得到许多研究者的关注。如 Zhou 等（2020）提出了一种季节非线性灰色伯努利模型，对长三角四个代表性城市（上海、杭州、南京和合肥）的空气质量指标进行了较高预测精度的季节性运行预报。Sekhar 等（2020）利用季节时间序列模型预测了新德里未来 NO_2 的浓度，与支持向量机和线性回归相比，SARIMA 模型方面表现更好，RMSE 误差更低。

从研究方法看，常用统计分析、机器学习和深度学习等方法，预测污染物的浓度和趋势以及评估污染物对人类健康和环境的影响。如 Gocheva-Ilieva 等（2014）建立 SARIMA 模型，对保加利亚某镇未来 72 h 的空气污染物进行了有效的分析预测。Lim 等（2022）利用回归模型对韩国首尔现在和未来 NO_2 分布进行预测，发现冬季 NO_2 浓度都相对较高。Gama 等（2018）研究发现，葡萄牙大气中 PM 浓度在城市和郊区背景地点具有强烈的季节性特征，冬季的月平均浓度高于夏季，农村地区的 PM_{10} 浓度在 8 月和 9 月期间最高。通过梳理相关研究可以看出，对空气污染的分析预测中，时间序列模型、机器学习、神经网络模型等非线性模型的预测精度更高，也能更好地反映时空交互作用等多种作用因素对空气质量的影响。

中国对空气污染研究是具有典型性的，最近几年更是取得了很高的成就。这是因为，首先，近年来，中国随着高速经济增长环境质量出现明显的下降，污染造成的不良经济社会效应加剧，这给该领域提供了直接的研究案例。与此同时，中国政府采取各种强有力的措施加大了对空气污染的治理力度，污染浓度出现大幅下降，这为学者提供了良好的准自然实验来开展研究。此外，中国的污染数据的准确性、可用性和可获得性也有了质的提升，为学者提供了好的研究基础。

1.2.2 空气污染的生命质量影响的研究现状

1. 空气污染与生命质量关系的研究状况

一般认为生命质量是人们对生活环境的满意程度和对生活的全面评价，包括主观体验和客观健康状况等两个方面（林南等，1987）。当前，对主、客观生命质量的研究涉及多个学科领域，主要包括心理学、医学、社会学和伦理学等。然而，不同学科对生命质量的研究侧重点存在差异。梳理相关文献发现，国内外一致认为，空气质量在衡量人们的生命质量时起着举足轻重的作用，且空气质量状况对客观和主观生命质量均可能产生影响。对这一领域进行研究的中文文献相对较少，英文文献相对较多。大量研究以科学地测量空气污染对生命质量的影响为目标。如 Suwandee 等（2013）和 Darçın（2014）研究确定了空气质量和生命质量之间存在着明显的正相关关系。Rickenbacker

等（2020）揭示了室内颗粒物（PM）与生命质量的个体维度（家庭收入和生活在安全的环境中）之间存在显著关系，但对整体生命质量评分没有显著影响。刘瑾等（2022）证实了空气污染物对孕妇睡眠质量的影响可能存在滞后效应，其中 $PM_{2.5}$ 浓度升高会导致孕期睡眠障碍的发生风险增加。

对生命质量主观体验方面的研究包括生活满意度、幸福感、感知生命质量等方面。大量研究表明，空气污染不仅对居民生命质量的健康状况产生负外部性影响，同时也显著影响居民生命质量的主观体验（Mendoza, et al., 2019）。如 Liao 等（2014）研究发现，空气质量的客观测度会间接影响居民生活满意度。许志华等（2018）研究证实，空气中 NO_2 浓度上升会显著降低居民幸福感，且中底层人群和环境知识中高等人群的负面影响更大，并采用生活满意度定价法测算出 NO_2 浓度每降低 1 μg/m³，居民的平均支付意愿为 3239.30 元。Fleury-Bahi 等（2015）在两个法国城市中调查了健康风险感知、空气污染和社会经济不安全感导致的感知烦恼与感知健康和感知生命质量的相关性。Liu 等（2021）研究发现，空气质量显著降低居民生活满意度，PM_{10} 对不同生活满意度评价的边际效应最大，AQI 的边际效应接近 PM_{10}，SO_2 边际效应最小。

从研究内容方面看，目前空气质量研究主要集中在客观指标方面，对空气质量主观评价与居民生命质量关系的研究较少，缺乏实证分析。然而，正如 Liao 等（2015）研究被调查者对空气质量感知的影响因素时发现，空气质量的客观指标如 $PM_{2.5}$、PM_{10}、SO_2 和 NO_2 浓度会对被调查者的空气质量感知产生负面影响。Shi 等（2022）发现，客观的空气质量指标与主观的空气质量感知之间存在着高度的相关性。因此，居民所处的空气质量环境会直接影响到他们对空气质量的主观评价。此外，Darçın 和 Research（2014）利用世界卫生组织（World Health Organization，WHO）统计的 27 个国家的生命质量数据，采用典型相关分析方法实证检验了空气质量与生命质量之间的正相关关系，表明空气质量的改善可能有助于提高人们的生活质量。

研究空气污染与居民生命质量的关系，旨在定量测度其影响效果。尽管空气污染和生命质量的客观测度数据相对容易获取，但主观感知数据难以估算。因此，实证研究的关键在于如何科学量化主观感知空气污染水平对生命质量主观体验的影响。以往的相关研究通常使用自述式或问卷调查的方式获取居民对空气污染和生命质量等方面的主观感知数据。然而，由于调查成本的限制，这些数据难以在空间范围和时间精度上得到充分覆盖，因此其真实性和客观性存在不足。综合来看，空气污染对生命质量的影响研究较少关注居民的主观评价，而对于主、客观生命质量的全面分析也缺乏深入研究。然而，现有的研究为本书建立计量模型并选择研究变量提供了理论支持和实证参考。

2. 空气污染与健康关系的研究状况

从 20 世纪 50 年代起，国外学者开始研究大气污染对健康的负外部性影响，如

Cropper（1981）构建了健康生产函数预防保健模型，发现空气污染是影响公共健康的重要因素。医学、环境毒理学、环境流行病学等领域的学者对大气污染与健康的关系进行了一系列的研究（Atkinson, et al., 2001；Künzli, et al., 2009）。与国外相比，中国对于空气污染和健康关系方面的研究起步较晚，从20世纪90年代逐渐开展诸如空气污染对健康、环境损害等更多相关领域的研究（Wong, et al., 1999；Kan, et al., 2007）。目前，空气污染与健康关系主要受到健康科学和流行病学的关注（Feng, et al., 2022）。但是近年来，一些经济学和理学等学科的研究者也开始进行交叉研究，探讨空气污染问题（Chen, et al., 2022；于潇等，2022）。在全球和区域尺度上，许多研究利用不同的方法探讨了空气污染与健康或经济发展的关系（祁毓等，2015；张燕和章杰宽，2021）。分析有关空气污染与健康关系的热点问题、研究前沿和发展趋势，采取合理策略控制空气污染，预防空气污染的健康危害，对于该领域的后续研究具有重要的现实意义。

1991—2022年间，中文文献中空气污染与健康关系的研究关注的热点问题可归纳为：第一，对健康有影响的空气污染物的种类。第二，空气污染的健康效应，包括健康风险、健康经济损失。由聚类结果发现，空气污染对健康的影响主要集中在使公众罹患呼吸系统及心脑血管疾病上。第三，研究群体更多是全年龄段样本，但也有很多文章主要研究其对儿童健康的影响。第四，对空气污染的空间布局进行探讨，以及对污染物扩散进行模拟。第五，空气污染对健康影响的因果效应，以及对健康风险与效益的评估。其中中文高被引文献主要涉及三个主题，一是空气污染的健康效应，包括健康风险、健康经济损失；二是环境污染经济损失；三是空气污染与气候变化的协同治理。如阚海东和陈秉衡（2002）基于中国的空气污染与健康数据，建立了颗粒物与健康效应的暴露-反应关系模型。该模型表明，大气颗粒物浓度的升高与人群不良健康效应的发生率之间存在一定的暴露-反应关系，即每升高一定单位的大气颗粒物浓度，相对危险度也相应增加。不同的健康效应终点会呈现不同的危险度增加幅度。该模型对研究颗粒物对人体健康的影响具有重要意义，为预防和控制大气污染带来的健康危害提供了科学依据。这篇文献被多次引用，被诸多学者用于评价中国大气颗粒物污染的健康风险以及健康经济损失。

陈仁杰等（2010）基于2006年中国的PM_{10}年均浓度和健康数据，大致估算了相关健康经济损失，文章发现PM_{10}污染造成的健康损失主要是过早死亡、呼吸系统疾病、心脑血管疾病，基于处理以上这些健康问题所产生的门诊、住院费用，得到健康经济损失为3414.03亿元，其中由过早死亡造成的损失占比最大。高浓度$PM_{2.5}$暴露使得北京市在研究时段内急性人群健康风险显著增大，突发性死亡、呼吸系统疾病住院数、心血管疾病住院数、儿科门诊数、内科门诊数都显著增多。戴海夏等（2004）基于上海市的数据和材料，也得到同样的结论，即PM_{10}、$PM_{2.5}$污染显著造成健康风险，并具有潜在的急性人群健康危害。王平利等（2005）、白志鹏等（2006）和王跃思等（2014）则是对有关灰霾、颗粒物的健康效应进行文献综述。

在对环境污染经济损失的讨论中,涉及的损失主要包括空气污染、水污染、固体废弃物和其他污染造成的经济损失,其中空气污染造成的经济损失又分为人体健康、工业生产、家庭清洗、建筑材料腐蚀的经济损失,因此空气污染造成的健康经济损失只是其中的一部分。

而1991—2022年间,国际上空气污染与健康领域被学界普遍关注的热点问题,主要分为对健康有影响的空气污染物的种类、空气污染物影响健康的途径、空气污染引起的健康后果、空气污染影响的群体这四大类。结合相关文献来看,首先,对健康有影响的空气污染物的种类领域注重影响健康的空气污染物的种类的探讨,颗粒物是影响健康的主要污染来源。WHO报告指出,不论是发达国家还是发展中国家,大气颗粒物对公众健康都会产生有害效应(Whooaeht, 2006)。其次,空气污染物影响健康的途径的许多研究文献探讨了污染物的扩散和排放,包括室外机动车辆尾气排放、燃煤排放和重化工业污染气体的排放等典型的空气污染源。此外,室内环境中也会存在各种污染气体的排放,例如抽烟、烹饪以及室内装修中释放的甲醛等,这些因素都可能导致人体处于高水平的污染物暴露环境。

结合相关文献来看:(1)对健康有影响的空气污染物的种类领域注重影响健康的空气污染物的种类的探讨,颗粒物是影响健康的主要污染来源。WHO报告指出,不论是发达国家还是发展中国家,大气颗粒物对公众健康都会产生有害效应(Whooaeht, 2006)。(2)关于空气污染物影响健康的途径的众多研究文献探讨了污染物的扩散和排放,包括室外机动车辆尾气排放、燃煤排放和重化工业污染气体的排放等典型的空气污染源。此外,室内环境中也会存在各种污染气体的排放,例如抽烟、烹饪以及室内装修中释放的甲醛等,这些因素都可能导致人体处于高水平的污染物暴露环境。

研究空气污染对健康的影响之一,是要确定污染物与人体健康效应之间的暴露-反应关系。人体长期或短期暴露于污染物都可能导致不良健康效应(You & Bai, 2012)。这也就涉及了上文归结出的第三个研究热点——空气污染引起的健康后果。(3)空气污染的不良健康效应主要体现在空气污染物的浓度水平,与呼吸系统疾病以及其他疾病的发病率、人类死亡率存在着正相关关系。(4)空气污染对不同年龄阶段的人群的健康都会造成损害,学界更侧重于选择儿童这一群体作为研究样本(Chay & Greenstone, 2003; Janke, 2014)。

暴露于环境空气污染会增加发病率和死亡率,是全球疾病负担的主要因素之一(Cohen, et al., 2017),因此在对空气污染与健康关系进行研究时,引用研究疾病负担这一主题的文章是必要的。英文文献中的高被引文献大多集中于全球疾病负担的研究,世界范围内,不同风险因素对疾病负担的贡献经常发生重大变化,而且疾病负担对健康的影响既有普遍性的,也更有地域性的。因此,定期有新的研究会采用改进的方法、新的风险和风险效果组合以及关于风险暴露水平和风险结果关联的新数据来更新风险评估,以报告人口健康的详细情况和基本原因,从而帮助决策者确定可供效仿的疾病控制的成功案例及需要改进的机会（Lim, et al., 2012; Forouzanfar, et al., 2016）。

随着研究的深入，我们越来越详细地了解风险暴露的趋势和每个风险，也可以深入了解归因于风险的健康经济损失的大小，以及风险暴露的改变如何促进了健康趋势。

就空气污染是全球疾病负担中的其中一种风险因素研究而言，有研究基于全球的污染暴露范围，利用每个死因的综合暴露-反应函数，估计了心脑血管系统疾病和呼吸系统疾病的相对死亡风险，量化出空气污染导致的全球疾病负担。Cohen 等（2017）研究发现，空气污染对 2015 年全球疾病负担的贡献很大，$PM_{2.5}$ 是第五大死亡危险因素，2015 年暴露于 $PM_{2.5}$ 导致 420 万死亡和 1.031 亿残疾调整生命年（DALYs），占全球总死亡人数的 7.6% 和全球 DALY 的 4.2%，而减少暴露有可能带来巨大的健康效益。Lelieveld 等（2015）研究了室外空气污染源在全球范围内对过早死亡的贡献，文章使用了一个全球大气化学模型来研究过早死亡与 7 个空气污染排放源类别之间的联系，计算出户外空气污染主要是 $PM_{2.5}$，导致全世界每年 330 万的过早死亡。此外，高被引文献中其中一篇是关于中国的空气污染的研究，研究发现，中国雾霾天气中，二次气溶胶对颗粒物污染的贡献率很高，严重的雾霾污染事件在很大程度上都是二次气溶胶驱动的，其对 $PM_{2.5}$ 和有机气溶胶的贡献分别为 30%～77% 和 44%～71%。因此，除了缓解一次颗粒物排放外，减少来自化石燃料燃烧和生物质燃烧等的二次气溶胶前体的排放，对于控制中国的 $PM_{2.5}$ 水平和减少颗粒物污染造成的环境、经济和健康影响可能非常重要（Huang, et al., 2014）。

1.2.3 空气污染的经济发展影响的研究状况

在研究空气污染对经济发展的影响时，研究者通常使用某个国家的横截面数据、时间序列数据或面板数据进行分析。研究视角方面，学术界主要从四个视角研究空气污染对经济发展的影响。

第一，空气污染的健康损害加剧家庭和社会负担、影响劳动力供给水平和劳动力工作效率，可能影响经济增长。相关研究认为，空气污染的健康损害，不仅直接增加家庭和社会负担，而且造成的劳动力因病休工或照顾污染致病的家属，会减少劳动力供给水平和劳动力工作效率，将会挤出储蓄、理财以及实物投资，减少资本积累，阻碍资金流入企业，降低企业劳动生产率，从而影响地区经济发展。如 Sarmiento（2022）研究证实，颗粒物增加 10 个单位，听证会的时间就会延长 6.7%，即空气污染降低了司法工作者的认知生产力。Wang 等（2022）研究发现，劳动生产率与雾霾污染物浓度呈"U"形关系，污染规模与劳动生产率之间存在倒"U"形关系，当污染规模较小时，劳动生产率上升，而污染规模较大时，劳动生产率下降。污染在短期内对劳动生产率有积极影响，但在长期内则有负面影响。Wang 等（2022）研究发现，每天臭氧污染增加 1 个标准差，会使快递员当天的生产力下降 6.8%；臭氧持续增加 30 天期间，会使工人生产力下降 23.7%。Cao 等（2022）研究发现，空气污染显著抑制制造业公司的生产力，$PM_{2.5}$

浓度增加 1%，生产力下降约 0.1%，且高能耗和低技术制造业对空气污染的负面影响更为敏感。Zivin 和 Neidell（2012）首次严格评估了污染对工人生产率的不太明显但可能更普遍的影响，发现臭氧浓度每降低 10 ppb，户外农作物收割工人的生产率就会提高 4.2%。同样，Naidenova 等（2022）研究发现，铁人三项（游泳、骑自行车和跑步）运动员由于臭氧和 $PM_{2.5}$ 浓度水平高而成绩下降明显，即空气污染显著降低体力密集型劳动的生产率。魏下海等（2017）根据中国足球超级联赛首发球员面板数据研究发现，空气污染会显著降低球员的传球次数。宋衍蘅和宋云玲（2019）研究发现，审计师外勤工作地的空气质量越差，其专业判断能力就越差。Chang 等（2019）通过研究中国两个呼叫中心发现，空气污染指数每增加 10 个单位，服务业员工每天处理的呼叫数量平均减少 0.35%。

第二，空气污染直接影响工业生产和投资行为，进而影响经济的发展。文献分析显示，空气污染对经济发展的直接影响主要表现为对工农业生产的危害、市场萧条等造成直接经济损失等方面。如研究发现，城市的空气污染指数上升会导致观影人数和售票收入显著下降。息晨等（2020）利用微观就餐记录大型数据发现，空气污染显著降低了北京市民外出就餐的人数和满意度。同时越来越多的证据表明，空气污染间接损害金融、股票市场投资行为（Huang, et al., 2020）。如 Levy 和 Yagil（2011）利用空气质量指数（AQI）和美国四家证券交易所的股票回报率数据，考察空气污染与股票回报率之间的关系发现，空气污染通过影响投资者和证券交易所交易员的情绪从而降低股票收益；空气污染地区与股票交易所距离越远，这种影响就越弱。Dong 等（2021）预测，空气污染暴露可能通过影响金融分析师的情绪，从而使利润下降超过 1 个百分点。Huang 等（2020）利用中国 34 个城市的 87 504 条股票交易独特数据，研究发现，空气污染加剧了处置倾向和注意力驱动的买卖行为，即投资者倾向于出售成功资产而保留失败资产。吴琴琴（2019）研究发现，空气污染会通过个人投资者情绪渠道影响股票定价，也会引致基金经理的悲观情绪，显著降低股票的流动性、波动性、股票定价和股票收益率。

第三，空气污染影响农业生产，从而影响经济发展。研究者已经开展了大量的工作，研究空气污染对农业生态系统作物（粮食和经济作物）生长与产量的影响。从学科分类看，这一研究主题属于气候环境学、农学与经济学的交叉学科，不同学科在研究该主题时采用的研究方法、侧重点各有不同。在现有的研究中，为了探究大气环境对农业生产的影响，农学研究采用了作物生长模型。这种模型通过动态模拟作物生长发育过程，并考虑污染因子、土壤特性和管理技术等因素之间的关系，以此研究空气污染对农作物生长、发育和产量的影响。这种方法为预测不同条件下的作物生产力并进行效应评估提供了一种量化工具。农学研究的侧重点在于作物生长发育周期过程，并不考虑经济因素。经济学则更多侧重于经济价值层面，相关代表性研究通过构建土地价值指标或借助于农作物单产来衡量农业生产，利用大量的统计数据以及有关经济计量模型考察空气污染与农业生产之间的因果关系。从研究方法看，主要有试验研究（包括田间暴露、控制环境研究、生物学指标法和自然大气田间小区法等）和模拟评估。自然科学相关研究侧重于依据农作物生长理论和控制性实验方法，来探索气候变化给农作物生长带来的影响。而社会科学主要通过传统截面回归模型等计量经济模型，评估空气污染造成的农业总产值经济损失。

梳理代表性文献发现，空气环境作为生态环境的重要组成部分，关于空气污染对农业的影响文献相对较少，虽有文献进行了有益的探讨，主要是通过对比试验或模型模拟分析气态污染物对农作物产量和质量的影响，如分析雾霾、CO_2、SO_2、API 等对农作物的负向影响，且多以思辨性的讨论为主。Yi 等（2016）首次使用经济框架证实了地表臭氧浓度的增加对冬小麦产量存在显著的负面影响。空气污染不仅影响农作物产量，也会降低农产品质量，减少农业劳动力供给，增加农业生产资料的投入，从而对农业生产经营带来负效应。如 Taub 等（2008）研究发现，二氧化碳浓度的增加可能会降低许多人类植物性食物的蛋白质浓度。Dijkstra 等（1999）研究发现，CO_2 浓度对冬小麦叶鞘、叶片和根系生物量及叶面积的影响不显著，使小麦蛋白质含量基本没影响或者减少幅度不大。Wu 等（2004）通过设计生长室实验，发现高 CO_2 条件降低植株籽粒品质，表现为粗淀粉含量增加，矿质营养物质含量、赖氨酸和粗蛋白质含量相应降低。

尽管空气污染物浓度增加危害农业生产是学术界普遍确认的事实，也有研究表明，多种污染物同时增加的协同作用对植物生长影响比较复杂，在特定条件下也会促进植物生长。如 Mulchi 等（1995）经过田间试验提出相反观点，在特定情况下，大豆、小麦和玉米对 CO_2 浓度升高的响应分别平均增产 9.0%、12.0% 和 1.0%。Rudorff 等（1996）利用开放顶棚试验得出，富 CO_2 环境对小麦籽粒产量和干生物量有积极影响，CO_2 富集对小麦有显著的增产作用。

从研究侧重点看，相关研究主要关注空气污染对农作物生长发育形态、产量和光合作用等方面的影响，但较少考虑其对作物品质和根际生态微环境的影响。此外，针对大宗农作物（小麦、玉米、水稻等）的研究相对较多，较少研究其他小宗农作物。从学科方法看，当前经济学研究趋势逐渐从农业总产值影响因素分析转向考察具体农作物单位产量，因果关系的实证方法则逐步从传统截面回归转向面板空间计量实证分析技术演进。

第四，学术界研究也会从适应性政策施行方面研究空气污染对经济发展的影响。研究发现，污染税、劳动税和能源税等税收政策可能会影响经济发展（陈素梅和何凌云，2017）。

以上四个研究视角主要是研究空气污染对经济发展的负面影响，事实上，20 世纪 90 年代左右，学界开展了大量的空气污染与经济发展之间的交互影响关系的研究，主要得出二者之间倒"U"形（Grossman & Krueger，1995）和倒"V"形（Aslanidis & Xepapadeas，2006；彭立颖，2008）关系，迄今为止，对于空气污染、国民健康和经济发展三者之间的交互影响关系的研究较少，本书中将对此项研究进行尝试深入推进。

1.2.4 空气污染的农业生产影响的研究状况

近几十年来,由于自然环境变化和人类活动的影响,空气污染问题日益引起人们的重视,同时全球气候也随之发生了显著变化,这种变化的主要特征是全球变暖。全球变暖的主要原因是人类活动造成的二氧化碳等温室气体的排放(Lovejoy & Hannah,2005)。空气污染和气候变化(Li, et al., 2007)的研究意在评估空气污染对经济和社会的影响。空气污染对人类的影响是全方位、多层次、多尺度的,农业也是受空气污染不同程度的影响的部门,也是人类社会赖以生存的基本生活资料产出的部门,农业的可持续发展直接关系到人类社会的生存和发展(Aryal, et al., 2019; Banerjee & Adenaeuer, 2014)。粮食作为农业产品的核心,粮食安全、粮食品种与粮食产量一直是全球各国经济工作的重中之重。随着人类科技水平的发展和生活质量的提高,粮食的产量与生产力在逐年上涨,与此同时所带来的空气污染(王倩等,2021)、气候变暖、低温冷害(张亮亮等,2020)、降水不稳定、极端天气和灾害多发等都对粮食生产带来了负面影响(Ali, et al., 2017)。Adams, et al.(1998)研究表明,作物生产的决定因素是气候(如降雨、高温)和极端天气(如洪水、干旱和风暴)。降雨模式的变化和温度的升高可能对粮食生产产生显著影响(Zhao, et al., 2017)。

根据IPCC(2012),作物生产对与温度升高、降雨模式变化和极端天气事件相关的气候变化非常敏感。除了气候和温度的变化外,二氧化碳还影响粮食生产,对C3物种(包括小麦、水稻和豆类)的影响高于C4物种(包括玉米和高粱)(Shankar, 2017)。目前,世界各国的粮食生产受到气候变化的严重威胁,这给可持续发展带来了挑战(Howden, et al., 2007)。气候变化也是中国粮食生产和安全面临的重要挑战。在全球变暖的背景下,温度和降水模式的变化可能导致未来20~80年中国玉米、小麦和水稻产量下降20%~36%(Xiong, et al., 2007)。中国粮食生产在空气污染的背景下主要有以下三个问题:一是粮食产量波动变大;二是粮食生产结构和布局会发生变动,作物种植制度需要相应变化;三是空气污染会大幅增加粮食生产成本(Zhou, et al., 2012)。

我国是全球粮食生产大国,以2020年为例,我国粮食总产量达到6.69亿吨,同比增长0.85%,约占全世界粮食产量的24%,粮食供给较为充足。但从我国粮食生产结构来看,主要以玉米、稻谷和小麦等基础粮食作物为主,三类谷物粮食作物产量合计占2020年全年粮食总产量的90%以上,而豆类产品的产量占比仅占3.42%,约2287万吨。与大豆供给有限的现实相对应的是,我国是世界上大豆的主要消费国,大豆消费量逐年上升,2018年、2019年大豆消费需求量均超过1.2亿吨,这意味着我国国内大豆供需缺口巨大,大豆产业高度依赖进口(Jiang, 2006; Meng, 2011)。因此本书将研究视角转向我国粮食作物中"自给自足"严重受限的大豆产业,试图探究气候变化对大豆产量的影响,从而为我国未来粮食生产结构和布局变动以及大豆产业的长远发展提供一些切实可行的建议。

包括空气污染在内的气候变化对农业生产的影响这一研究主题，属于气候环境学、农学与经济学的交叉学科，不同学科在研究该主题时采用的研究方法、侧重点各有不同，已有研究中，农学气候变化对农业生产影响主要采用作物生长模型（Crop Growth Simulation Model），该模型通过动态模拟作物生长发育过程及其与气候因子、土壤特性和管理技术之间的关系，从而考察空气污染、气候要素条件变化对农作物生长、发育和产量的变化，为不同条件下的作物生产力预测预警与效应评估等提供量化工具（Lin，1997；Cline，2007；Pan, et al., 2011）。农学方法研究的侧重点在于作物生长发育周期过程，并不考虑经济因素；经济学方法则更多侧重于经济价值层面，相关代表性研究通过构建土地价值指标（land value）或借助农作物单产来衡量农业生产、控制技术进步和经济因素等方面影响，利用大量的统计数据以及有关计量模型考察气候要素与农业生产之间的因果关系（Schlenker, et al., 2006；Lobell, et al., 2011）。

梳理代表性文献发现，当前研究趋势逐渐转向考察具体农作物单产，因果关系的实证方法则由传统截面回归转向面板空间计量，实证分析技术逐步从传统截面回归向面板空间计量演进（Sarker, et al., 2014；Loum & Fogarassy 2015；Susanto, et al., 2020）。空间计量是一种常见的经济学计量方法，当研究对象个体间存在空间相关、空间差异等现象时，使用空间计量方法可以将不同空间里多种影响因素下的差异性同时纳入考虑范围，剔除这些差异性影响并关注研究对象的主要影响因素。豆类生产的影响因素较为复杂，本书着重关注空气污染因素，气候环境因素、经济市场、人类种植行为和技术发展水平是需要控制的变量，而地区间的地理性、政策制度性等差异因素则都需被剔除。本书研究对象为中国各地区的多年度面板数据，因此应选用面板空间计量模型，具体模型构造见第 2 部分。

1.2.5　空气污染的经济损失评估的研究现状

空气污染对居民健康经济造成的损失，包括直接医疗成本和由于担心大气环境恶化而导致的预防成本，以及由于工作时长和社会劳动力供应降低而造成的生命价值损失。从 20 世纪 60 年代开始，国外主要采用基于损害和成本两种研究方法，来计算和评价空气污染造成的健康经济损失。基于损害的方法主要通过影响途径分析法、人力资本法、机会成本法和市场价值法等多种方法，来估算空气污染造成的经济价值损失。Ridker 和 Henning（1967）最先采用人力资本法，估算了 1958 年美国治理空气污染造成疾病死亡的经济价值损失为 802 亿美元，开创了评估空气污染对健康影响的先河。Delucchi 等（2002）利用市场价值法和 Meta 特征价格法分析了空气污染的健康和能见度成本。Wei 等（2014）使用影响途径分析法，研究了空气污染企业对当地农业发展的负面影响，并评估了由此造成的经济损失。

基于成本的方法，就是核算为避免污染的健康损害所支付的环境价值成本，计算和评价空气污染造成的环境污染经济损失。Ain 等（2021）研究发现，巴基斯坦费萨拉巴德的城市地区的重空气污染,导致了更多的工作日损失和更高的健康成本。Poder 和 He(2017)利用条件估值法,研究发现魁北克和法国公民为减少空气污染,最高愿意支付 3000~8000 美元购买低污染车辆,且法国的支付意愿高于魁北克。

国内从 20 世纪 80 年代才开始研究空气污染的经济损失。过孝民和张慧勤(1990)首次采用修正的人力资本法估算了生态破坏和环境污染导致的经济价值损失,学界称为"过-张模型"。随后,众多学者陆续对空气污染的经济效应进行了深入的研究(徐嵩龄,1997)。如王玉泽和罗能生(2020)实证分析了空气污染所产生的健康经济损失,主要是由空气污染的健康折旧效应与医疗成本效应等所导致。曾先峰等(2015)使用基于损害的污染损失法,估算了西安市空气污染损失。涂正革等(2018)利用多元 Logistic 回归分析法,探讨家庭收入提高对健康的正向效应能够显著减缓工业粉尘对健康损害,但并未能抵消工业氮化物(NO_x)对公众健康的负向影响。还包括利用生命价值法(华琨等,2023;丁镭等,2021)和环境健康风险评价(李惠娟等,2018)方法,对空气污染物引发的健康风险及经济损失进行定量评估。周安国等(1998)构建剂量-反应函数,测算了空气污染造成的各项经济损失。

还有一些研究,基于成本测算方法来评估空气污染治理的经济效益,以及为避免环境污染所需支付的环境价值成本。这些方法主要包括空气污染的实际治理成本和虚拟治理成本的计算。实际治理成本考虑直接投入的费用,而虚拟治理成本则考虑了因治理而产生的机会成本(张庆丰和 Crooks,2012)。另外,支付意愿法也是评估环境价值成本的一种方法(Guo, et al., 2020)。余红伟等(2022)通过主观福利损失来量化评估雾霾治理的经济效益,发现雾霾治理的经济收益被低估了。在对空气污染经济损失的讨论中,除了健康经济损失(王桂芝等,2017;王梅等,2021)外,空气污染造成的设备材料、道路交通、城市建设和工农业减产等损失也引起了广泛估算(吴开亚和王玲杰,2007;谢元博等,2014)。

从地域上看,在国外,环境损失评估已经从考虑地域或特定污染的总损失,转向研究点源污染对经济社会和环境造成的边际损害。而国内的学者由于数据可得性的限制,主要计算和评价国家、省域或具体城市的污染损失,较少研究点污染源的边际损害。除了对人体健康直接造成的影响外,空气污染的负面影响还可以通过影响人体健康而影响长期的人力资本获取、人类认知和生产力。因此,仅仅通过直接健康后果的测算,所得出的健康经济损失是被大大低估的。

1.2.6 文献述评和研究机会

本节以上章节所述研究成果在研究空气污染对生命质量和经济发展的影响方面,仍存在以下研究机会:

第一,以往的研究主要采用空气污染物排放量和浓度作为衡量空气污染程度的指标,并进行空气污染各方面影响的计量分析。然而,虽然客观观测实际污染水平更能直观反映空气污染的危害，但主观感知水平也应该被考虑。除了现有的客观实际污染水平指标，从变量指标的角度考虑，还有污染主观感知指标可以用来评估空气污染的影响。因此，本书在分析空气污染对生命质量的影响时，首次创新性采用空气质量满意度这一民意问卷数据，更全面地分析了空气污染对生命质量的影响，填补了空气污染主观感知水平的生命质量负外部性影响的研究空白。

第二，已有研究关注空气污染对居民身心健康或主观幸福感等特定效应的影响，缺少对生命质量健康状况和主观体验二维视角的综合影响，更没有文献从生命质量健康效用和体验效用二维效用维度来综合评价空气污染对居民健康相关生命质量的影响。随着人们对美好健康生活需求的日益增长，人们不仅注重生命数量，更注重生命质量。因此本书创新性地从生命质量健康效用和体验效用两个维度，分别采用不同模型方法科学评估空气污染的生命质量效应。在大健康理念下，为提供优质空气公共品、提升居民生命质量提供科学依据。

第三，已有研究更多关注空气污染对经济发展或者环境污染对健康的影响，全面系统地分析空气污染、国民健康和经济发展之间的动态交互关联的研究较少；研究者多选择一种或两种呼吸系统疾病作为生理健康的替代指标研究空气污染对健康的影响，缺少对多种不同类型呼吸系统疾病的综合分析；研究对象也大都为儿童、老人等特定人群，以全区域国民为研究对象较少；此外，定量测算污染所致健康经济损失主要是直接经济损失的评估，相对较少计算和评估间接经济损失。随着空气污染问题的日益突出，人们越来越认识到空气污染的影响体现在自然、经济和社会的方方面面，所以对空气污染问题进行分析时，有必要进行更系统、全面的生命质量、经济发展影响分析。

根据上述分析，本书基于我国居民生命质量和经济发展多方面的数据指标，采用多种计量模型方法，重点研究了空气污染对生命质量和经济发展的影响。从理论和实证两个方面，系统深入剖析了空气污染对生命质量、经济、社会和环境的负外部性影响机理，评估量化了相应的污染经济价值损失，并提出了相应的优化策略。本书的研究对现有研究进行了有益的补充和完善。

1.3　研究内容与思路方法

1.3.1　研究内容

基于研究目标，本书共分为八章内容：

第1章，绪论。首先介绍了空气污染研究的背景和意义，并对相关文献进行了梳理和分析，总结了空气污染的研究现状、与生命质量和健康关系的研究热点和前沿趋势、对经济发展的负面影响及经济损失评估的研究现状等五个方面。接下来，简要概括了本书的主要研究内容和思路方法，以期更加准确、清晰地传达本书的研究内容和价值。

第 2 章，相关研究理论。首先对本书研究所涉及的相关理论和主要概念进行了总结和分析。其次，系统分析了空气污染的负外部性对生命质量、经济、社会和环境四个方面的影响，并探讨了其影响机制。

第 3 章，主要介绍了空气污染的时空演变特征、未来发展趋势与主要来源。首先，分析了我国空气污染的整体时空演变特征，包括 AQI 与 6 种主要污染物的相关性以及主要城市的主要污染物情况。其次，构建季节性差分自回归滑动平均模型和随机森林模型，对未来空气质量情况进行了短期预测，并对两种预测模型的精度进行比较。在精度更高的预测模型的基础上，预测我国未来十年空气污染的发展趋势。最后，整理分析了空气污染的主要来源。

第 4 章，以武汉市医院呼吸系统病例为研究对象，从微观尺度入手，采用时间序列相加模型、广义相加模型和归因风险法，分析了 6 种主要空气污染物浓度对呼吸系统健康产生负外部性效应的影响机制。明确了空气污染物主要通过增加呼吸系统疾病住院风险对呼吸系统健康产生负面影响，进一步运用疾病成本法对由此造成的健康经济损失进行了量化评估。

第 5 章，以生命质量的健康效用和体验效用两个维度为切入点，研究了空气污染感知水平对中老年居民健康相关生命质量的影响。采用多元线性回归模型和二项逻辑回归分析模型，实证分析了空气质量主观评价与中老年居民健康相关生命质量之间的关系。为了消除遗漏变量所带来的估计误差，引入了受教育背景、居住地、性别、年龄、抽烟状况、婚姻状况、睡眠状况和收入等工具变量，来控制个人特征和生活方式对居民生命质量的影响。

第 6 章，采用伤残调整寿命年作为国民健康的替代变量，构建向量自回归模型和向量误差修正模型，分析全国废气排放对国民健康和经济发展的负外部性影响以及三者之间的交互影响。通过宏观尺度的分析，本书明确了空气污染对国民健康和经济发展具有显著的负向影响，并探讨了三者之间存在的长期均衡关系和短期波动交互影响关系。此外，本书还利用修正的人力资本法，量化测算了 1990—2019 年全国废气排放所导致的呼吸系统疾病造成的间接经济损失。

第 7 章，以我国供需缺口最大的粮食作物——豆类作为研究对象，建立面板空间计量模型，探究废气排放对豆类单位面积产量的影响。碳排放目前不会直接对豆类生产造成影响，但可能会间接影响豆类生产；废气中 SO_2 排放量显著正向影响豆类单产；为了消除遗漏变量所带来的估计误差，引入了有效积温、降水量、受灾程度、废水排放总量、粮食收益成本比、单位面积化肥使用量、有效灌溉面积比和农村用电量等工具变量，来控制气候环境、经济市场、人类种植行为和技术发展水平等因素对豆类单位面积产量的影响。

第 8 章，结论、建议与展望。首先对本书的理论和实证研究结论进行了总结和归纳。其次，本书提出了降低空气污染对生命质量、经济、社会及环境的负外部性影响、防控治理空气污染的相关政策建议。最后，本书分析了本书的不足之处并提出了后续研究的改进方向。

1.3.2 研究思路

本书采用"问题提出—文献回顾—理论框架—概念界定—特征分析—实证分析—结论建议"的思路，建立了评估空气污染对生命质量和经济发展的负外部性影响的分析框架。本书对空气污染相关研究进行了梳理，并运用公共品理论、外部性理论、大健康理论和绿色发展理论等理论方法，构建了空气污染的生命质量和经济发展外部性影响分析体系。在实证部分，本书估算了空气污染造成的健康经济损失以及空气污染造成的生命数量、生命质量以及农业生产相关经济损失。基于这些重要的计算结果，本书分析了空气污染对生命质量和经济社会的影响，并为政府提高空气质量、治理空气污染的成本效益评估提供了参考建议。

1.3.3 研究方法

本书研究方法主要归纳为两类，一类是文献研究方法，一类是实证研究方法。本书采用内容分析法、文献计量法和文献研究法三种文献研究方法，对空气污染相关文献进行了全面梳理。在查阅相关文献和理论分析的基础上，本书构建了一个全面系统的空气污染影响分析体系。为了探究空气污染对生命质量和经济发展的影响，本书综合运用了多种定性和定量模型和方法，其中包括描述性统计分析法、时间序列分析方法、随机森林算法、归因风险法、疾病成本法、情景分析法、人力资本法、季节性差分自回归滑动平均模型、广义相加模型、多因素回归分析模型、二项Logistic回归模型、面板空间误差模型、向量自回归模型以及向量误差修正模型。通过实证分析典型案例，本书得出了有益的结论和建议，为进一步研究空气污染的影响提供了重要的参考和指导。

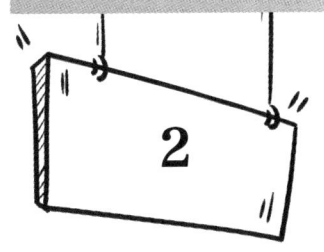

2 理论框架与概念界定

2.1 基本理论

空气污染的负外部性效应是一个多学科交叉研究领域，不同学科背景的研究者采用的研究视角和研究方法不尽相同。不同研究在揭示空气污染的负外部性效应方面各有利弊，主要基于以下几种理论。

2.1.1 公共品理论

根据 Samuelson（1954）的定义，纯公共品具有非竞争性、非排他性和不可分割性三大特征，即其消费不会排斥其他人对该商品或服务的消费。大气资源作为一种无边界的全球公共品，其无处不在且无法私有化和商业化。全球各国都可能向大气中排放工业废气等污染物，从而导致空气质量恶化。自20世纪60年代第三代人权观念——健康环境权出现以来，获得清新洁净的空气被视为人类的基本权利。

大气资源确实具备公共品特征：首先，受益的非排他性，即大气资源的使用者无法排除其他人的使用；其次，大气资源的消费不具有竞争性，即每个个体的使用并不会导致其他人使用的数量和质量的损耗；最后，效用的不可分割性，即每个人都共享同一份大气资源，无法进行分割。然而，正是这些特性使得大气资源的使用者几乎不会为其使用和消费付出任何代价，从而导致过度和不计后果的使用和消费。

空气污染治理是全球范围内的共同挑战，关乎全人类的福祉和未来。因此，空气污染治理行动应被视为一种全球公共品。这是由于空气污染治理具有显著的非排他性、非竞争性和不可分割性特征。空气污染防治旨在创造清洁空气，其本质等同于提供公共品。全球每个国家和个体都将受到空气污染带来的影响和危害，同时，每个国家和个体也都将从空气污染治理中获得平等的利益。然而，作为一种全球公共品，空气污染治理在实施过程中，由于其固有特性，难以避免出现"搭便车问题"和"公地悲剧"，从而导致治理效率损失。

首先，由于空气污染治理具有公共品特性，某些国家可能会在不承担治理义务的情况下，享受到与其他国家相当的治理效益，而无需付出相应的努力和成本。例如，在全球各国被要求减少二氧化碳和其他污染物排放时，部分国家逃避责任，不愿付出实际行动,却指责其他国家排放过多,以及国际组织未制定有效治理措施等。这便涉及大气公共物品供给成本分担的公平性问题,以及公共物品供给的可持续性。

其次,大气作为无边界的全球公共资源,缺乏明确的产权。当某个国家或团体排放污染物导致大气资源受损时,周边其他使用者的利益可能会受到影响。空气污染治理具有显著的正外部性,因此,关键的治理途径是将空气污染的外部性内部化。

为解决空气污染治理问题,全球各国应共同制定规范以约束污染排放行为。此外,国际社会应倡导树立"人类命运共同体"的意识,坚持全球范围内的空气污染治理观念。

2.1.2 外部性理论

外部性理论起源于英国福利经济学家庇古对马歇尔外部经济概念的启发,后由美国新制度经济学家科斯对其进行批判性完善。外部性理论包括马歇尔的外部性理论、庇古的传统外部性理论和科斯的外部性理论。马歇尔创立了外部经济和内部经济的概念,而庇古首次应用现代福利经济学的边际分析法解决外部性问题,并提出通过征税和补贴实现外部性内部化的方式来解决资源配置无效率问题。科斯并未完全否定庇古的理论,他认为外部性具有相互性,在产权明确的情况下,资源的有效配置不会受到产权最初分配状况的影响。科斯的理论强化了自由主义经济理念,其科斯定理是实现外部性内部化的重要方法之一。主要实现外部性内部化的方法包括庇古税、科斯定理和行政管制。

外部性是指一个人的行为对其他人的福利产生影响,但这种影响并未在市场价格中得到反映,导致市场资源配置的无效率。根据其产生原因和效果进行分类,外部性分为正(积极的)外部性和负(消极的)外部性。空气作为一种全球纯公共品,消费时具有显著的负外部性,即排放废气会损害其他人的福利。为了解决这种负外部性带来的影响,政府可以通过征税等措施来实现外部性内部化,即使污染排放者承担其所造成的负外部性的成本。通过这种方式可以弥补市场失灵,促进资源的有效配置。

2.1.3 大健康理论

在现代社会背景下,健康已转变为一种重要的社会资产,其意义已超出了传统健康概念的界限。个人健康状况对生命状态、生活质量、收入能力、生活水平及生产力创造等方面产生显著影响,同时也对经济社会发展产生深远的影响。在当前时代背景下,社会需求与疾病谱的变化要求我们追求全面健康或整体健康的全局观念。这一观念最早可以追溯到20世纪90年代,其主要原因在于人们逐渐认识到,传统健康概念无法满足日益复杂多元的健康需求。因此,大健康理念应运而生,代表了一种全面综合的方法,以解决当代社会复杂多样的健康需求。

大健康理念以人类生命全过程为核心，关注全面、全要素的健康保障。这一概念涵盖生活各方面，如衣食住行、生老病死等，旨在追求个体生命质量的提升。具体体现在个体寿命延长、疾病预防与控制、健康状况维护以及环境友好和社会公平等多维度的综合健康。大健康观念同样强调人际和谐、道德观念等非生理因素对健康的影响，以实现个体全面、持久、协调的发展。为实现全社会大健康状态，人类不仅需要关注自身及经济社会发展，还需要关注周围其他生物和生态环境的健康发展。唯有在人类与环境和谐相处的基础上，才能真正维持人类长远、更高水平的全社会大健康。

"大健康"理念为经济社会发展提供了强大动力，成为发展的基础条件。实现大健康，需要通过健康生活方式、医学卫生原理和环境保护等多方面的行动，以达成良好民生状态、目标和成果。在现代全社会大健康观念引领下，对空气污染对健康影响的研究已经超越了健康领域的传统边界。这类研究在很大程度上反映了空气污染对个体身心健康、认知决策、人际和谐、生活品质、生命质量、生态环境以及社会公平道德等多方面的综合影响。

2.1.4　绿色发展理论

绿色发展理论是中国经济社会发展和生态文明建设的重要指导思想和行动指南，具有"三位一体"特征，即理念、思想和实践相统一。同时它还具有以人民为中心和与时俱进的系统性理论特征。绿色发展理论的追求是人与自然日趋和谐、绿色资产不断增殖以及绿色福利不断提升。此外，该理论还为构建人类命运共同体提供了理论借鉴和实践参考。

2.1.5　农业强国理论

中国要强，农业必须强。这是新时代的号角，党的二十大明确提出"加快建设农业强国"；2022年中央农村工作会议也强调"农业强国是社会主义现代化强国的根基"。对于我国这样一个人口巨大的发展中国家来说，必须遵循"强国必先强农，农强方能国强"的发展理念，纵观世界强国建设史、现代化发展史，农业都是立国之本、强国之基。

根据马克思主义生产力三要素论，生产力由劳动手段、劳动力、劳动对象三要素构成。以新质生产力引领农业强国建设，必须在这三个方面系统着力。

一是着力提升前沿农业科技水平。前沿农业科技是以现代生物技术、信息技术、工程技术、人文社会科学技术交叉融合为特征的"大农科"，以跨领域、高技术融合为特征，涉及信息工程、基因编辑、合成生物学等颠覆性技术。

二是着力强化创新性人才培养。新质技术的创新、掌握、使用都需要"新质人才"。需要大力培养具有原创精神、具备交叉学科素养、掌握前沿科技的高素质创新型人才。

目前涉农人才的培养中，较为普遍地存在知识体系陈旧、知识结构过窄、创新能力不足等问题，不能很好适应新质生产力发展的需要。

三是着力发展涉农新业态。涉农领域新质生产力的发展，将拓展"农"的边界由第一产业向第二、第三产业延伸，引领农科新兴产业、新兴业态的培育与发展。涉农新业态的范围不仅仅涵盖传统的农业种养业、农产品加工业和农业服务业，还将延伸到营养健康、医学和公共卫生、生态文明、农业文化等诸多新的领域。

2.2 概念基础

2.2.1 空气污染相关概念

清洁的空气是由氮气（Nitrogen，N_2）、氧气（Oxygen，O_2）和二氧化碳（Carbon dioxide，CO_2）等气体组成的，其中 N_2、O_2 和 CO_2 这三种气体约占空气的 78.06%、20.95%和 0.93%，其他气体总量不到空气总量的千分之一。存在于大气中，存量、性质和存在时间足以对生物、财产和环境等产生影响的物质被称为空气污染物。空气污染物主要包括粒径[①]小于等于 2.5 μm 的细颗粒物（Fine Particulate Matter，$PM_{2.5}$）、粒径小于等于 10 μm 的可吸入颗粒物（Inhalable Particulate Matter，PM_{10}）、二氧化硫（Sulfur Dioxide，SO_2）、二氧化氮（Nitrogen Dioxide，NO_2）、臭氧（Ozone，O_3）、一氧化碳（Carbon Monoxide，CO）、烟尘、总悬浮颗粒物和挥发性有机化合物等。总的来说，空气污染物可以归纳为温室气体（如 CO_2、CH_4、N_2O 等）和常规空气污染物（如 PM、NO_x、SO_2、汞、酸雨、O_3 等）两类。短期大气重污染通常由不利气象条件或事故等人为因素引起，导致空气污染物无法快速扩散，使空气污染物浓度在短时间内快速升高。当空气污染物达到一定的浓度并弥漫足够时间时，它们会影响甚至危害生物的生存、生活环境，并给正常的生产和生活带来不良后果，并由此危害到人类的健康、舒适、福利或危害生态环境（Akimoto，2003）。

1. 空气质量指数

空气质量指数（Air Quality Index，AQI）是一种无量纲指数，用于定量描述空气质量的综合状况，每小时发布一次。中国目前实施的《环境空气质量标准》（GB 3095—2012）将 $PM_{2.5}$、PM_{10}、SO_2、NO_2、O_3 和 CO 作为基本污染物项目。而《环境空气质量指数（AQI）技术规定（试行）》则规定了以上 6 种主要空气污染物的浓度限值，提供了计算空气质量分指数（Individual Air Quality Index，简称 IAQI）的方法，以度量不同单项污染物的污染程度。在全部污染物项目中，选取最高的 IAQI 作为相应的空气质量指数，

---

① 空气（气体）动力学当量直径 D_p。

以更全面地反映空气质量状况。同时，为了更直观地反映空气质量水平，《环境空气质量指数（AQI）技术规定（试行）》规定了 AQI 数值与环境空气质量级别和类别的划分。该标准将 AQI 数值分为六个空气质量指数类别，包括优秀（0～50）、良好（51～100）、轻度污染（101～150）、中度污染（151～200）、重度污染（201～300）和严重污染（301～500）。

2. 空气污染指数

空气污染指数（Air Pollution Index，API）是用于综合评价空气质量状况和污染程度的指数，它将多种常规监测的空气污染物浓度转化为单一的概念性数值，并通过分级方式进行表达。API 主要考虑了 SO_2、NO_2 和 PM_{10} 这三种污染物，每日发布一次，适用于描述短期内空气质量的状况。

API 是根据 1996 年发布的《环境空气质量标准》和污染物对人体健康和生态环境的影响来确定空气污染指数的等级和污染物浓度限值的。其等级划分为六个级别：优秀（0～50）、良好（51～100）、轻微污染（101～150）、轻度污染（151～200）、中度污染（201～300）和重污染（301～）。然而，自 2011 年末，中国多个城市出现了严重的雾霾天气，而空气质量实际感受与 API 显示的良好情况反差明显。因此，中国于 2012 年发布了《环境空气质量标准》（GB 3095—2012）作为 AQI 分级标准。相比 API，AQI 采用了更为严格的标准、更多的污染物指标和更高的发布频次，其评价结果也更加贴近公众的实际感受。

3. 全球空气质量指导值

空气质量指导值（Air Quality Guidelines，AQG）是基于科学研究结果判断的人群暴露于空气污染引致健康风险的空气污染最低浓度值。AQG 为各国决策者指导立法、政策和规划提供参考，以降低空气污染物水平并减轻与空气污染相关的健康负担。

自 1987 年以来，WHO 开始定期发布基于健康的 AQG，上一次版本更新于 2005 年。WHO 在 2005 年发布了《全球空气质量准则》（以下简称准则），推荐了主要空气污染物（包括颗粒物、臭氧、二氧化氮、二氧化硫和一氧化碳）浓度的准则值（AQG）和不同过渡阶段目标值。

为进一步降低全球公共健康风险，2021 年 9 月，WHO 以过去 15 年的科学研究为依据，发布了空前严格的最新《全球空气质量指导值（2021）》（AQG2021），涵盖了 $PM_{2.5}$、PM_{10}、O_3、NO_2、SO_2、CO 等 6 种主要空气污染物的指导值水平（AQG）和过渡阶段目标值。这是自 2005 年以来的首次更新，几乎下调了所有污染物的准则水平，对大气 $PM_{2.5}$、臭氧浓度等指标提出了更高的要求（见表 2.1）。目前全球大多数国家距离达到 AQG2005 指导值仍有难度，尚未有国家能够全面达到新 AQG2021 的目标要求，各国的环境空气质量标准距离新 AQG 目标值尚有差距（朱彤等，2022）。

表 2.1　2005 与 2021 年 AQG 对比

污染物	类型	AQG 2005	AQG 2021
PM$_{2.5}$（μg/m^3）	年平均	10	5
	24 小时平均 a	25	15
PM$_{10}$（μg/m^3）	年平均	20	15
	24 小时平均 a	50	45
O$_3$（μg/m^3）	暖季峰值（6 个月）日最大 8 小时滑动均值	—	60
	日最大 8 小时 O$_3$ 浓度滑动均值	100	100
NO$_2$（μg/m^3）	年平均	40	10
	24 小时平均 a	—	25
	1 小时平均 a	200	—
SO$_2$（μg/m^3）	24 小时平均 a	20	40
	24 小时平均 a		4
CO（mg/m^3）	24 小时平均 a	—	4
	8 小时平均	10	
	1 小时平均	35	

注：*表示第 99 百分位（i.e.每年 3～4 天超标）。AQG 认为该浓度对应概率分布的第 99 百分位不应超过该推荐值，即每年 3～4 天超过此标准所对应的风险可以接受。"—"表示没有此数据。

2.2.2　生命质量的概念界定

不同学科、学者和研究目的对健康的定义不同，Dolfman（1973）大致总结了社会科学和医学界对健康的八种定义，其中一种观点将健康同人们的生活方式联系起来，把个人的生命质量也包含在健康的范畴内。如 Williams（1922）将健康定义为一种生命质量，它能使个人生活得更好或者活得更长；Willgoose（1955）则把健康定义为使个体快乐而成功地生活的有机状态，认为健康应有利于效率，有助于实现人生的目标和抱负。

1948 年，世界卫生组织对"健康"一词进行了重新定义，将其从过去单一的生理健康状态扩展为一个包含生理健康、心理健康和社交关系良好三个方面的概念，以更全面地描述健康的多重维度特征[①]。在此基础上引申出了"生命质量"（Quality of Life，QOL）这一概念，也称为生活质量和生存质量，旨在建立相关的指数，综合反映个体生

---

① Constitution of the World Health Organization. In: World Health Organization. Handbook of basic documents. 5th ed. Geneva: Palais des Nations, 1952：3-20.

命的"厚度",而不是单纯以生命的"长度"来衡量个体的健康状态。生命质量是一个多维概念,它不仅对人们的生理、心理、社会归属以及综合状况进行感知评判,还涉及人们生活的周围环境。它更侧重于对人的精神文化等高级需求满足程度和环境状况的评价。生命质量早已成为健康的一个维度,现代"大健康"理念下的健康经济学更是扩大了健康的概念,包括生活方式或生命质量、环境、社会等多个方面。

生命质量目前还没有普遍被解释的完全一致的定义。根据世界卫生组织的定义,生命质量是指个体在不同文化和价值体系下,根据其目标、期望、标准以及所关心的事情,通过主观感受体验到的生存状态的总体评价。生命质量的主要衡量指标包括生理、心理、社会功能和环境等多个方面的维度,是一个综合性的概念,旨在评价人类生存的全面状况。不同学科、学者对生命质量研究的目的和内容不同,与医学领域中的健康相关的"生命质量"相比,社会科学领域中的生活质量研究在内容上更为广泛,更多地研究反映生活品质的其他非医学指标,如居住环境、教育、就业、收入和社会保障等。因此,生命质量研究的意义远远超出了健康本身,在很大程度上体现宏观社会、环境因素对个体生活品质或者说生命质量的影响的集合。尽管有其他的影响因素,然而健康仍然是生命质量的关键组成部分和核心要素。生命质量的水平主要受健康水平的影响,因为健康的状态直接关系到整体生命质量的好坏。只有身心健康的人才能够有机会和能力过上更好的生活,相反,健康水平低下或遭受损害的人很难获得高质量的生命体验。

本研究的主要目的在于探讨空气污染对健康相关生命质量的影响。健康相关生命质量是健康和生命质量高度融合的概念,通常指人们在疾病、伤害、医疗干预、老化以及社会环境变化等因素影响下的健康状态,以及其与个体经济、文化背景和价值取向相关的主观体验。健康状态和主观体验是构成健康相关生命质量的主要组成部分。健康状态是描述人们身体、心理和社会三个方面的功能状态,是生命质量中较为客观的组成部分。疾病、伤害、老化、医疗干预和社会环境变化,都可能导致这三个方面的功能状态发生变化。因此,个体的功能能力和功能完整性是生命质量的关键方面。主观体验是指人们在其需求和愿望得到满足时产生的主观反应,属于生命质量的主观成分。它反映了个体对自身目前健康状态、未来健康状况、社会生活等方面以及整体情况的认知和评估。这种评估受到个体经济、文化背景和价值观念等因素的影响。

此外,相关研究以科学地测量空气污染及其对生命质量的影响为目标。在学术界,居民生命质量通常被视为有效度量效用水平的指标。因此,研究空气污染对生命质量的影响,本质上是探究空气污染对居民生命质量效用的影响。生命质量效用指的是个体对其生命质量所产生的满意程度或幸福感,包括健康状态、心理和社会福利等多个维度。该概念在经济学和健康领域广泛应用,并被认为是衡量个体福利的重要指标。因此,了解空气污染对生命质量效用的影响,对于评估空气污染的经济成本和制定相应的政策具有重要意义。生命质量效用主要包括健康效用和体验效用两个方面，前者通常从生理和心理两个方面考虑，是指人们在健康和疾病状态下对不同健康状态的效用或偏好。后者是指人们在不同生活环境中感受到的主观满足程度和幸福感，主要包括社会和心理方面的体验效用。因此，研究空气污染对居民生命质量效用的影响，需要同时考虑健康效用和体验效用两个方面。

2.2.3 空气污染的健康危害效应

众多研究揭示了空气污染作为一项普遍的公共卫生问题，对人类呼吸系统产生有害影响，可能直接或间接地威胁人体健康，加剧呼吸系统疾病的发病率，如咳嗽、肺病以及肺癌等。特别是在工业发达国家和城市地区，空气污染问题更为严重。此外，空气污染还可能削弱生活质量，降低民众的幸福感。空气污染对健康的影响不仅取决于污染物的浓度和化学特性，还受人的年龄和整体健康状况、接触时间、气象条件以及排放源距离等因素的制约。空气污染健康效应可从时间维度、化学组分、颗粒大小（粒径）和人群易感性四个方面加以考量。时间维度上，空气污染健康效应包括长期效应和短期效应，长期暴露于空气污染可能导致慢性健康后果，如心血管疾病的发生和人群过早死亡的增加等；而短期暴露于空气污染物可能引发急性健康问题，如急性呼吸系统疾病等。空气污染物化学组分种类繁多，不同组分对健康的影响亦有所不同。颗粒物中的碳质元素、重金属元素、放射性元素以及有害生物等成分的暴露，可能构成空气污染健康效应的关键原因。

空气污染颗粒的粒径可分为单个颗粒的粒径和颗粒群的平均粒径，通常以微米（μm）为单位表示。总悬浮颗粒物（Total Suspended Particulate, TSP）是指空气中粒径小于或等于 100 μm 的颗粒物。颗粒尺寸较小的污染物对人体健康的危害更加严重。粒径大于 10 μm 的颗粒可以被鼻毛截留或通过咳嗽排出体外，但可能附着于皮肤，阻塞毛囊和汗腺，导致皮炎，亦可能侵入眼部，引发结膜炎或角膜损伤。而 PM_{10} 颗粒可直接进入呼吸系统，在肺部或血液中聚集，对健康构成威胁。粒径小于或等于 3.5 μm 的颗粒物可直接沉积在人体支气管和肺泡中，干扰肺部气体交换，损害肺泡和黏膜，造成严重的负向健康影响，甚至危及生命。$PM_{2.5}$ 颗粒物粒径更小，被认为是对人体健康影响最严重的污染颗粒物之一。

人群易感性在空气污染对人体健康的影响程度中扮演关键角色，它指的是人群整体对空气污染的敏感程度。此敏感程度取决于人群中每个个体的易感状态及易感个体在整个人群中所占比例。若人群中易感个体数量较多，则其易感性较高；反之，易感性较低。通常，人群易感性可通过非免疫人口在整个人群中的比例来衡量。值得注意的是，空气污染对儿童和老年人群的危害尤为显著。

2.2.4 空气污染的经济损失效应

空气污染的经济效应具有多重性，包括健康损失、环境损失、治理成本、产业结构调整、旅游业损失、外部性成本，以及对经济增长产生的负面影响等诸多方面。针对空气污染问题，开展经济效应损失评估具有重要意义，因为这将为政策制定者、企业和个人提供参考数据，以便采取有效措施减轻空气污染及其相关的经济损失。

经济效应损失是指某事件导致的经济方面的损失，即在没有该事件的情况下所能获得的收入与因该事件未获得的收入或额外支出的差值。空气污染经济损失可从广义和狭义两个层面理解。广义的空气污染经济损失涵盖了因空气污染导致的直接健康、经济、气候和环境损失；预防和治理空气污染所需的常规及应急支出；以及对社会公共健康、生命质量、经济发展、医疗卫生和生态环境等方面产生的一系列间接社会经济损失。狭义的空气污染经济损失主要包括因空气污染引发的医疗费用增加、健康损失、误工、人力资本折旧等经济损失，以及为控制和治理空气污染而增加的各项常规支出及应急支出。

本书关注的空气污染造成健康和经济发展损害的经济损失概念位于两者之间，包括狭义概念以及居民治疗空气污染诱发呼吸系统疾病的费用、生产力损失和因空气污染遭受的经济发展损失。

2.3 空气污染的负外部性影响分析

空气污染问题可概括为多个层面的影响，包括个体层面的生命质量效应、气候层面的气候效应、环境层面的污染效应、经济效应，以及社会层面的福利效应等。从整体上看，空气污染负外部性效应的影响机制主要涉及生命质量、经济、社会和环境四个方面。本节将首先从生命质量、经济、社会和环境四个方面梳理空气污染的负外部性影响，从而为后续研究提供有益的理论基础和实践参考。

2.3.1 生命质量影响

在当今大健康理念下，人类的最终目的是追求最大的生存时间和最高的生命质量，人们的核心期望是个体生得优、活得长、不得病、少得病、病得晚、生命质量高和走得安，此外还包括人际和谐、环境友好、社会公平道德等方面的追求。文献分析发现，在研究空气污染对生命质量的影响时，虽然大多数研究依赖于生命质量客观评估或者借助各种量表进行主观报告测量，但已有研究开始利用不引人注目的社交媒体数据。例如，Zheng等（2019）通过分析新浪微博带有地理标签的2.1亿条推文，揭示了$PM_{2.5}$浓度（或空气质量指数）平均增加一个标准差，幸福指数就会下降0.043（或0.046）个标准差。

本节主要从生命质量健康状况（生理健康、心理健康、认知决策）和生命质量体验效用两个方面阐述空气污染对健康的影响。

2.3.1.1 生命质量健康状况

1. 生理健康

大量的经济学和病理学研究表明，空气污染物与人体生理健康之间具有显著的相关性，其中研究涉及不同国家和地区，分别探讨了一氧化碳、二氧化硫、氮氧化物、臭氧、可吸入颗粒物等多种污染物。相关研究已经证实空气污染对人类身体健康的危害性（Luechinger，2014；方博等，2022；张文静等，2022）。短期和长期的空气污染暴露都对居民的身体健康产生了负面影响，这些影响从感觉上开始，随后出现可逆性症状反应，最终可能导致急性和慢性危害。空气污染对健康的不良影响可分为直接和间接两个方面。直接影响指有毒物质直接造成的生理健康损害，间接影响指因呼吸污染空气而导致的一系列负面体验（相鹏等，2017）。

身体健康是决定居民心理、情绪、生命质量状况好坏、生活满意幸福与否的一个关键因素。空气污染会造成人体急性中毒、慢性中毒和诱发肿瘤，从而危害生理健康。急性中毒通常发生于大气污染物浓度在短时间内急剧增高的特殊情况下，例如工业事故或重度雾霾等。慢性中毒则是由于长期暴露于低浓度污染物中，导致呼吸系统及心脑血管病变、肺功能衰竭和中风（赵泽濛等，2022）等慢性毒害作用。此外，空气污染物中存在多种致癌物质，包括化学性、物理性和生物性致癌物质。这些致癌物质会长期作用于人体，引发细胞和组织肿瘤，对人体健康产生长期的负面影响。此外，长期的空气污染还与预期寿命缩短、居民死亡人数上升、早产出生缺陷、婴儿死亡率增加（Luechinger，2014）等有关。

2. 心理健康

空气污染对身体健康的影响早已引起人们的注意，但其对居民心理健康和精神状态的影响却刚刚引起重视（Li, et al., 2019）。主要原因在于相对于发病率和死亡率等严重指标，空气污染的健康影响主要表现为潜伏性和滞后性，尤其是其对心理健康和精神状态的影响更为敏感隐蔽，需要长期暴露和积累才能显现。在社会脆弱性和心理韧性等多种因素的影响下，个体和群体暴露于空气污染会引发消极的情绪和体验，从而加剧各种心理后果的严重程度。

研究发现，空气污染对个体心理健康产生的消极影响主要表现为抑郁和焦虑症状，并与生活满意度、主观幸福感等因素有关。个体对空气污染的担忧和恐惧会降低其主观幸福感，同时可能削弱其对空气污染生理影响的抵抗力。生理学和心理学角度均可解释这种现象，即空气污染可引起氧化应激和全身性炎症，导致消极情绪，也会引起居民对患病风险的感知，增加对健康和未来的担忧和恐惧，进而出现焦虑和抑郁症状。此外，空气污染与精神障碍（如精神分裂和孤独症等精神疾病）、自残、自杀（Casas, et al., 2017）和滥用药物（Tsai, et al., 2022）等有关。

3. 认知决策

长期暴露于空气污染可能会对中枢神经系统和脑功能造成伤害，可能导致神经炎症、神经退化和脑损伤等不良影响，因为空气污染物具有潜在的神经毒性。这些不良影响可能表现为认知功能的损害或退化。而且这种认知功能损害包括产前发育、青少年到中老年人所有生命阶段。受影响的认知结果包括注意力、视觉构建、记忆、数学能力、阅读理解、语言智力和非语言智力。严重的是，空气污染可能导致认知障碍，如痴呆、注意缺陷和活动障碍。

工业化学原料如甲基汞、甲苯、多氯联苯、铅和砷等在空气中的存在，也会影响易感人群的神经发育和脑功能。这些物质会影响易感儿童的认知发展，甚至在早期发育过程中引发焦虑、抑郁症状，导致注意力缺陷多动症，并影响其记忆、语言和非语言能力的发展。Weuve 等（2012）研究发现，长期暴露于高水平颗粒物的老年女性与同龄人相比，在非文字记忆、注意力、工作记忆、命名能力与计算、语言的流畅性等方面均表现出下降。

鉴于空气污染对认知表现的负面影响，空气污染损害决策质量也就不足为奇了。研究表明，短期暴露在空气污染中，会影响一群高技能、注重质量的员工在个人决策方面（高质量决策、规避风险和收益）的模糊性增加。例如，当大气环境中 CO 和 $PM_{2.5}$ 处于较高水平时，职业棒球裁判更有可能做出错误的判罚（Archsmith, et al., 2018）。除了降低决策质量，空气污染还可能改变决策倾向。例如，Chew 等（2021）通过对 600 多名受试者的自然实验室实验发现，在重度污染的日子里，个体在短期决策中表现出更多的风险厌恶、模糊性厌恶和不耐烦。

2.3.1.2 生命质量主观体验

健康相关生命质量涵盖了人们的健康状况及其与生活、文化和价值观相联系的主观体验。生命质量的主观体验是健康相关生命质量的一个至关重要的方面，因为它揭示了个体对自身需求和愿望的反映，以及他们对自己的健康状况和生活质量的认知和评价。生命质量的主观体验不仅包含身体健康状况，还囊括了个体在心理健康、社交关系、工作、家庭生活等方面的满意程度。这种主观体验反映了个体对自身生活的总体评价和对生命意义的感知。

由于个体的经济、文化背景和价值观念存在差异，每个人对自己的健康状况和生命质量的主观评价也会有所不同。生命质量的主观体验可以通过一系列问卷和调查予以评估。通常采用的是标准化的问卷工具，例如生命质量测量工具（Quality of Life Instruments, QOLI）和健康调查问卷（Health Survey Questionnaire, SF-36）等。这些工具既可以量化并比较不同个体和人群之间的生命质量差异，也可以用于评估不同干预措施和治疗方案对生命质量的影响，从而为相关研究和政策制定提供有力支持。

研究结果揭示，空气污染不仅对生命质量健康状况产生负面影响，如公众的身心健康及认知决策能力，还显著降低了人们的生命质量主观体验。空气污染主要通过恶化居民生活环境，显著降低居民的生活满意度、家庭收入、幸福感、睡眠质量（Heyes, et al., 2019）以及感知生命质量等方面，对居民生命质量的主观体验产生负面影响。例如，一项针对中国16个城市居民的调查发现，空气污染是导致生命质量降低的主要因素之一；空气质量较差的城市居民主观感受更为不满意。这一结果也在其他研究中得到了证实。

另一项研究发现，在印度，空气污染与心理健康及主观生命质量的下降有关。还有研究表明，居住在空气质量较差的城市地区的居民比居住在空气质量较好地区的居民更容易患有呼吸系统疾病，从而导致生命质量的降低。Menz（2011）通过分析来自48个国家的数据，揭示了人们并未因长期暴露于颗粒物污染而适应并习惯空气污染；相反，居住在空气污染更严重地区的人们普遍具有较低的幸福感和生活满意度。

此外，一些研究发现，具有不同社会经济地位和文化背景的人群对空气污染的主观体验存在差异。例如，在某些发达国家，教育水平较高的人群对空气污染的影响表现出较高的敏感性，他们更倾向于采取措施保护环境和健康。然而，在某些发展中国家，由于经济发展水平和文化传统的差异，部分居民可能将空气污染的影响视为常态，并未像其他地区的人群那样高度关注这一问题。

综上所述，生命质量的主观体验是一个至关重要的概念，因为它反映了人们对自身生活的真实感受和对生命意义的理解。这对于医疗保健、公共卫生以及社会政策制定具有重大的指导意义。然而，空气污染对居民生命质量的主观体验产生了显著的负面影响，因此需要采取有效措施改善空气质量，以保障公众的生命质量。

2.3.2 经济影响

空气污染对经济的影响可分为直接效应和间接效应。直接效应指空气污染通过特定途径影响经济发展的速度和质量；间接效应则涉及空气污染导致的健康损害加速人力资本折旧等对经济产生影响的过程。另一方面，空气污染的加剧刺激了空气净化等战略性新兴产业的市场需求，使空气净化相关产业总体规模迅速扩大，从而在一定程度上推动了经济发展。研究还表明，空气污染对企业绿色创新具有促进作用（罗进辉和巫奕龙，2023），且产业结构效应能够改善空气质量（余典范等，2021）。总之，空气污染对经济的影响是多维的，就工作效率而言，空气污染会影响人们的健康状况，导致职业生产率的降低。就投资行为而言，由于环境质量的下降，企业的生产成本和投资风险都会增加，从而减少企业的投资意愿。就工农业生产而言，由于空气污染对农作物和畜禽的生长以及工业生产设备的损害，将会对工农业生产产生负面影响。这三个方面共同构成了社会经济的基础,并且相互依存、相互影响。空气污染的经济影响主要在这三个方面的相互作用中体现。本节将重点从工作效率、投资行为、工业生产以及农业生产四个方面,阐述空气污染对经济的负向影响。

1. 工作效率

与空气污染对人们生理健康、心理影响、情感健康、认知决策功能和生命质量的负面影响相关,越来越多的研究表明,空气污染会影响工作倾向,降低工作效率。首先,空气污染减少劳动力供给,从而降低了工作效率(Chang, et al., 2019)。空气污染的健康损害造成劳动力患病、休工或过早死亡,从而减少劳动力供给,降低工作效率。除了劳动力自身健康损害减少劳动力供给以外,空气污染还会造成家庭劳动力因为护理照顾易感家属,从而减少工作时间(Aragon, et al., 2017)。恶劣的工作生活环境也会造成劳动力的空间流动、企业员工流失、人才流失以及劳动力资源配置效率降低等。其次,空气污染降低生产力(率),从而降低工作效率。空气污染不仅影响人类工作效率,也会降低动物(蜜蜂采蜜)的"工作效率"(Thimmegowda, et al., 2020)。

2. 投资行为

与健康相关的研究表明,空气污染对情绪有负面影响,心理学研究表明,坏情绪与风险规避有关。金融经济学的研究报告了情绪和股票市场回报之间的关系。空气污染引起的基金经理悲观情绪,显著降低了股票的流动性、波动性、定价和收益率。在中国、澳大利亚、意大利和土耳其等国家的证券交易所都观察到了类似的结果,即空气污染确实对投资行为造成损害。

3. 工业生产

空气污染对工业生产的影响,主要是污染物直接腐蚀损害工业设备、仪器,增加生产成本。空气污染对经济的间接效应,主要通过损害劳动力的健康,加速劳动力折旧、减少劳动力供给时间和降低劳动生产率甚至全要素生产率,影响工农业产值、就业选择、企业生产率、产业结构、抑制地区科技创新水平及增加防护支出等方式,从而影响劳动力的收入水平,造成经济成本增加等经济损失。

在空气污染造成市场萧条经济损失方面。空气污染影响城市房价(李攀艺等,2020)、经济成本(李超和李涵,2017)、大众创业、就业选择、中国工业企业社保缴费、社会经济驱动力、经济增长产业结构。空气污染除了增加了居民的防护性支出外,还会通过减少居民在其他产品和娱乐等方面的消费而导致经济萧条。此外,空气污染还会侵蚀破坏公共设施、城市建设(姜磊等,2019)、工业设备材料、景观、建筑物、古文物等。

4. 农业生产

空气污染对生物的影响主要表现在三个方面:一是引起生物中毒或死亡,二是影响生物的正常发育,三是降低生物的病虫害抵御力。对于植物而言,空气污染会从微观结构、生化特性、生理功能、群体生长发育和生态系统各个层面上产生有害影响,最终导致植物的生长和产量受到损害。植物受到空气污染的危害可以分为急性、慢性和不可见三种类型。长期暴露于空气污染可能会对植物造成损害,导致叶面受损、光合作用和气孔导度减弱、根冠比降低以及内部结构受损等不良影响,最终可能导致植物枯萎或死亡。当污染物浓度较低时,植物可能会受到慢性损害,表现为叶片褪绿或无明显症状,但实际上生理机能已经受到影响,从而导致植物产量和品质下降。空气污染对动物的影响与对人类的影响相似,主要表现为呼吸道感染和食用污染食物中毒等,导致动物体质减弱甚至死亡。空气污染可以以酸雨的形式降低土壤 pH 值,导致土壤酸化、肥力降低和土壤微生物死亡等不良影响,进而危害植被生长。

2.3.3　社会影响

空气污染问题不仅是经济问题,更是社会问题。空气污染的社会影响主要是社会层面的福利效应。在社会效应方面,空气污染主要是从社会行为、社会心理、社会不平等和社会安全稳定四个方面产生社会影响。

1. 社会行为

空气污染的社会行为影响是指严重空气污染对社会公众日常行为生活产生的影响,主要包括适应防护、规避逃离、不道德和犯罪行为。

(1)活动与出行作为居民日常生活的重要组成部分,与空气污染严重程度密切相关。当空气污染严重时,尤其是沙尘暴、雾霾等严重空气污染爆发后,出于健康的考虑和空气颗粒物引起的低能见度,人们会有短期的防护性行为,即倾向于避开户外活动,如大多数居民会在非必要情况下选择居家,减少以休闲消费为目的的户外出行(如骑自行车、去公园、动物园和天文台等)和外出就餐,污染严重时,学生甚至缺勤上学(Liu, et al., 2018)。此外,空气污染还会影响人们生育行为(赵绍阳和卢历祺,2022)。

(2)空气污染增加了防御支出,个人在防护口罩、药品采购、空气净化器和医疗保险上的支出增加。例如,Zhang 等(2018)发现,在极端污染期间口罩购买数量显著增加,空气质量指数每上升 100 点,所有口罩的消费量将增加 54.5%,抗 $PM_{2.5}$ 口罩消费量将增加 70.6%。Liu 等(2018)利用一家中国保险公司的交易数据发现,空气污染程度与居民购买健康险呈正相关关系。

(3)空气污染具有移民迁移效应,空气污染会通过降低效用水平,增强居民的移民、迁移意愿。研究发现,空气污染与人口集聚呈现倒"U"形关系(于潇等,2022)。空气污染影响城镇人口迁移、居住或就业城市选择、流动人口城市留居和高人力资本人群的迁移意愿强度。如 Lu 等(2018)探讨京津冀地区技术工人迁移意愿,证实了技术工人对雾霾风险感知的身体健康风险、心理健康风险和政府控制一定程度上影响其迁移意愿。李明和张亦然(2019)研究发现,空气污染对收入水平相对高、迁移成本相对低的来华留学生在国内高校/城市的选择上具有显著的空间迁移效应,即空气污染推动高知识人群向空气更好的城市迁移。此外,Qin 和 Zhu(2018)发现,空气质量指数每增加 100 点,移民在线搜索指数就会增加 2.3%~4.8%。重度污染和重污染时,这种影响更为明显,且目的地国家和大都市地区差异明显。空气污染爆发使得污染城市大量居民迁居或迁移至偏好的其他宜居城市,进一步带来收入减少,由此造成一系列社会问题。

(4)空气污染与不道德和犯罪行为的增加存在密切联系。据 Zeng 等(2022)的研究结果表明,空气污染与亲社会行为之间关系有限。相反,大量研究显示,空气污染与不道德和犯罪行为增加有关。例如,Lu 等(2018)研究了美国 9360 个城市,发现空气污染预示着暴力和财产犯罪等六类主要犯罪,表明空气污染会增加焦虑,从而促进犯罪和不道德行为的发生。Burkhardt 等(2019)的研究发现,空气污染严重时,人身伤害类型的犯罪率会显著增加。类似的,Bondy 等(2020)发现,空气污染对伦敦的暴力和财产犯罪有统计上的显著影响。空气污染对心理体验的影响可能造成焦虑,从而增加不道德行为,由于诱导的焦虑耗尽了个体的自我控制能力,导致个体把注意力集中在自身利益上而非道德原则上。Chew 等(2021)通过实验发现,在空气污染严重的日子里,个体更自私,更不亲社会。此外,赵玉杰等(2020)的研究表明,空气污染越严重,人们越有可能出现不诚信的行为。

2. 社会心理

空气污染不仅对社会行为产生负面影响,还可能对社会心理造成损害。空气污染对社会心理产生负面影响,主要表现在以下几个方面。第一,空气污染导致地方依恋的受损,降低了居民对家乡地区的归属感和认同感,可能会增加移居或离开的倾向。第二,空气污染可能导致群际冲突的增加,由于居民之间的负面情绪增加,可能会增加相互之间的冲突和敌意。第三,空气污染可能对文化价值观产生负面影响,破坏了人们的价值观念和信仰,可能会导致社会文化的倒退或退化。第四,空气污染可能导致地区人文环境的恶化,使得城市环境的美观度降低,可能会影响居民的心理健康和生活质量。此外,由于空气污染具有跨区域性,相关利益群体之间已经出现了由环境污染引发的抗争性社会心态,从而导致区域性环境抗争或后继抗争性行为。朱欢和王鑫(2022)通过实证检验发现,空气质量层面的相对剥夺会对居民生活满意度产生负向影响。Kim 等(2020)的研究则表明,空气污染可能导致抑郁症状。因此,空气污染对社会心理的负面影响非常严重,需要采取有效的措施加以缓解。

3. 社会不平等

空气污染的另一个社会效应是加剧社会不平等,这种社会不平等主要是由于环境不平等导致的,主要表现在贫富和健康两个方面。空气污染具有"亲贫性"(祁毓和卢洪友,2015),通过对身心健康和决策能力的不成比例影响,进一步加剧了社会经济地位较低的弱势群体,如儿童、低收入人群、乡村居民等的贫富不平等和健康不平等。这些弱势群体可能居住在环境恶劣的地区，例如交通繁忙的道路、重工业区、废料处理场、加油站等，且缺乏购买空气净化器和符合标准的口罩等防护设备的能力，同时也无法迁居或移民以规避空气污染危害。这些因空气污染而导致的贫富不平等，使得社会经济地位较低的群体比其他群体更容易受到环境危害的不利影响。这种不平等表现在接触危险环境和获取有益环境资源两个方面，例如研究表明，美国国家贫困儿童中心的1300万贫困儿童居住在污染水平更严重的环境中（Cureton，2011）。此外，Chen等（2022）的研究发现，四个不同富裕程度地区的人为源 $PM_{2.5}$ 导致的过早死亡人均贡献存在明显的贫富不平等，富裕地区造成的累计跨界健康影响更加严重，而最贫穷的地区则承受着最严重的跨界健康负担，其负面效应和不平等性随时间的推移变得更加显著。因此，空气污染对社会的不平等性是一种重要的社会心理损害。

4. 社会安全稳定

空气污染可能导致社会和政治不稳定，进而降低民众对政府和相关机构的信任。鉴于政府在防治空气污染以及提供优质空气公共产品方面发挥着关键作用，因此，在空气污染严重的情况下，民众对政府持负面态度是可以理解的。在污染加剧时，公众对空气质量的不满可能引发对政府公信力的质疑。以2017年中国台湾地区高雄和台中两市的反空气污染大游行为例，民众呼吁政府正视空气污染问题。Shi等（2019）研究发现，空气污染可能导致"腐败"一词的在线搜索量显著增加，这可能源于空气污染使人们更加抑郁、自私，并对公平和公正问题更加敏感。类似的，Huang等（2016）为个体在空气污染中感知腐败的心理体验提供了实证支持，研究表明，当个体回顾雾霾天气（相对于阴天）时，更倾向于将政府视为腐败。因此，为了维护社会稳定和提高民众信任，政府应采取有效措施解决空气污染问题。

2.3.4 环境影响

空气污染对环境的负外部性影响主要包括臭氧层破坏、酸雨灾害、导致气候变化、影响太阳辐射、影响大气降水量五个方面。

1. 臭氧层破坏

空气污染与臭氧层破坏之间存在密切关联。首先，我们需要明确空气污染与臭氧层破坏的主要原因。空气污染主要源于工业排放、交通运输、燃煤等人类活动，导致大气中的污染物浓度上升。而臭氧层破坏的主要原因则是人类活动产生的氯氟烃（CFCs）等化学物质的释放。在某种程度上，空气污染会加剧臭氧层破坏。当空气污染中的一些化学物质，如氮氧化物（NO_x）、挥发性有机化合物（VOCs）等进入大气中时，它们会参与光化学反应，生成光化学臭氧。虽然光化学臭氧主要出现在对流层，但在某些条件下，它可能会与平流层的臭氧发生交换，影响臭氧层的浓度。

然而，空气污染与臭氧层破坏之间的直接联系主要源于CFCs等化学物质的释放。

CFCs 在大气中具有很长的寿命，当它们上升至平流层并到达臭氧层时，紫外线辐射会使 CFCs 分解，释放出氯原子。这些氯原子会与臭氧分子发生反应，破坏臭氧分子并形成氧气。由于氯原子能够参与很多次这样的反应，因此，CFCs 在大气中的存在会导致大量臭氧分子被破坏，最终形成臭氧空洞（范唯唯，2018）。

综上所述，空气污染是通过产生并释放 CFCs 等化学物质导致臭氧层破坏的。为了保护臭氧层，减缓气候变化和减轻对人类健康及生态系统的影响，应当加强对空气污染的治理和减少 CFCs 等有害化学物质的生产与使用。

2. 酸雨灾害

人类活动，例如化石燃料燃烧、道路交通排放尾气以及焚烧生活垃圾等，会排放烟气、二氧化硫和氮氧化物等酸性物质。这些物质进入大气后，会导致酸沉降的产生（李娟等，2022）。酸沉降主要分布在西北欧、东亚和北美地区，中国西南、华中长江流域和华东沿海等地区。酸沉降对生态系统产生了长期、大规模且跨界的负面影响。这些影响包括危及工人及化工厂周边居民的健康；恶化水质，对水生生物造成伤害；腐蚀厂房设备、精密仪器、金属建筑物和文物古迹等，导致生产损失以及其他与人类生活相关的危害。酸雨还对植物的生理代谢产生破坏性影响，抑制植物生长并影响其丰度。长期接触酸性物质可能导致植物叶片和根部枯萎甚至死亡。酸雨进入土壤后会导致土壤酸化和肥力降低。姚龙仁等（2022）通过土柱淋溶试验研究发现，酸雨可以直接促进土壤中无机磷和有机磷的溶出，同时增加较高活性磷组分的比例，从而导致土壤磷素流失。此外，Li 等（2022）研究发现，酸沉降增加了土壤块状沉积物的酸度，降低了土壤碱阳离子浓度，改善了土壤碱性环境，从而提高了荒漠植物多样性。为了减轻酸沉降带来的生态及社会影响，有必要加强对空气污染的治理，并寻求减少酸性物质排放的可持续替代方案。

3. 气候变化

气候变化是一种典型的环境问题，联合国政府间气候变化委员会指出，在过去的 100 多年中，全球平均地面温度上升了 0.3~0.6 ℃。这种变化对地球上的冰川和海平面都产生了显著影响。臭氧和细颗粒等空气污染物能够通过影响辐射、云和降水过程来引起气候变化。其中，CO_2 作为一种全球公共负产品，是导致全球气温上升等气候效应（蔡子颖等，2017）的重要原因。地球表面接收太阳辐射的热量，同时自身的热量散发又受到阻隔，因此地球表面的气温自然上升，这就是温室效应。法国科学家傅立叶（Jean Fourier）最先提出了温室效应的增强会导致全球变暖这一观点，而瑞典化学家斯凡特·阿伦尼乌斯（Svante Arrhenius）则首先预测了人为温室效应的可能性，并提出每增加一倍 CO_2 浓度会导致全球平均温度上升 9~11 华氏度（5~6 ℃）。至今，气候变暖仍是公众关注的焦点和科学研究的热门话题。

相对于国际研究，我国在探讨大气污染对气候变化的影响方面起步较晚，目前仍处于跟踪追赶的阶段，存在着明显的不足。直到20世纪80年代后期，我国几乎没有与气候变化相关的历史或国家政策。然而，随着气候变化的影响和挑战越来越大，我国各界开始重视这一问题。目前，学术研究主要集中于以下几个方面：大气污染的气象因素分析、气候变化与大气污染的关系（王占刚和师华定，2012）、大气污染与气候变化的交互作用（徐北瑶等，2022）、环境经济损失，以及大气污染和气候变化的协调治理（丁一汇等，2009）。例如，王金南等（2010）的研究表明，不仅CO_2，N_2O也能对平流层臭氧造成严重破坏，其潜在的气候变暖效应是CO_2的310倍。总体而言，与国外相比，我国在大气污染与气候变化方面的研究起步较晚，研究成果还有待进一步完善。

4. 影响太阳辐射

空气污染对太阳辐射的影响已经得到多项研究的证实（宿兴涛等，2011；蔡子颖等，2017；汪宏宇等，2020），主要体现在影响区域散射辐射比例（符传博和丹利，2018）、增加太阳总辐射（刘长焕等，2018）或减少到达地面的太阳辐射量（邵振艳等，2009）等方面。尤其是大工业城市，工厂、发电站、汽车和家庭取暖设备排放大量的烟尘微粒，遮挡阳光，导致太阳直接照射到地面的辐射量大幅减少。

5. 影响大气降水量

空气污染会显著影响大气降水量（宿兴涛等，2016）。空气污染物微粒大多数具有凝结水气的作用，因此在适宜的气象条件下，它们可以作为凝结核促进云的形成和降水的发生。在大工业城市下风地区，由于工业排放物的影响，空气中的气溶胶和水汽含量较高，这进一步增加了云和降水发生的条件。因此，在这些区域，相对较高的降水量可能是存在的。但需要注意的是，气象环境非常复杂，降水量的大小受到多种气象因素的影响，空气污染只是其中之一。

空气污染的负面影响不仅仅局限于特定的行业或地理区域，而是对整个人类社会的各个方面产生广泛而深刻的负面影响。

2.4 生命质量经济社会环境对空气污染的影响

不仅空气污染负面影响居民生命质量、经济、社会和环境，反之，这四个方面也对空气污染产生一定的影响，主要表现在以下几个方面：

（1）民众对健康相关生命质量的关注逐渐增加，这会促使政府和企业采取措施减少空气污染。例如，居民可能选择购买低排放汽车或使用公共交通工具，从而减少尾气排放。同时，民众可能支持环保政策，促使政府采取更严格的环保措施。

（2）经济发展与空气污染之间存在密切关系。经济增长可能会带来更多的工业生产、能源消耗和交通需求，从而加剧空气污染。然而，经济发展也可以为环境保护提供资金和技术支持，促进清洁能源和低碳技术的研发与应用，从而降低空气污染。

（3）社会文化和价值观对空气污染的影响不容忽视。社会对环境保护的重视程度、公民的环保意识以及企业的社会责任都会影响空气污染水平。民众的环保意识提高，企业的环保责任加强，以及社会对可持续发展的关注，都有助于减少空气污染。

（4）自然环境对空气污染的影响主要体现在气候、地理和生态等方面。例如，气候条件会影响污染物的扩散和沉降，地形和地貌可能导致空气污染物在某些区域积累。此外，生态系统中的植被可以吸收和分解大气中的某些污染物，起到一定程度的净化作用。

综上所述，居民生命质量、经济、社会和环境对空气污染的影响是多方面的。本书的第 3.3 节将详细探讨空气污染的主要来源，以及社会、经济和环境因素如何影响空气污染。此外，本书第 6 章通过实证研究，揭示了空气污染与国民健康及经济发展之间的相互作用。这些研究结果证实，不仅空气污染对健康和经济发展产生影响，国民健康状况和经济发展水平也会反过来对空气污染产生一定程度的影响。

2.5 空气污染负外部性影响的理论机制分析

空气污染的典型负外部性效应特征，会通过多种机制降低生命质量、经济、社会和环境方方面面的效用水平。

2.5.1 空气污染对生命质量的负外部性影响机制

1. 生理机制

空气污染中的污染物颗粒不但能进入并沉积于呼吸道和肺部，部分积聚了大量有害重金属、酸性氧化物、有害有机物、细菌、病毒等带毒害性的颗粒物会导致疾病。空气污染主要通过三种途径产生生理影响：一是吸入空气污染物（颗粒）后造成呼吸系统疾病与生理机能障碍，以及眼鼻等黏膜组织受到刺激而患病；二是长时间或高浓度污染物暴露作用，对生理健康造成急慢性损害；三是食用空气污染物污染了的食物和水导致中毒，影响生物正常生长发育及健康。

空气污染物影响生理健康的致病机制可能有：（神经）炎症、细胞因子、化学因子释放、肺中氧自由基产生、内毒素介导的细胞及组织相应损伤、刺激物受体的应激效应、关键细胞酶的共价修饰等（Nel，2005）。如 Calderón-Garcidueñas 等（2011）进行了一系列纵向研究发现，严重的空气污染暴露引发的全身和中枢神经系统炎症，可能会扰乱儿童大脑发育轨迹，从而损害儿童认知功能；前额皮质的结构损伤以及中脑和脑桥的炎症反应，会造成儿童记忆缺陷；脑干和听觉通路病变，会导致儿童前庭以及听觉神经功能障碍。空气污染不仅会引起神经系统疾病，还会导致身体的代谢变异。Wagner 等（2014）发现，含有如铅、汞、锰等毒害神经物质的颗粒物，会引发神经炎症机制,直接损伤神经行为功能,进而导致个体抑郁和自杀。Fonken等(2011)指出,长期暴露于$PM_{2.5}$空气环境中,会引发海马神经炎症反应。

2. 心理机制

空气污染对健康影响的短期心理机制包括:

(1)空气污染通过身体健康损害进而影响心理健康。许多研究表明,空气污染会使人们更加焦虑和抑郁,并增加因对疾病了解不足而产生的心理压力以及恐惧不安等情绪,最终导致精神疾病的风险。

(2)空气污染对日常生活造成不便,进而影响人们心理健康。例如,较差的空气质量环境会迫使人们减少户外出行并改变日常的健身锻炼计划,以避免空气污染的影响,这可能导致社会群体间的沟通和交流减少,进而影响其心理健康。此外,这种环境压力还可能导致心理疾病的发生和加剧,如焦虑、抑郁等。

(3)空气污染可能通过影响身体质量指数(Body Mass Index, BMI),增加人群患肥胖症概率,间接潜在影响心理健康(Deschenes, et al., 2017)。

(4)空气污染还可能通过其他工作和经济状况等多种间接心理渠道来影响人们的健康。如空气污染对人体健康的损害,可能导致劳动生产力下降和旷工率增加,进而影响收入稳定性、工作压力以及失业风险等因素,从而给人们的心理健康带来进一步压力。稳定的工作和收入状况对于心理健康有着显著的影响,而空气污染所带来的影响则加重了这种压力。

3. 情绪机制

空气污染会导致环境变得阴沉昏暗,引起消极情绪和焦虑等不良心理。同时,空气污染中的有害物质也会对易感个体产生即时的刺激作用,通过呼吸和神经系统引起生理不适,从而导致产生许多负面情绪,如愤怒、暴躁、焦虑等。研究表明,这些负面情绪会进一步影响身心健康(Sunyer, et al., 2015)。空气污染对心理健康产生影响是一个复杂的过程,涉及多个情绪机制。首先,空气污染可能导致负面情绪,如焦虑、愤怒、悲伤等。这些负面情绪可能是由于人体感受到有害物质,如细颗粒物、氮氧化物、挥发性有机物等,刺激了神经系统的反应,从而引起情绪反应。其次,空气污染可能降低个体的幸福感和生活质量。研究发现,空气污染与幸福感和生活满意度之间存在负向关联,污染越严重,幸福感和生活满意度越低。再次,空气污染可能导致认知功能下降,如记忆力和学习能力降低等,这可能是由于有害物质影响了神经元的健康和活性。最后,空气污染可能引起身体不适和疾病,如哮喘、呼吸困难、头痛等,这些不适和疾病会影响个体的心理状态,导致情绪变化。

总之,空气污染对心理健康产生的影响是多方面的,其情绪机制包括负面情绪、幸福感和生活满意度降低、认知功能下降和身体不适等。

4. 满意度机制

空气污染对生命质量的负面影响的满意度机制，主要表现为负向心理反应和生活质量降低。首先，空气污染会引起负向情绪，如焦虑、愤怒和悲伤等，这可能是由于人体受到有害物质刺激，导致神经系统反应，进而引起情绪反应。其次，空气污染使个体或群体对空气污染导致的生理损害的抵抗力产生负面影响，可能会加剧生理和心理影响，从而降低生活满意度和主观幸福感，对个体生命质量产生负面影响。长期处于空气质量较差的环境中会对个体的生活和身心造成直接影响，尤其是居住在空气质量极好和极差地区的人群更为敏感。较差的空气质量和恶劣的生态环境会增加居民对疾病风险和健康隐患的担忧，进一步降低居民的生活满意度（黄永明和何凌云，2013；余红伟等，2022）。因此，空气污染对心理健康的满意度机制是一个复杂的过程，涉及情绪反应和生活质量降低两个方面。为了提高民众的幸福感和生活满意度，应采取有效的空气污染治理措施。

5. 媒体表征

除了人们直接感知大气环境的污染程度和环境变化（Reser & Swim，2011）外，媒体表征（吕小康和王丛，2017）的影响效应（主要是心理影响）也是空气污染负向影响的作用机制。当个人或群体并没有直接体验到空气污染的影响时，媒体将空气污染状况等信息精确地提供给个体或群体，从而让大众间接体验到空气污染的影响。媒体对空气质量问题的关注和报道，不断强化了公众对空气质量的认知和理解。这种媒体报道方式可以引起公众的关注，强调空气质量特定属性（污染或清洁）问题，直接影响公众的心理状态。例如，媒体报道了美国"9·11"事件中世贸大厦倒塌所导致的空气污染灾难，引起了广泛的关注。报道显示，该事件中的空气污染导致很多人死亡，同时也对居民的心理健康、大脑结构造成了持久的影响（Ozbay, et al.，2013）。此外，媒体还报道了一些生态环境焦虑症状，如无端恐惧症、暴躁、虚弱、食欲不振以及失眠等。虽然客观来说，媒体出于自身吸引观众、增大影响力等社会和经济效益，有时候有可能非科学地大肆渲染歪曲某一空气污染事件，其伦理标准和道德原则也受到了很多质疑。总体而言，媒体表征的报道作用也是公众感知空气污染影响的作用机制。

此外，媒体舆论监督同时还起到了空气污染治理的作用机制，因为媒体对污染报道的增加，主要通过对政府和污染企业制造舆论压力，促进其增加环境治理投入和减少工业污染排放，从而间接显著促进了城市空气质量的改善（郑朝鹏等，2022）。媒体报道引发的行政问责与晋升激励，可能是其舆论监督作用效果的潜在的重要机制。首先，媒体对突发环境事件、各类生态环境问题、环境违法破坏行为的曝光形成的问责压力，会推动污染企业减排降碳和绿色创新。媒体报道还可以作为政府官员行政问责的间接问责信息的重要来源或直接问责、后续晋升依据，从而成为政府官员污染治理工作压力的直接来源。其次,媒体报道的另一潜在监督机制是晋升激励。媒体曝光是企业上市晋级和全国各地官员考核以及提拔任用的重要依据之一。

2.5.2 空气污染对社会的负外部性影响机制

空气污染对社会产生负外部性影响的机制,主要体现在健康风险、生态环境破坏、经济损失、社会不满和信任危机以及空气污染跨界传播等方面:(1)空气污染导致的健康问题是最直接的负面影响。各种污染物,如颗粒物、二氧化硫、氮氧化物等,可引发呼吸道疾病、心血管疾病、肺癌等健康问题。这不仅影响了人们的生活质量,还给社会带来了医疗资源和经济负担。(2)空气污染物会对土壤、水体和生态系统造成长期的负面影响。例如,酸雨会导致土壤酸化、水体污染,从而破坏植被、农作物和水生生物的生长,破坏生态平衡。(3)空气污染导致的健康问题和生态环境破坏,会给国家和地区带来巨大的经济损失。这包括医疗费用、减产、设施损坏等。此外,空气污染还可能影响旅游业和投资环境,导致潜在的经济损失。(4)空气污染问题可能导致公众对政府和企业的信任度下降。政府在环境治理方面的不作为或不力可能引发民众不满,甚至导致社会抗议活动。这种信任危机可能进一步加剧社会不稳定和矛盾。(5)空气污染不仅影响污染源所在地区,还可能通过大气环流传播至其他地区,导致跨界污染。这使得空气污染成为一个具有全球性影响的问题,需要国际协作与协调来共同应对。

空气污染对社会产生了负外部性影响,而其严重性受到群体的社会脆弱性影响,即某些特定群体对空气污染的危害更为敏感。社会脆弱性指社会群体、组织或国家在面对灾害和其他不利因素时所表现出的抵御能力和复原能力。这种脆弱性受到多种因素的影响,例如身体健康状况、家庭成员构成、住房与交通条件、社会经济状况、种族和语言等。不同的脆弱性指标之间存在相互关联和交互作用,共同决定了群体在面对灾难时的受伤害程度、抵御能力和复原力大小。因此,提高社会脆弱性意识,加强群体防灾减灾意识和能力,有助于提高整个社会的应对能力和适应性,减少污染灾难对人民生命财产的危害。

2.5.3 空气污染对经济发展的负外部性影响机制

经济发展过程中产生的空气污染会反过来会制约经济增长。空气污染可能主要从三个层面导致经济发展的减缓:公众的健康问题,生产力和工作效率的降低,工农业生产成本的增加及产量品质价格的下滑。

一方面,空气污染影响经济发展的重要渠道是空气污染的健康损害。研究表明,国民健康状况会影响家庭的收入以及居民支付高质量医疗保障的能力。空气污染对国民身心健康产生了显著的负面影响,而身心健康状况的下滑,会降低个人对家庭收入的贡献能力以及减弱医疗保障的潜在优势。国民健康状况的弱化,影响到其社会经济活动。这可能导致一种恶性循环，使得居民陷入健康和经济无法相互支持的状态。此外，空气污染可能会导致人才流失，进而减少家庭收入和造成迁出地的经济发展遭受重创。

另一方面，空气污染造成的健康损害，进一步影响到教育人为资本积累、劳动力供给和劳动生产率，从而影响经济发展。污染导致的健康状况较差的工作者通常会贡献较低的生产力，严重的空气污染也会负面影响工作者的生理和心理状况，造成胸闷气短或抑郁不乐等生理或心理现象，从而降低劳动生产率。空气污染降低工作效率的机制，主要是影响身体机能、心理、认知功能和时间等。如研究发现，空气污染治理增加城市劳动生产率，城市创新能力和居民健康是空气污染治理促进劳动生产率的重要渠道（Ren, et al., 2022）。空气污染破坏人体的物理功能，降低反应力，从而降低工作效率。空气污染破坏认知功能，降低劳动的边际生产率（He, et al., 2021）。护理照顾易感家属可能是空气污染减少中等水平的劳动力供应的一个机制。空气污染降低劳动力供应和工人生产力的另一潜在机制是心理机制，污染的心理暴露诱发负面情绪从而导致生产力下降（Cook, et al., 2022）。

另外，空气污染会造成工农业生产损害，增加工农业生产成本，缩短工业产品的使用寿命，降低工农业产品产量品质价格，损害经济效益，进而一定程度上影响经济发展。空气污染物中的酸性污染物、光化学烟雾、NO_2和SO_2等污染物，会对工业设备材料和建筑设施产生腐蚀损害；空气中的烟粉尘不利于精密设备、仪器的生产、安装调试和使用。如光化学烟雾能使橡胶轮胎龟裂损坏，SO_2会腐蚀损毁金属制品及皮革、纸张、纺织制品等。研究表明，空气污染不仅会降低农产品产量品质直接影响农业经济，同时还会在短期内影响败坏速度相对较快且不易保存的新鲜食物及相关产品的市场交易行为（Sun, et al., 2017）。在严重污染天气里，出于对健康的考虑，居民可能会减少户外购物活动，较大影响新鲜蔬菜的需求量，使新鲜食物供过于求导致价格被压低，从而造成一定程度上的经济效益损失。

2.5.4 空气污染对农作物生产的负外部性影响机制

空气污染对农作物生产的负外部性影响是由于污染物在大气中传输和转化而引起的，主要通过直接毒性、光合作用的抑制、养分平衡的破坏以及光照强度、气候和土壤质量等因素的变化等机制产生。具体来说，空气污染中的氮氧化物和二氧化硫等污染物会直接对作物叶片和根系造成损害，抑制其正常生长和发育，降低作物的产量和品质；另外，这些污染物还会通过干沉降和湿沉降的方式进入土壤中，改变土壤的物理、化学和生物特性，导致土壤酸化、盐碱化和养分失衡等问题，影响作物根系吸收养分和水分的能力，进而影响其生长和发育。此外，气溶胶颗粒物的存在也会降低大气的透明度，减少日照时间和光合作用强度，影响作物的光合作用和光合产物的积累，进而影响作物的产量和品质。

空气污染对农作物生产的负外部性影响不仅表现在直接影响农作物生长品质方面，而且还通过影响农业生产经营和劳动力供给等方式产生了间接影响。首先，空气污染增加了农业生产资料，如农药、化肥、塑料薄膜等投入量，从而对农业生产经营产生了显著的负面影响。不过，化肥、农药、温室大棚等生产资料也具有缓解空气污染危害（张良等，2017）的附加效益。其次，空气污染影响人体健康和工作情绪，缩短农民务农时间，降低工作效率，减少劳动力供给，从而间接影响农作物的生长。

总之，空气污染对农作物生产的负外部性影响是一个复杂的过程，涉及多种机制和因素的相互作用。因此，有必要通过实地调查、模型模拟和综合评估等手段，深入了解空气污染对农作物生产的影响机制和程度，制定针对性的控制措施，保障粮食安全和农业可持续发展。

2.5.5 空气污染对气候环境的负外部性影响机制

1. 辐射强迫

空气细颗粒物对气候环境变化的影响主要通过大气辐射强迫机制实现。辐射强迫（Radiative forcing）是指太阳辐射在垂直方向上入射和反射之间的能量平衡变化，可用于量化某因素对大气系统能量平衡的影响程度，其单位为每平方米瓦特。辐射强迫的计算是以1750年的值作为起始值，计算现时与1750年之间的差值。辐射强迫可正可负，正辐射强迫会导致地表变暖，而负辐射强迫则有相反的效果。

空气污染物通过辐射强迫对气候产生影响主要有直接效应、半直接效应、间接效应和其他云效应等多种机制（朱晓晶等，2021）。其中，直接效应是指污染物直接吸收和散射辐射，从而改变大气层的辐射平衡，进而导致颗粒物可能对气候产生变暖或降温效应。半直接效应又称为云吸收效应，是指污染物对云的物理和化学特性的改变，从而影响云的辐射特性和持续时间，间接地改变辐射平衡和气候。间接效应是指污染物改变气溶胶和云的微物理特性，导致云粒子变得更小或更多，从而影响云的反照率和持续时间，间接地改变辐射平衡和气候。其他云效应是指污染物改变云的水平和垂直分布，从而影响云的反照率和持续时间，进而对辐射平衡和气候产生影响。对于空气污染物对气候影响的理解，这些机制具有重要意义。

2. 地表变暗效应

一些研究发现，自20世纪50年代以来，世界大部分地区年代际时间尺度上出现了地面接收太阳总辐射量的降低，即"全球变暗"现象。全球变暗不仅表现为太阳总辐射的降低，同时表现为散射辐射在太阳总辐射中所占的比例的提高。空气污染与地表变暗效应之间存在着密切的联系。空气污染物中的气溶胶颗粒物可以通过吸收、散射和反射太阳辐射，影响大气层和地表的能量平衡，进而导致地表变暗。具体来说，气溶胶颗粒物通过吸收太阳辐射，产生热量并加热大气层，而散射和反射则会使一部分太阳辐射直接返回太空，从而导致地表受到的太阳辐射减少，进而导致地表变暗。此外，气溶胶颗粒物还可以通过与云相互作用，改变云的辐射特性和持续时间，进而对地表辐射平衡产生影响，也会导致地表变暗。需要注意的是，气溶胶颗粒物的影响程度与其成分、大小、形状、分布和光学性质等有关，并且受到地区和季节等多种因素的影响。因此，深入了解空气污染对地表变暗效应的影响机制和程度，对于开展气溶胶和气候变化的研究具有重要的理论和实践意义。特别是，在全球变暗与气候变化之间存在着复杂的反馈关系和相互作用，气溶胶颗粒物是其中的重要因素。因此，需要通过系统的观测和模拟研究，探索气溶胶对全球变暗和气候变化的影响机制和程度，并制定有效的控制措施，以减轻气溶胶对人类健康和环境的不良影响，维护生态环境的持续健康发展。

3. 温室效应

太阳辐射主要为可见光，在穿过地球大气层后被地表吸收，从而导致地表温度上升，进而发射红外线。然而，地球大气层中的温室气体（如二氧化碳和甲烷）可以吸收地表发射的红外线，从而防止热量从大气层上空逸出至外层空间，进而保留热量在大气层内部，形成温室效应。这一机制被广泛认为是当前全球气候变暖的重要原因之一。

空气污染与温室效应之间存在着密切的关系，主要表现在以下方面。首先，空气污染可以导致温室气体的排放增加，从而加剧温室效应。例如，二氧化碳、甲烷等温室气体的排放量与能源消耗和工业生产等活动密切相关，而这些活动往往也伴随着空气污染物的排放。其次，空气污染中的气溶胶颗粒物可以通过吸收、散射和反射太阳辐射，从而影响大气的能量平衡，进而对温室效应产生影响。具体来说，气溶胶颗粒物的直接效应是吸收和反射太阳辐射，从而降低地表的太阳辐射，导致地表变冷。而气溶胶颗粒物的间接效应则是通过改变云的性质和分布，从而影响云的反照率和持续时间，进而对温室效应产生影响。此外，空气污染中的一些化学物质如臭氧也可以通过化学反应，对温室效应产生影响。因此，对于温室效应的缓解，需要采取综合性的减排措施，既要降低温室气体的排放，也要控制空气污染物的排放，以实现可持续的经济和社会发展。

2.6 本章小结

本章主要分析空气污染领域研究的相关基本理论和概念，分析空气污染的负外部性影响，并梳理空气污染对生命质量、经济、社会和环境的影响机制。首先，本章对空气污染研究的相关基本理论进行了分析，并在此基础上，明确了与空气污染及其生命质量经济效应相关的概念，包括空气污染相关概念、生命质量、空气污染的健康效应及经济效应概念。其次，梳理了空气污染对生命质量、经济、社会和环境的负面外部性影响，并简单分析了生命质量、经济、社会和环境对空气污染的影响。基于认识到空气污染是影响生命质量、经济、社会和环境发展的重要因素，我们对空气污染对各方面的影响机理进行了理论分析。由于空气污染的来源和接触方式不同，其对生命质量、经济、社会和环境的影响机制也各有不同。因此，我们对空气污染影响生命质量、经济、社会和环境各个方面的影响机制进行了界定和解释，以增进我们对空气污染的健康、经济、社会及环境损害机制的理解，为防控和治理空气污染提供基础。

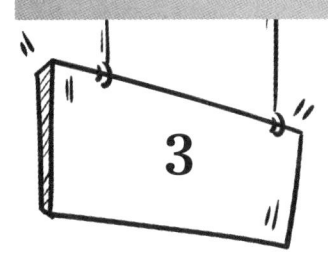

3 空气污染的时空分布特征与主要来源

当前,我国空气污染问题依然严峻,因此研究分析空气污染的时空分布特征、未来发展情况以及其主要来源,对于应对中国的空气污染问题以及更深入探究空气污染的负外部性影响具有重要的理论和实践意义。本章首先以空气质量日报数据为研究对象,对近十年国内空气质量的基本情况和时空分布特征进行了描述性统计分析。然后,使用季节性差分自回归滑动平均(Seasonal Autoregressive Integrated Moving Average,SARIMA)模型和随机森林(Random forest,RF)模型,以历史 AQI 值和 6 种污染物的历史浓度值为解释变量,对未来 AQI 进行预测分析,以了解我国 AQI 未来发展情况。最后,本章进一步分析梳理了空气污染的主要来源。

3.1 数据与方法

3.1.1 数据来源与处理

本章的研究数据来源于中国环境监测总站的全国城市空气质量实时发布平台,数据包括 2014 年 5 月 13 日至 2022 年 8 月 27 日每天的空气质量日报数据,涵盖中国 31 个省级行政区(香港、澳门、台湾除外)的 388 个主要城市。数据包括各污染物 O_3、$PM_{2.5}$、PM_{10}、SO_2、CO、NO_2 浓度以及空气质量指数 AQI 数据。本章主要关注 AQI 的时空变化特征及未来发展状况,因此在数据处理过程中,对每日的实时、分时段数据进行分类汇总,缺失值采用对应城市或邻近日的平均值进行替换。最终得到了 2014 年至 2022 年的 560 226 条 24 h 平均值数据,作为后续分析和建模的数据集。

3.1.2 分析方法

1. 季节性差分自回归滑动平均(SARIMA)模型

时间序列分解分析表明,中国主要城市空气污染相关指标的月度数据同时表现出长期性和季节性波动趋势。根据这种季节性的趋势分布特征,构建时间序列 SARIMA

模型，对空气污染未来发展情况进行预测分析。$SARIMA(p,d,q)(P,D,Q)^s$ 分为两部分，第一部分是非季节模型部分及其参数 p、d、q；第二部分是季节性模型部分及其参数 P、D、Q。SARIMA 模型的一般形式为：

$$\Phi_P(L)A_P(L^s)(\Delta^d \Delta_s^D y_t) = \Theta_q(L)B_Q(L^s)\mu_t, \tag{3.1}$$

式中：y_t 为时间序列，μ_t 为随机项，$\Phi_P(L)$ 是趋势的自回归特征多项式，p 是趋势的自回归阶数，d 是趋势差分阶数。$\Theta_q(L)$ 表示趋势的移动平均特征多项式，q 表示趋势的移动平均阶数。$A_P(L^s)$ 指季节自回归特征多项式，s 表示季节周期的长度，P 为季节自回归最大滞后阶数，$B_Q(L^s)$ 指季节移动平均特征多项式，Q 指移动平均最大滞后阶数。$\Delta_s^D y_t$ 表示对 y_t 进行 D 次季节差分，D 表示季节项的阶数，称为季节差分。

2. 随机森林（RF）模型

随机森林算法是一种由多个决策树 $h_i(x_t)$ 组成的集成模型。在回归树中，将数据集划分为多个终端节点，并将每个终端节点的取值的平均值作为该节点的预测结果。对于待预测的样本 $x_t \in R^j$，在随机森林算法中，该样本会被输入到每个子树中进行预测，最终的预测结果 $\bar{h}(x_t)$ 是所有子树的预测结果的平均值：

$$\bar{h}(x_t) = \frac{1}{k}\sum_{i=1}^{k} h_i(x_t) \tag{3.2}$$

式中，k 为决策子树的个数。

为了寻找最优的随机特征数，本书使用 Jupyter Notebook 进行循环迭代，计算不同随机特征数下随机森林的袋外误差。迭代结果显示，较优的随机特征数为 2 个，并且袋外误差并不是随着随机特征数的增加而一直减小，而是当达到一定值时，袋外误差反而增加。此外，实验还发现，随着决策树的最大深度的提升，决策树对空气质量指数的拟合能力也有所提高。然而，如果将决策树的最大深度设置得太高，决策树会过度拟合训练数据，包括噪声，从而导致模型偏离真实曲线。因此，为了避免过度拟合，本书选择了包含 200 个决策树的随机森林作为最终模型。

本章以 6 种污染物浓度的历史时刻均值为自变量 x，AQI 值作为因变量 y，使用参数"特征数量=2、决策树数量 k=200"构建随机森林模型，并利用该模型进行未来空气质量的预测分析。在进行预测前，需要对模型的预测性能进行评估，常用的评价标准包括平均绝对百分比误差（MAPE）、均方根误差（RMSE）、均方误差（MSE）和平均绝对误差（MAE），以及拟合优度（GOF）和解释方差得分（EVS）等。由于单一参数很难完全保证预测的准确性，因此在实际应用中，需要综合考虑多个参数来评估模型的预测精度。

本书采用简单交叉验证方法，以 0.5 的分段抽样比对所建随机森林模型的效果进行评估，结果如表 3.1 所示。评估结果表明，模型在训练集和验证集上的平均绝对误差（MAE）分别为 0.577 3 和 1.274 3，拟合优度（R^2）分别为 0.996 0 和 0.989 5。此外，在测试集上进行的残差分析表明，模型的拟合效果为 0.989 8，超过了 0.9 的标准，表明该模型能够有效地消除数据的长期趋势和季节性。综合上述评估结果，本书建立的随机森林模型预测效果较好，可用于 AQI 指数的预测分析。

表 3.1　随机森林回归模型拟合检验

模型精度	训练集	测试集
R^2	0.996 0	0.989 5
MSE	1.444 6	4.024 2
MAE	0.577 3	1.274 3
EVS	0.996 0	0.989 7

3.2　中国城市空气污染时空演变特征分析

本节直观地展现了中国城市空气质量的年度和季节变化，以及省级和市级分布特征。并通过计算 AQI 与 6 种污染物指标之间的相关系数，了解 AQI 和 6 种污染物之间的相关性，从而为后续的进一步预测分析奠定基础。

3.2.1　空气污染时间演变情况

1. 空气污染的年度变化特征

为了深入探讨 2014 年至 2022 年中国城市每日空气质量指数（AQI）及 6 种主要污染物（CO、NO_2、O_3、PM_{10}、$PM_{2.5}$ 和 SO_2）的浓度分布特征及变化趋势，本书采用时序变化分析方法对相应数据进行了系统性研究。图 3.1 详细呈现了分析结果。从图 3.1 中，我们可以清晰地观察到，近年来 AQI、CO、NO_2、O_3、PM_{10}、$PM_{2.5}$ 和 SO_2 在分布特征上存在相似之处，均表现出显著的波动性。这些波动受时间趋势的显著影响，同时也反映了季节变化引起的周期性波动特征。通过对比空气质量数据，我们发现 2021 年的 AQI 指数相较于 2018 年和 2019 年分别减少了 15.08% 和 9.28%，这一结果表明空气质量整体呈现改善趋势。除了 O_3 浓度值未出现显著变化外，其他五种主要污染物的浓度值亦表现出逐年递减的趋势。

（a）AQI 时序图

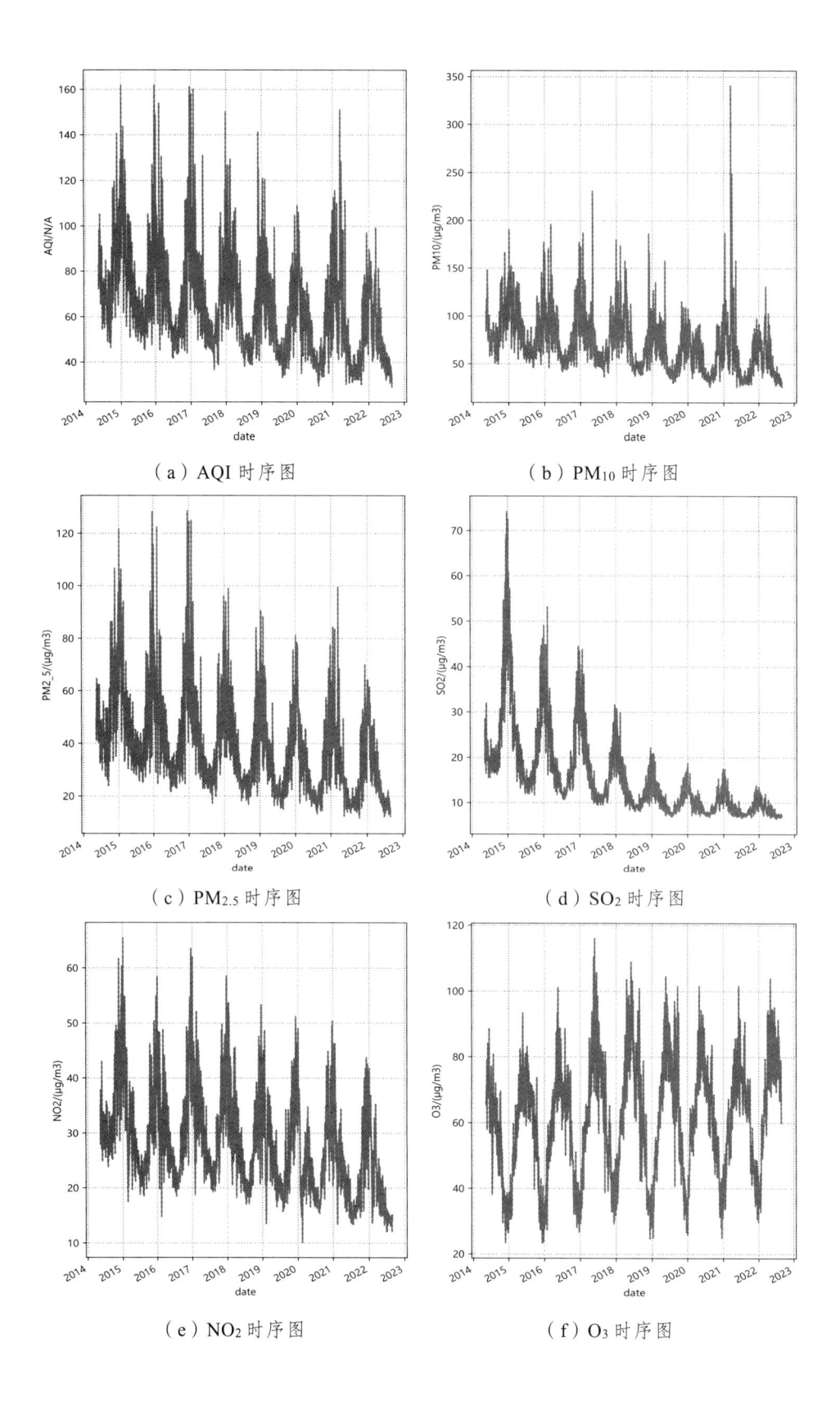

（b）PM$_{10}$ 时序图

（c）PM$_{2.5}$ 时序图

（d）SO$_2$ 时序图

（e）NO$_2$ 时序图

（f）O$_3$ 时序图

（j）CO 时序图

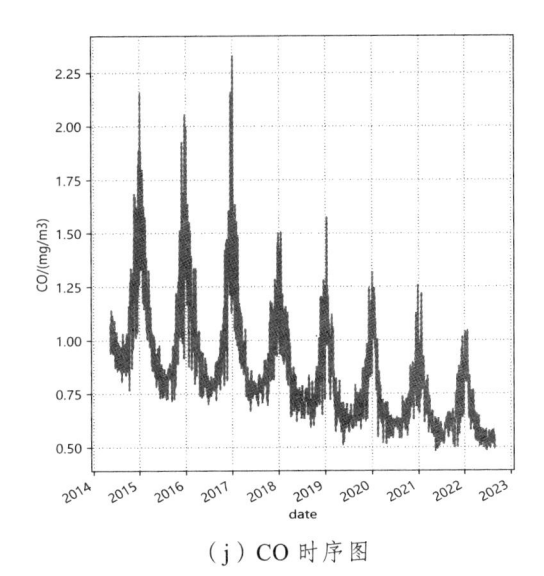

图 3.1　2014—2022 年全国城市空气污染各指标时序图

根据全样本变量的描述性统计分析结果如表 3.2 所示，AQI 的均值为 65.61，最小值为 1，最大值为 500。6 种主要污染物 $PM_{2.5}$、PM_{10}、SO_2、NO_2、O_3 和 CO 浓度的均值分别为 40.05 μg/m³、72.91 μg/m³、15.85 μg/m³、27.69 μg/m³、61.83 μg/m³ 及 0.87 mg/m³，最大值分别为 4 332.08 μg/m³、14 789.40 μg/m³、1 471.04 μg/m³、574.19 μg/m³、406.29 μg/m³ 及 32.01 mg/m³。这些结果表明，中国城市空气质量整体上较好，但在城市之间仍存在较大的差异。

表 3.2　变量的描述统计

指标	均值	标准差	最小值	最大值
AQI（N/A）	65.61	44.50	1	500.00
$PM_{2.5}$（μg/m³）	40.05	35.77	1	4 332.08
PM_{10}（μg/m³）	72.91	74.49	1	14 789.40
SO_2（μg/m³）	15.85	18.30	1	1 471.04
NO_2（μg/m³）	27.69	16.46	1	574.19
O_3（μg/m³）	61.83	29.62	1	406.29
CO（mg/m³）	0.87	0.50	0	32.01

注：样本量 N=1 050 590。

进一步对 2014 年至 2022 年中国城市每日空气质量按等级进行划分和统计，结果如表 3.3 所示，其优良率基本上随时间逐年递增，分别为 75.00%、78.97%、82.24%、83.74%、86.73%、88.67%、91.41%、91.36% 和 92.42%，表明空气质量的改善趋势较为明显。同时，重度污染和重污染的比例大致逐年递减，分别为 2.46%、2.97%、2.48%、2.21%、2.02%、1.60%、1.12%、1.37% 和 0.98%。

总体而言，中国城市空气质量优良等级占主导地位，轻度污染天数仅占少数，而中度及以上污染天数相对较少。尽管近年来中国城市空气污染的天数比例呈逐年下降趋势，但其占比仍然不小，因此需要采取积极的管理和控制措施来缓解和解决空气污染问题。

表 3.3　2014 年至 2022 年全国整体空气质量污染等级表

年	城市数×天数（n）	优	良	轻度污染	中度污染	重度污染	重污染
2014	天数（42 317=189×224）	22 148	9 588	7 450	2 088	884	159
	百分比	0.523 4	0.226 6	0.176 1	0.049 3	0.020 9	0.003 8
2015	天数（131 874=364×362）	63 837	40 299	18 091	5 726	3 135	786
	百分比	0.484 1	0.305 6	0.137 2	0.043 4	0.023 8	0.006 0
2016	天数（132 351=363×365）	62 707	46 136	15 290	4 933	2 576	709
	百分比	0.473 8	0.348 6	0.115 5	0.037 3	0.019 5	0.005 4
2017	天数（132 802=365×364）	63 058	48 149	14 673	3 992	2 232	698
	百分比	0.474 8	0.362 6	0.110 5	0.030 1	0.016 8	0.005 3
2018	天数（131 616=366×360）	60 283	53 863	11 491	3 319	2 027	633
	百分比	0.458 0	0.409 2	0.087 3	0.025 2	0.015 0	0.004 8
2019	天数（132 323=366×362）	60 621	56 704	9 760	3 120	1 731	387
	百分比	0.458 1	0.428 5	0.073 8	0.023 6	0.013 0	0.002 9
2020	天数（132 918=366×363）	70 565	50 933	7 705	2 233	1 186	296
	百分比	0.530 9	0.383 2	0.057 9	0.016 8	0.009 0	0.002 0
2021	天数（134 341=371×363）	73 562	49 174	7 716	2 049	1 136	704
	百分比	0.547 6	0.366 0	0.057 4	0.015 0	0.008 5	0.005 0
2022	天数（81 485=343×238）	48 663	26 647	4 160	1 214	562	239
	百分比	0.597 2	0.327 0	0.051 1	0.014 9	0.007 0	0.002 9

注：数据来源于中国环境监测总站的全国城市空气质量实时发布平台。

近年来，中国城市的日均 AQI 值与污染物 CO、NO₂、O₃、PM₁₀、PM₂.₅及 SO₂浓度值之间的相关性如图 3.2 所示。结果显示，AQI 值与 PM₂.₅和 PM₁₀浓度的相关性最强，相关系数分别为 0.92 和 0.84。AQI 与 CO、NO₂、SO₂及 O₃浓度指标的相关系数分别为 0.57、0.59、0.41 及-0.081。除 O₃浓度值与 AQI 呈现负相关关系外，其他五种污染物浓度与 AQI 均表现出正相关关系。PM₁₀和 PM₂.₅的浓度变化对 AQI 指标影响较大，这可能是因为 AQI 指标对颗粒物浓度变化比较敏感。同时，PM₂.₅与 PM₁₀的浓度指标间相关系数超过了 0.77，PM₂.₅与 CO 的浓度指标间相关系数超过了 0.62，CO 与 NO₂的浓度指标间相关系数也达到了 0.58，即各因素间存在多重共线性，呈现出复杂的相关关系。这些结果有助于进一步理解中国城市空气污染的成因和发展趋势，为制定有效的空气污染控制和治理策略提供重要的参考依据。

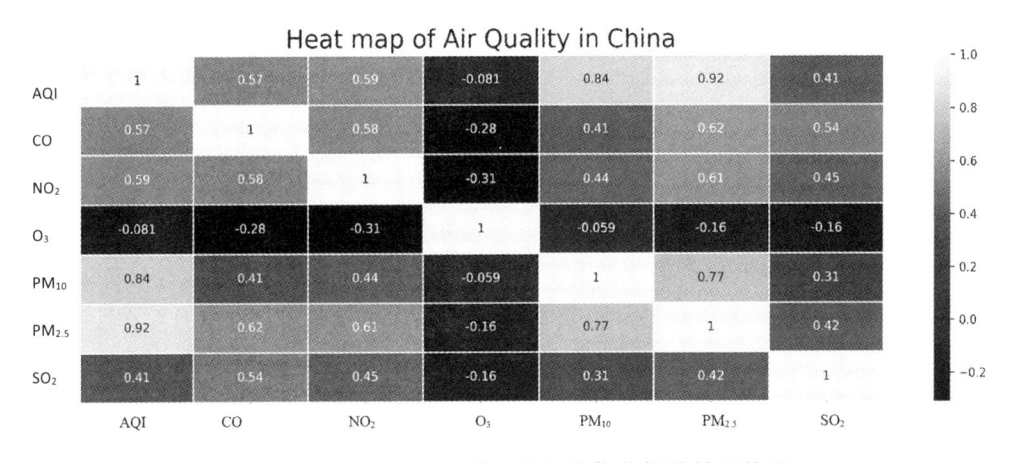

Heat map of Air Quality in China

	AQI	CO	NO₂	O₃	PM₁₀	PM₂.₅	SO₂
AQI	1	0.57	0.59	-0.081	0.84	0.92	0.41
CO	0.57	1	0.58	-0.28	0.41	0.62	0.54
NO₂	0.59	0.58	1	-0.31	0.44	0.61	0.45
O₃	-0.081	-0.28	-0.31	1	-0.059	-0.16	-0.16
PM₁₀	0.84	0.41	0.44	-0.059	1	0.77	0.31
PM₂.₅	0.92	0.62	0.61	-0.16	0.77	1	0.42
SO₂	0.41	0.54	0.45	-0.16	0.31	0.42	1

图 3.2　AQI 与 6 种主要污染物的相关关系热图

2. 空气污染的季节变化特征

基于 2014—2022 年中国城市空气质量数据，按照公历时间对一年四季进行划分，其中春夏秋冬四季分别对应获取研究数据的 3~5 月，6~8 月，9~11 月，12~次年 2 月。对不同季节的污染情况进行比较，得到中国近几年空气质量状况的季节分布特征如表 3.4 所示。中国城市空气质量指数 AQI 呈现出显著的季节性变化特征，秋冬空气质量指数明显高于夏季（Ji，et al.，2020），尤其是采暖期的冬季 AQI 整体较高，平均 AQI 为 86.64（轻度污染）；夏季的 AQI 整体较低，平均 AQI 为 47.62（良好）；表明中国城市冬季空气质量最差，夏季空气质量最好，这种季节性变化与气象条件和人类活动有关。冬季的天气通常为干燥少雨、低温、气压稳定，这种天气条件容易形成逆温层，从而限制了空气中污染物的扩散和稀释。同时，在采暖期，污染物的排放量也会增加，进一步加剧了空气污染的程度。春秋两季，大风天气容易引发沙尘暴，进一步影响了环境空气质量。而夏季局部性对流旺盛、降水多，有利于污染物的扩散、沉积和稀释。

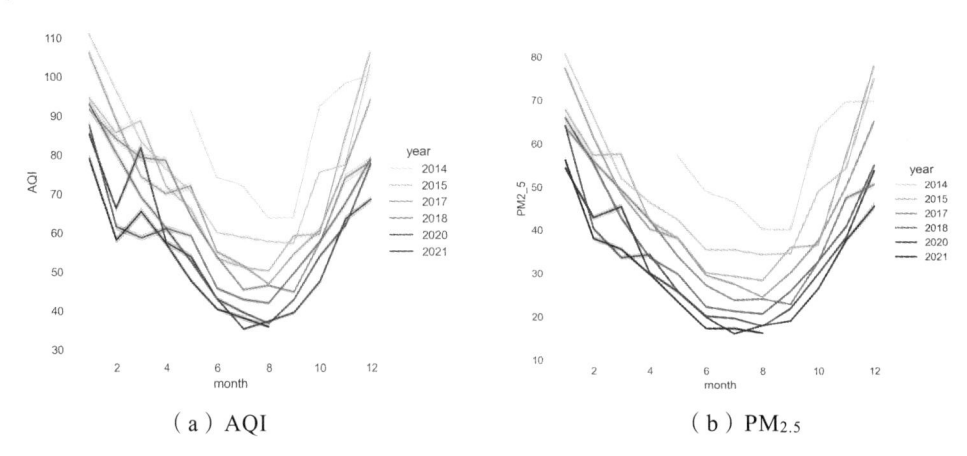

表 3.4　AQI 均值和 6 种污染物浓度值季节分布

季节	AQI (N/A)	CO (mg/m³)	NO$_2$ (μg/m³)	O$_3$ (μg/m³)	PM$_{10}$ (μg/m³)	PM$_{2.5}$ (μg/m³)	SO$_2$ (μg/m³)
夏季	47.62	0.70	19.77	75.04	48.83	25.23	11.07
秋季	61.89	0.86	30.23	54.28	69.20	37.68	15.49
春季	67.96	0.79	26.67	72.64	81.54	38.67	14.54
冬季	86.64	1.14	35.02	43.21	93.94	60.18	22.88

表 3.4 也显示，6 种污染物中，PM$_{10}$ 和 PM$_{2.5}$ 的浓度均值在冬季最高，PM$_{2.5}$、PM$_{10}$、O$_3$、NO$_2$ 为春季主要污染物。O$_3$ 在夏季最高，可能的原因是夏季持续高温和强烈日照，容易导致汽车尾气、工厂排放的烟雾中含有的氮氧化物和挥发性有机化合物发生光化学反应，产生更多臭氧（An, et al., 2007）。Heidarinejad 等（2018）同样发现，与 PM$_{2.5}$ 和 PM$_{10}$ 污染物有关的不健康天数在冬季和春季最高，但该研究表明 O$_3$ 在冬季最高，这一结论与本书结论相反。

3. 空气污染的月度变化特征

图 3.3 展示了 AQI 及 6 种主要污染物的月度数据分布趋势，通过直观的分析，我们可以发现，AQI 值与 6 种污染物浓度与月份之间存在一定的相关性，其分布呈现出周期性规律。在 2014 年，月均 AQI 值显著高于后续几年，尤其是在 4 月、6 月、8 月和 11 月。在 2020 年至 2022 年期间，AQI 值相较于 2014 年和 2015 年有了明显的降低。从整体趋势来看，AQI 值自 3 月起逐渐下降，持续至 7 月，在 7 月末至 8 月初达到年度最低值，随后逐步上升，并在次年 2 月达到年度最高值。在中国城市范围内，AQI 值整体呈现出"冬高春降，夏低秋升"的"U"形月度变化规律。在 6 种污染物中，O$_3$ 表现出与其他污染物相反的倒"U"形分布，而剩余五种污染物整体上均呈现"U"形分布规律。这一发现为深入理解空气质量指数与污染物之间的关系提供了重要的洞察，有助于进一步制定针对性的空气污染防治措施。

（a）AQI　　　　　　　　　　　（b）PM$_{2.5}$

（c）PM$_{10}$　　　　　　　　　　（d）NO$_2$

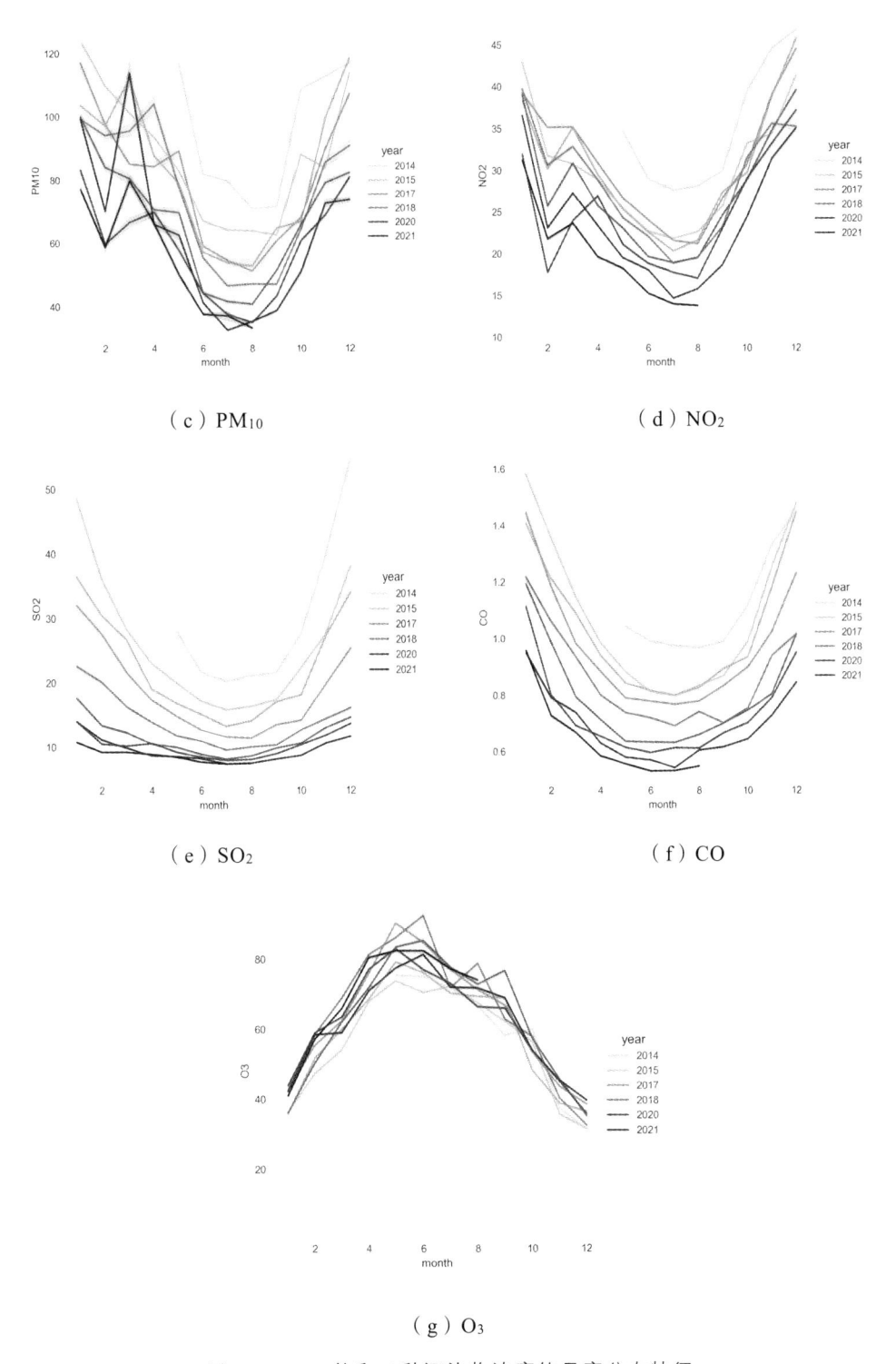

（e）SO$_2$　　　　　　　　　　（f）CO

（g）O$_3$

图 3.3　AQI 值和 6 种污染物浓度值月度分布特征

3.2.2 空气污染空间分布情况

1. 空气污染省级分布情况

近年来,中国城市空气质量指数(AQI)在空间分布上呈现出显著的非均衡特征。具体来说,中国中部内陆地区以及西北部地区的城市空气质量较差。相较之下,东南沿海地区由于地理位置的优势,空气质量指数波动较小,季节性变化最为微弱,保持在良好水平。此外,高原地区的空气质量相对较好。

总体来看,近年来中国城市 AQI 在空间分布上呈现出"东南低、西北高;沿海低、内陆高"的特点。这一发现对于全面把握中国城市空气质量的地域差异以及深入研究空气污染成因具有重要的参考价值,同时也为制定地区针对性的空气污染防治策略提供了有力支持。

图 3.4 展示了对中国 31 个省级行政区(香港、澳门、台湾除外)AQI 值的排序情况。根据排序结果,全国空气质量由好到差排名前 10 的省级行政区依次为:海南省、西藏自治区、云南省、福建省、贵州省、广东省、黑龙江省、广西壮族自治区、青海省和浙江省。这些省份的整体空气质量表现令人满意,基本不存在空气污染问题。然而,在全国范围内,空气质量较差的 10 个省级行政区,按由差到好的顺序排列,分别是:河南省、新疆维吾尔自治区、河北省、天津市、山西省、北京市、山东省、陕西省、宁夏回族自治区和湖北省。尽管这些地区的整体空气质量尚可接受,但其中部分省市的空气污染状况较为严重。在这些地区,污染物可能对极少数异常敏感人群产生较弱的健康影响。通过对全国范围内的空气质量进行排序分析,揭示了各省份之间的空气质量差异,为制定针对性的空气污染防治措施和政策提供了重要依据。

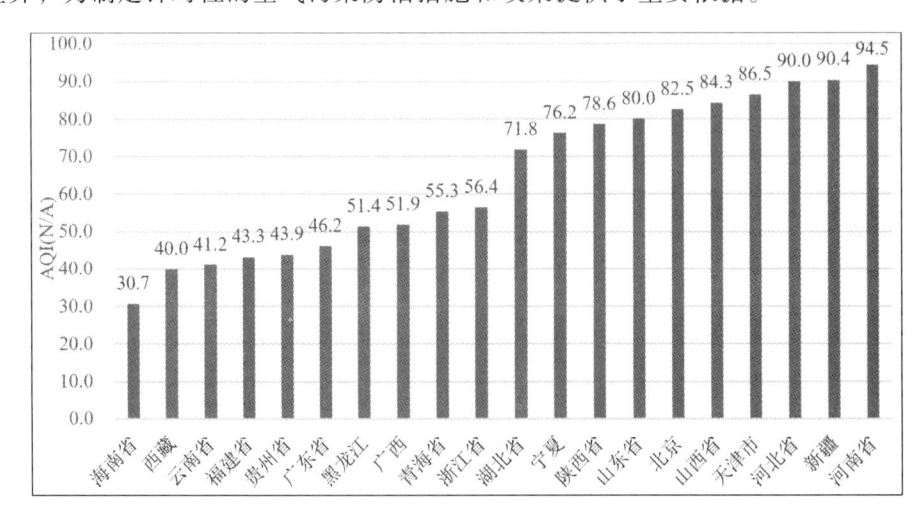

图 3.4 全国空气质量前十名和最后十名的省级行政区

为了深入探究中国这 20 个省级行政区 AQI 的污染物浓度影响情况,本书绘制了 AQI 与 6 种污染物(CO、NO_2、O_3、PM_{10}、$PM_{2.5}$ 和 SO_2)相关系数热图,如图 3.5 所示。图 3.5（a）揭示了 PM_{10}、$PM_{2.5}$ 和 O_3 是前 10 名省份空气质量的主要污染物，这些污染物的浓度对 AQI 值产生显著影响。值得关注的是，AQI 与 PM_{10}、$PM_{2.5}$ 的相关系数达到或超过了 0.96，而 AQI 与 O_3 的相关系数达到了 0.66，表明它们与 AQI 的相关性较强。此外，$PM_{2.5}$ 和 PM_{10} 的浓度间呈现高度相关性，相关系数高达 0.93。这一现象可归因于 PM_{10} 中包含了 $PM_{2.5}$ 的成分，即当 $PM_{2.5}$ 浓度上升时，PM_{10} 浓度亦相应升高。因此，这两种污染物之间的相关系数 0.93 与实际情况相符。

图 3.5（b）显示，空气质量排名最低的 10 个省级行政区的主要污染物为 PM_{10} 和 $PM_{2.5}$，这两种物质的浓度对 AQI 值具有显著影响，并呈现正相关关系。此外，CO 与 NO_2 也在一定程度上影响 AQI。在这 6 种主要污染中，PM_{10} 与 $PM_{2.5}$ 浓度指标之间的相关系数为 0.76，CO 与 NO_2 浓度指标之间的相关系数为 0.66，均表现出较强的正相关关系。

基于省级层面的研究，建议重点关注 PM_{10} 和 $PM_{2.5}$ 浓度的控制与防治，同时兼顾 O_3 的防护和 CO 的排放。维护和持续改善省域大气环境质量，需要遵循"预防为主，防治结合"的原则。尤其是在空气质量较好的省份，应优先采取预防性措施，以降低空气污染并维持良好的环境质量。

（a）空气质量最佳的十个省级行政区相关关系热力图

（b）空气质量最差的十个省级行政区相关关系热力图

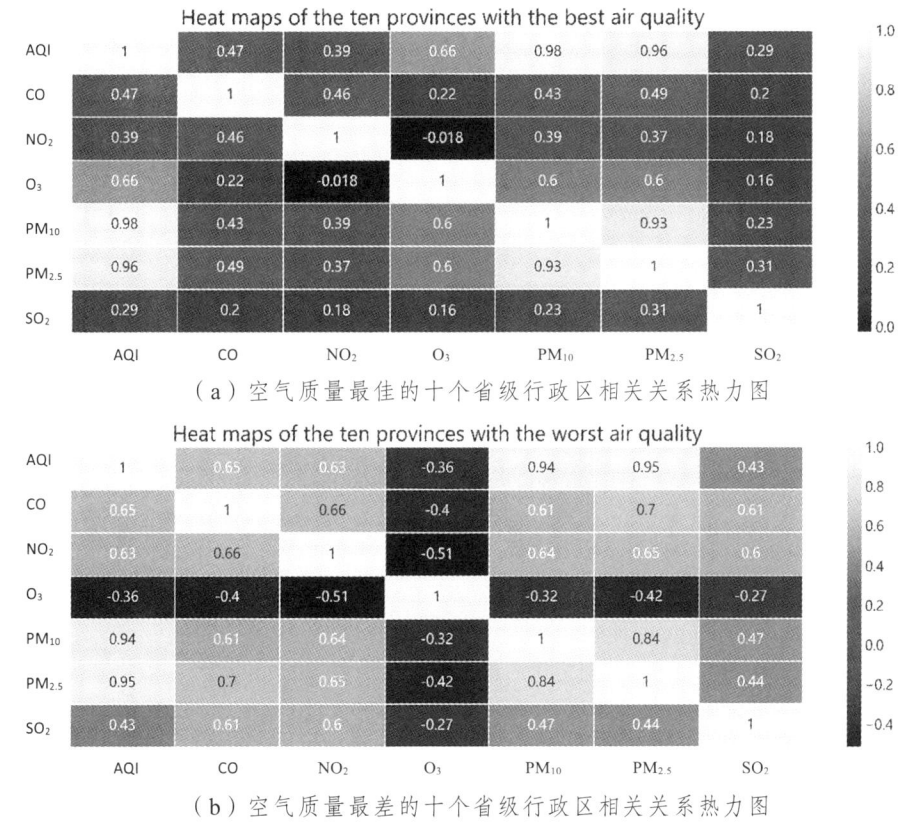

图 3.5 全国空气质量最佳和最差省级行政区相关关系热力图

2. 空气污染城市分布情况

本书根据空气质量指数（AQI），对中国 388 个主要城市的空气质量进行了系统分析，结果如图 3.6 所示，空气质量优良程度排名前十位的城市分别为：甘孜藏族自治州，林芝，儋州，三亚，三沙，阿坝藏族羌族自治州，玉树藏族自治州，黔南布依族苗族自治州，阿勒泰地区，迪庆州；而在空气质量较差城市排名中，倒数十名的城市依次为：和田地区，喀什地区，阿克苏地区，克孜勒苏柯尔克孜自治州，吐鲁番地区，库尔勒，石家庄，安阳，邯郸，邢台。

从城市排名中可以观察到，空气质量较好的前十名城市，多数为具有优美自然风光、经济发展水平一般的山水城市。相反，排名靠后的十个城市则面临较为严重的大气污染问题，包括邢台、安阳、邯郸等中小城市。这些城市大气污染问题的潜在原因可能与其经济快速发展有关。随着经济的高速增长，许多中小城市积极招商引资、大规模转移产业，导致人口数量和城市用地不断增加扩大。然而，这些城市在发展过程中忽视了经济增长的外部性影响，未能充分关注并落实环境保护工作。

因此，建议这些城市应更加重视环境保护问题，采取有效措施减少大气污染，从而提高城市的空气质量。在未来的城市规划和发展中，应充分考虑经济发展与环境保护之间的平衡，实现可持续发展。

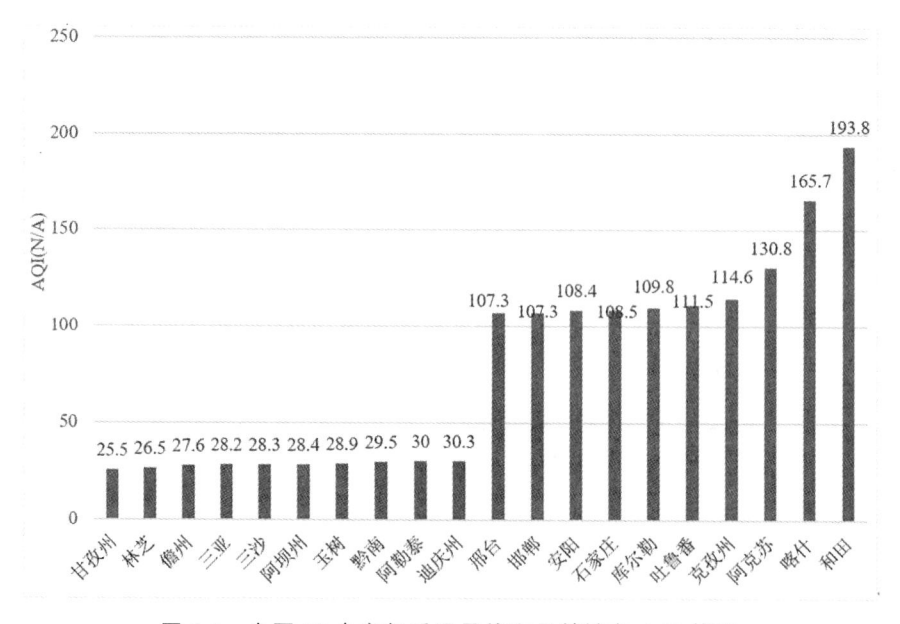

图 3.6　全国 10 个空气质量最佳和最差城市 AQI 状况

如图 3.7 所示，本书对中国空气质量最优和最差的城市的 6 种污染物浓度与 AQI 指标的相关性进行了深入分析。从图 3.7（a）中可以看出，在空气质量最佳的城市中，主要污染物包括 PM_{10}、$PM_{2.5}$、NO_2 和 O_3。这 4 种污染物与 AQI 的相关系数分别为 0.92、0.76、0.38 和 0.34，表明它们对 AQI 值具有较显著的影响。在这些污染物之间，$PM_{2.5}$ 与

PM$_{10}$ 的相关性最高，达到 0.81；而其他污染物之间的相关性较低，均小于 0.29。

进一步观察图 3.7（b），在污染最严重的 10 个城市中，主要污染物为 PM$_{2.5}$ 和 PM$_{10}$，它们与 AQI 的相关系数均大于 0.7，说明这两种颗粒物的浓度对 AQI 值有显著影响。特别值得注意的是，PM$_{2.5}$ 和 PM$_{10}$ 不仅与城市空气质量密切相关，而且与省份空气质量也呈现出较强的相关性。它们之间的相关系数高达 0.91，表现出显著的正相关关系。此外，SO$_2$ 与 CO、NO$_2$ 之间也呈现出一定程度的正相关关系。通过以上分析，我们可以得出结论：在不同城市的空气质量状况中，PM$_{2.5}$ 和 PM$_{10}$ 浓度对 AQI 值具有重要影响，而 PM$_{2.5}$ 与 PM$_{10}$ 之间的相关性较强，这为制定针对性的空气质量改善措施提供了重要参考。

为了在市级层面改善空气质量，有必要采取有效的控制策略，降低颗粒物、NO$_2$ 和 SO$_2$ 等主要污染物的排放量。这些污染物的排放主要源于矿物燃料燃烧过程。因此，各城市应实施区域性减排战略，共同应对空气污染挑战。对于污染严重的城市，仅依靠单一城市的污染防治措施往往难以取得显著成效。因此，建立跨行政区域的联防联控机制至关重要，以实现各地区间的协同应对空气污染问题。通过加强区域间合作和协调，可以更有效地控制污染物排放，促进空气质量的改善。

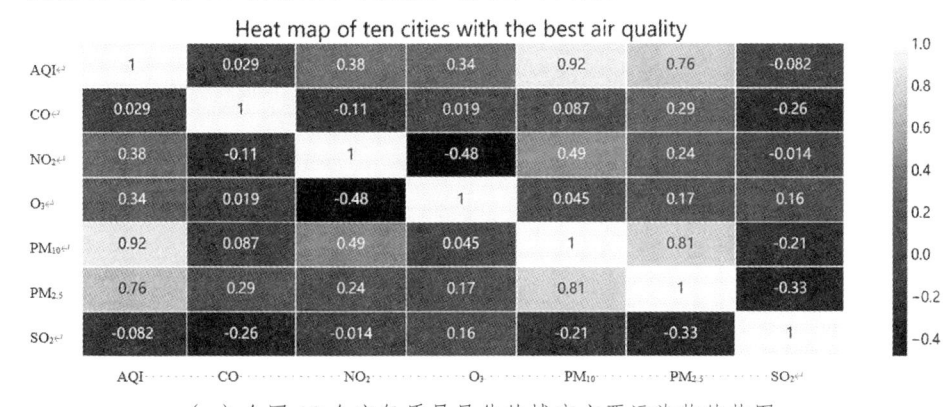

（a）全国 10 个空气质量最佳的城市主要污染物的热图

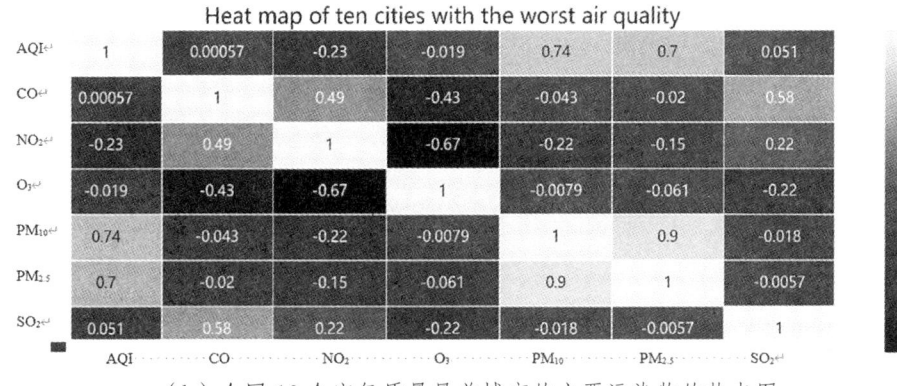

（b）全国 10 个空气质量最差城市的主要污染物的热点图

图 3.7　全国 10 个空气质量最佳和最差城市主要污染物热点图

3.3 空气污染未来发展情况分析

结合前文描述性统计分析研究的 2014—2022 年空气质量数据的特点及研究需要，对未来 10 年 AQI 发展情况进行预测分析。前文描述性统计分析和相关性分析表明，6 种污染物数据与中国主要城市 AQI 显著相关，而且 6 种主要污染物之间也存在一定的相关关系，因此本节选用时间序列模型和随机森林回归模型对中国城市空气 AQI 值和 6 种污染物浓度的未来发展情况进行了预测分析。

3.3.1 基于 SARIMA 模型的 AQI 短期预测分析

为深刻了解数据特征，本节首先对空气质量时间序列数据进行平稳性分析。

1. 时间序列平稳性分析

首先，本书绘制了 2014 年 5 月至 2022 年 8 月期间的 AQI 时序图（图 3.8），并对其进行了平稳性检验。分析结果显示，中国城市 AQI 存在显著波动，且具有逐年递减趋势和明显的季节性特征。因此，该序列被认定为非平稳的。部分参考文献表明，通过对 AQI 数据进行移动平均和加权移动平均处理，可以在一定程度上剔除季节因素。因此本书对 AQI 指标进行了移动平均和加权移动平均处理，结果如图 3.8（b）所示。然而，处理后的数据依然存在明显波动，仍是非平稳的。这表明，移动平均和加权移动平均并未剔除本书所采用的 AQI 指标的季节趋势。为了消除时间序列数据中的趋势影响，进一步地，本书尝试通过对原始数据进行普通和季节差分运算，获得平稳的非白噪声序列。然后，用增广 DF 检验（Augmented Dickey-Fuller，ADF）方法检验其平稳性，结果如表 3.5 所示。ADF 统计检验结果显示，季节差分和一阶差分的 t 检验的假设检验值均小于 1%、5%、10% 置信水平下的三个临界值，且所得到的 p-value 接近于 0，因此拒绝原假设。这意味着，对 AQI 进行季节差分和季节 1 阶差分后，该序列满足平稳性要求。

由此，确定了模型 $SARIMA(p,d,q)(P,D,Q)^s$ 中参数 $d=1$, $D=1$, $s=12$。然后根据图 3.8（d）并结合贝叶斯信息准则（BIC）统计量来判定模型中参数 p、q 的最佳阶数。通过选取不同的 p、q 参数组合进行反复实验，并结合 Jupyter 软件自动筛选给出的结果，使得 BIC 统计量达到最小。实验结果显示，模型阶数选择为 $(p,q)=(2,1)$ 时，SARIMA 模型的 BIC 统计量达到最小值，即经过测试得到初选模型为 $SARIMA(2,1,1)(P,1,Q)^{12}$。

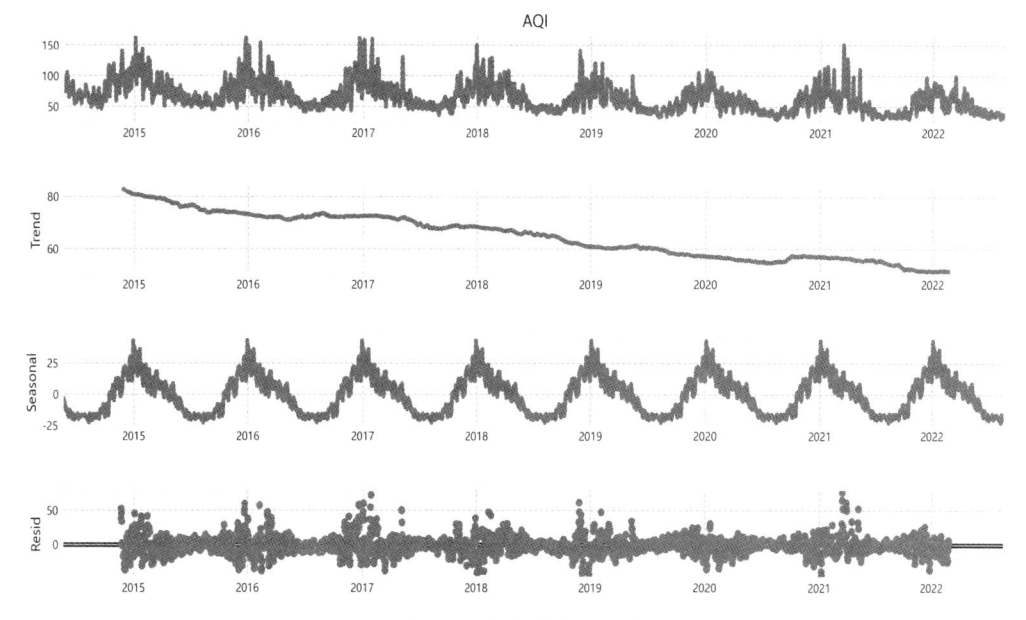

（a）AQI 的季节趋势分解

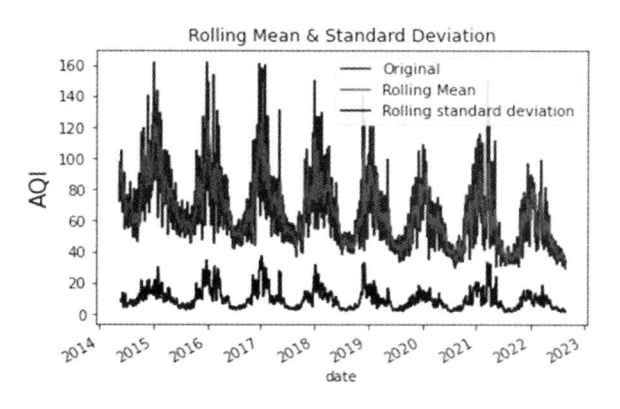

（b）AQI 的移动平均和加权移动平均

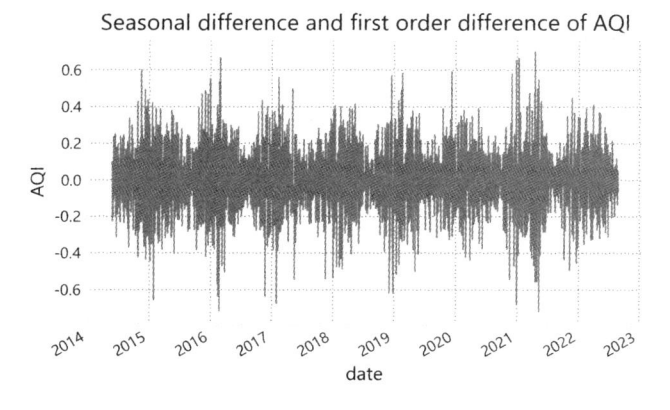

（c）季节一阶差分和一阶差分

（d）ACF 和 PACF

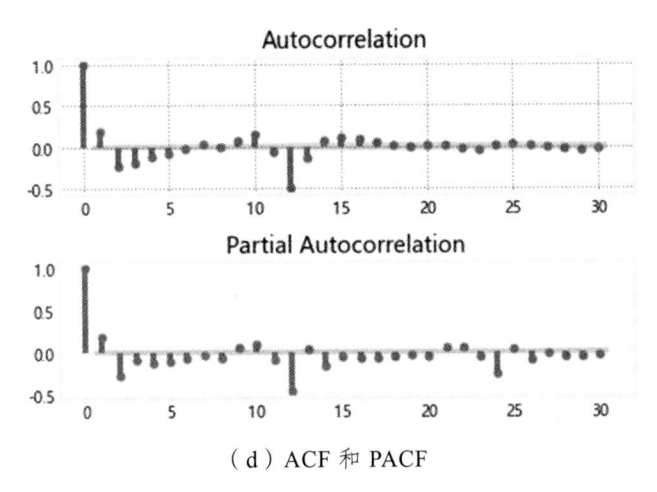

图 3.8 AQI 序列平稳性分析

表 3.5 Augmented Dickey-Fuller test statistic 检验结果

ADF	t-Statistic	p-value	Test critical values		
			1% level	5% level	10% level
AQI	−3.46	0.009	−3.433	−2.862 5	−2.567 285
First order differential	−17.014 68	8.54×10^{-30}	−3.432 5	−2.862 5	−2.567 284
Logarithmic AQI	−3.764 866	0.003 288	−3.432 535	−2.862 505	−2.567 284
Seasonal difference	−11.255	1.67×10^{-20}	−3.432 551	−2.862 51	−2.567 288
Seasonal First_diff	−18.36	2.226×10^{-30}	−3.432 554	−2.862 514	−2.567 288

根据初选的阶数，本书选取 2014 年 5 月 13 日到 2021 年 12 月 31 日的省级月度 AQI 数据作为实验数据，对中国 2022 年 1 月 1 日到 8 月 28 日的 AQI 月度数据进行拟合，结果如表 3.6 所示。检验结果显示，$SARIMA(2,1,1)(0,1,1)^{12}$ 的 AIC 和 BIC 值较小，且模型预测的 MAPE 值为 0.179 4，RMSE 值为 14.92，可决系数较大，基本符合预测模型精度要求，即最佳的模型为 $SARIMA(2,1,1)(0,1,1)^{12}$。

表 3.6 时间序列各模型的参数及检验结果

$SARIMA(p,d,q)(P,D,Q)^s$	ϕ_1	ϕ_2	θ_1	Φ_1	Θ_1
$(2,1,1)(1,1,0)^{12}$	1.046 3	−0.310 7	—	−1.000 0	−0.508 8
$(2,1,1)(0,1,1)^{12}$	1.002 9	−0.340 4	−0.919 6	—	−0.990 9
$SARIMA(p,d,q)(P,D,Q)^s$	R^2	MAPE	RMSE	MAE	AIC	BIC
$(2,1,1)(1,1,0)^{12}$	0.513	0.199	18.35	15.0	10 531.5	10 557.89
$(2,1,1)(0,1,1)^{12}$	0.449	0.179	14.92	12.44	10 092.8	10 119.13

注："—"表示没有此数据。

2. 模型拟合结果分析

根据已经确定的模型及参数对 AQI 进行拟合，确定 SARIMA 模型的方程式为：

$$(1-1.0029B+0.3404B^2)(1-B)(1-B^{12})y_t = (1-0.9196B)(1-0.9909B^{12})\mu_t \quad (3.3)$$

通过将预测值与实际值的时间序列图进行比较，我们发现预测值与真实值之间的差距相对较小。进一步计算预测残差，并绘制残差折线图、相关图及 QQ 图（见图 3.9）。残差折线图和相关图表明该模型具有一定程度的准确性，预测值与实际值之间的差异表现出波动性特征，并受到明显的季节性影响。这种波动性意味着模型在时间序列上的预测误差具有一定的自相关性和周期性，但总体误差水平仍然是可接受的。由于在建立 SARIMA 模型时，通常假设除已考虑的因素外，其他影响因素不会发生重大变化。因此，在模型拟合过程中，可能会出现无法避免的误差，导致预测值与真实值之间存在偏差。例如，2022 年 2 月的预测值略大于真实值，这可能是由于模型未将中国传统春节期间的禁止燃放烟花爆竹政策等因素考虑在内所致。

通过观察 QQ 图，我们可以推断残差序列呈正态分布。这表明，依据 $SARIMA(2,1,1)(0,1,1)^{12}$ 模型预测得到的月度 AQI 值较为接近实际情况，证明所建立的模型具有良好的拟合效果。

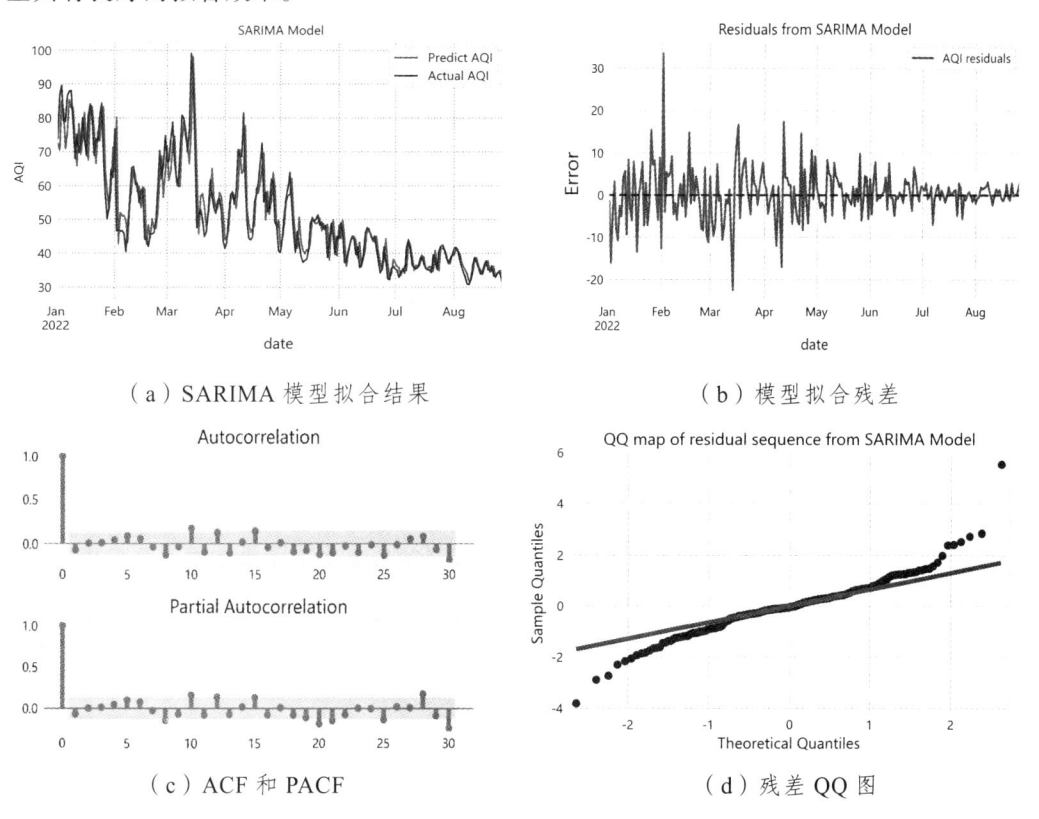

（a）SARIMA 模型拟合结果

（b）模型拟合残差

（c）ACF 和 PACF

（d）残差 QQ 图

图 3.9　SARIMA 模型的预测结果

3.3.2 基于随机森林模型的 AQI 短期预测分析

鉴于历史时刻的 AQI 数据是通过 6 种主要空气污染物浓度值进行综合计算得出的，为避免使用基于历史 AQI 数据构建的 SARIMA 模型预测未来空气质量可能存在的估计误差，本节首先利用 6 种污染物的历史浓度数据作为自变量，建立随机森林模型，对 2022 年空气质量进行预测。随后，将随机森林模型的预测结果与时间序列 SARIMA 模型的预测精度进行对比分析。在对比分析后，选取预测精度较高的模型对中国未来 10 年的空气质量情况进行长期预测分析。这一方法旨在为未来空气质量研究和治理提供更为准确和可靠的预测结果。

1. 随机森林评估污染因子的重要性

本书采用随机森林算法，旨在从非线性角度对空气质量进行预测，并从定量和定性方面深入分析污染物影响因子与空气质量之间的具体关系，以及它们对空气质量指数（AQI）的影响程度。为了探讨在运用随机森林模型拟合 AQI 数据时 6 种主要污染物变量的重要性，本书基于所构建的随机森林模型，对影响空气质量的污染物变量进行重要特征筛选。

本节将 2014 年 5 月至 2022 年 8 月的空气质量等级作为类型变量，并将测试集中的 AQI 值和污染因子数据输入经过训练的随机森林（RF）预测模型中，进而获得各项空气污染物浓度指标的相对重要性。6 种污染物变量的重要性依次降序排列为：PM_{10}、$PM_{2.5}$、CO、SO_2、NO_2 和 O_3。如图 3.10 所示，横坐标表示重要性度量值（单位：%）。

结果表明，PM_{10} 对 AQI 的影响最为显著，其指标重要性值达到 39.7%，成为最主要的污染物；其次是 $PM_{2.5}$，其指标重要性值为 32.3%，对 AQI 亦有显著影响；而 O_3 对预测 AQI 数值的影响较小。因此，通过随机森林模型的分析可得，$PM_{2.5}$ 和 PM_{10} 仍然是对 AQI 影响最大的前两个指标，其次是 CO、SO_2 和 NO_2，这一结果与相关系数分析结果基本一致。

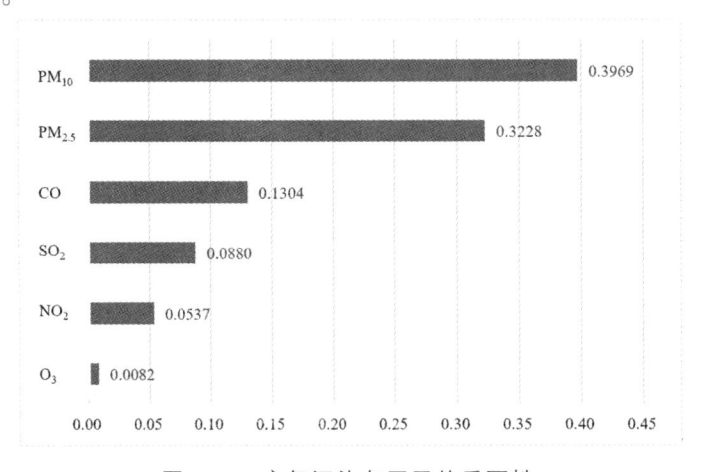

图 3.10 空气污染各因子的重要性

2. 随机森林模型预测 AQI 结果分析

本节将 2014 年 5 月至 2021 年 12 月的 6 种主要污染物（$PM_{2.5}$、PM_{10}、O_3、NO_2、CO、SO_2）历史时刻浓度均值作为自变量，并将由这些污染因子计算得到的 AQI 值作为因变量，构建随机森林模型，以预测分析 2022 年中国城市 AQI。结果如图 3.11 所示，随机森林模型具有较高的预测精度。为评估模型的适用性，本书对模型的残差序列进行了白噪声检验。残差 QQ 图表明，残差序列通过了白噪声检验。模型的决定系数 R^2 为 97.61%，表明拟合效果较好。此外，模型的平均绝对误差（MAE）为 1.384 1，平均绝对百分比误差（MAPE）为 0.022 8，解释方差得分（EVS）为 97.65%，这些指标进一步证实了预测精度处于合理范围内。

总之，基于随机森林算法建立的回归模型在预测 AQI 数值方面表现出较高的准确性，预测值与观测值的变化趋势吻合度较高。因此，本书验证了随机森林回归模型在预测中国城市空气质量方面具有良好的应用潜力。

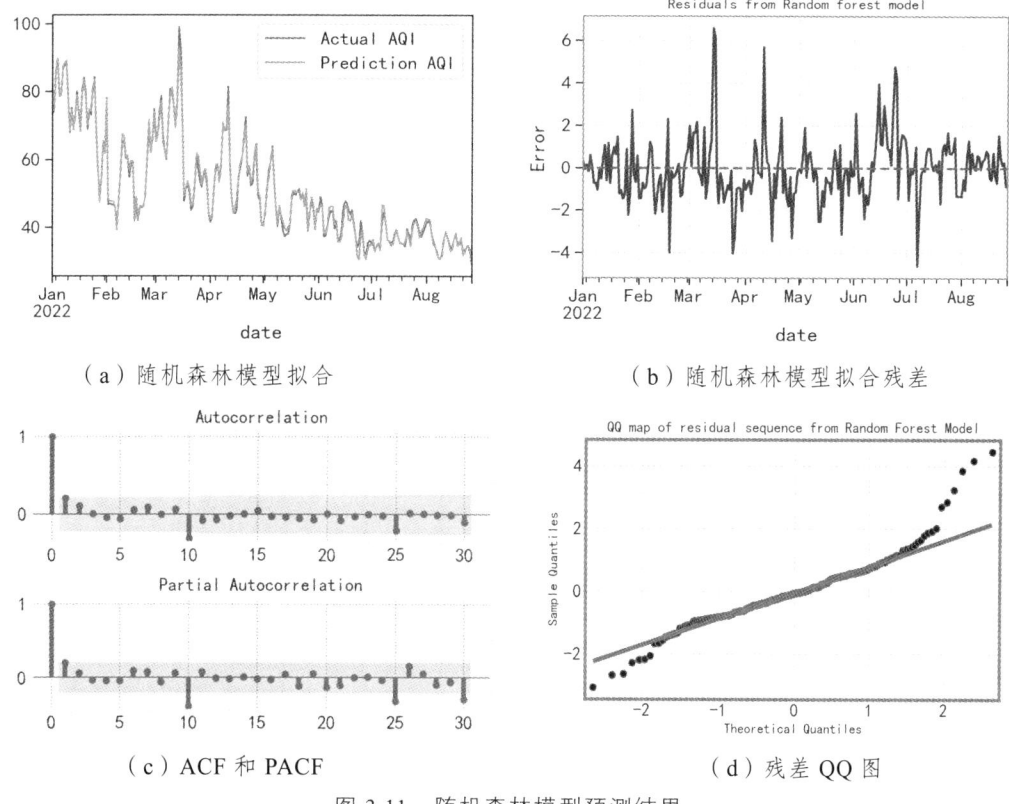

（a）随机森林模型拟合

（b）随机森林模型拟合残差

（c）ACF 和 PACF

（d）残差 QQ 图

图 3.11 随机森林模型预测结果

3.3.3 空气污染的长期发展趋势分析

经过实证研究发现，SARIMA 模型与随机森林模型均能较为准确地预测实际观测值的发展趋势，满足规模预测的基准要求。为了深入探讨两种模型在预测精度方面的差异，本书采用了模型精度的评价标准对两者进行了对比分析。如表 3.7 所示，本书所构建的随机森林模型与 SARIMA 模型的 MAPE 值分别为 0.023 和 0.095，拟合优度分别为 0.976 和 0.662，RMSE 值分别为 2.288 和 8.395。通过比较这些指标可以发现，随机森林模型在预测精度、误差率和可靠性方面相对于 SARIMA 模型具有显著优势。表明随机森林算法不仅能够有效地分析各种污染物浓度对空气质量的影响程度，而且还能通过污染物浓度对空气质量指数（AQI）进行精确预测。因此，随机森林模型具有较高的有效性和可行性，遵循统计学原则，并具有一定的现实意义。

表 3.7　模型的拟合优度

模型评价	SARIMA 模型	随机森林模型
R^2	0.661 8	0.976 1
MSE	70.470 2	5.232 8
MAE	6.316 9	1.475 7
EVS	0.560 2	0.974 8
MAPE	0.095 1	0.022 8
RMSE	8.394 7	2.287 5

长期预测有助于从宏观层面分析空气质量指数（AQI）的变化趋势和规律。经过验证两种模型的可行性和有效性，本节使用随机森林模型对 AQI 和 6 种污染物浓度进行长期预测。根据预测结果，预计未来 10 年的平均 AQI 值为 57.98，最小值为 29.48，最大值为 137.84；而 2014—2021 年 AQI 平均值为 66.16，最小值为 29.56，最大值为 161.89。与 2020 年相比，2032 年中国城市平均 AQI 值预计下降至 17.84，$PM_{2.5}$、PM_{10}、NO_2、O_3、SO_2 和 CO 平均浓度分别下降 17.08 μg/m³、56.57 μg/m³、17.64 μg/m³、47.04 μg/m³、7.75 μg/m³ 和 0.45 mg/m³，其中 PM_{10}、NO_2 和臭氧下降最为显著。预测结果表明，未来 10 年中国城市平均空气质量将持续改善，PM_{10} 和 $PM_{2.5}$ 浓度显著下降，NO_2、CO、SO_2 和 O_3 浓度也将有所下降，其中 PM_{10}、NO_2 和臭氧下降最为显著。这一趋势可能得益于中国政府和民众一直致力于改善空气质量，治理空气污染。然而，预测结果也表明，污染物特别是气溶胶颗粒物浓度的骤降可能会导致颗粒物的冷却效应减弱，从而使缓解全球变暖的预期难以实现。因此，采取协同减排措施，将温室气体和空气污染物同时减少，是更为合理的方法，以实现全球减排的目标。

3.4　空气污染的来源分析

3.4.1　人为排放源

社会经济的发展对大气环境产生了直接或间接的污染效应，其中包括人口集聚、工业发展、第二产业占比、能源消耗和民用汽车拥有量等因素。这些因素导致污染物排放的增加，进而加重了空气污染的恶化，是空气污染物主要来源—人为排放源。人为源可以分为固定源和流动源。固定源包括工业煤炭等燃料的燃烧、能源发电、工农业生产、建筑活动、生活采暖等过程中排放的空气污染物或其前体物，如农业生产过程中喷洒农药而产生的粉尘和雾滴。而流动源主要指道路交通运输过程中机动车行驶时产生的扬尘和排放的汽车尾气，以及如船舶、火车、农用车及农用机械、建筑机械等使用柴油机作为动力来源的非道路移动源的排放和区域传输等。虽然这些非道路移动源的颗粒物排放控制水平往往低于道路机动车，但它们仍然是人为排放的重要来源之一。

　　中国的空气污染主要是现有生产方式造成的，这是因为自改革开放以来，中国的工业化和城市化进程快速发展，能源消费量大幅增加；其次，中国的能源结构主要以煤为主，尽管近年来核能和可再生能源得到了迅速发展，但煤炭仍是中国能源安全和稳定的主要来源，能源结构的根本性转变需要中长期来实现。此外，中国的技术和资金能力也限制了大规模节能减排目标的实现。最后，需要指出的是，中国的环境污染控制仍存在许多问题，污染物排放总量减排和环境质量改善需要更长时间来实现。因此，中国的空气污染治理需要从末端治理开始，目前已经采取了大规模的节能减排措施来控制污染物排放。同时，需要进行产业、能源结构调整，发展绿色新技术等多方面的努力，以实现治理污染的目标。

3.4.2　自然源

　　空气污染物的来源不仅限于人为排放，还包括自然源。自然源排放的污染物包括地形地貌、扬尘、沙漠上的沙尘气溶胶、海洋上的海盐气溶胶，以及植物排放的挥发性有机物和花粉等。此外，火山喷发也会产生火山灰、扬尘和挥发性气体（如 H_2O、CO_2、SO_2、H_2S 等）。在水土流失和土地沙漠化严重的地区，尘土排放是主要污染源，而在此类地区，植树造林和退耕还林等措施是减少污染、调节城市小气候和改善局部生态环境的重要手段。由于树木茂密，能够吸附飘尘、阻止大风和降低风速，从而减少扬尘。此外，林内湿度大，增加了对微粒的吸附力，而树叶具有与烟尘相反的电荷，可以进一步吸附飘尘。此外，太阳辐射变化、森林大火等生物质燃烧排放及污染物交互物化作用产生的二次颗粒物也是影响局地及全球空气质量的来源之一。因此，对于维护良好的空气质量，除了控制人为排放外，还需考虑自然源的影响并采取相应的治理措施，以全面减少空气污染物的排放和影响。

　　1. 气象要素对空气污染的影响

　　空气污染的发生与否不仅取决于污染物的人为或自然排放，还受到气象要素和气候变化的影响。当人为排放保持不变时，区域气象条件成为影响局地空气质量最重要的因素。在大气污染过程中，化学物质的排放是内在的原因，而气象条件和气候变化则是外在的原因。气象要素在污染物的稀释、化学转化、传输、扩散、积累、干湿沉降和迁移等过程中起着重要的制约作用。即使在污染源排放量保持不变的情况下,污染物的浓度大小主要受气象条件的影响。此外,某些不利的气象条件还会显著加重颗粒物污染的程度。区域气象条件的变化由大气内部动力学驱动,并受年际气候变化的影响。

气压的变化会对空气质量产生显著影响。在低气压的控制下,大气呈现中性或不稳定状态,低层空气会向中心辐合上升,使得靠近地面的污染物也会随着空气一起上升到高空,这有利于近地面污染物的向高空扩散和雨水稀释(周兆媛等,2014)。然而,在高气压的控制下,空气向下运动形成下沉逆温,这会阻止污染物向上扩散。

气温对空气污染程度有直接影响,其主要原因在于污染物在垂直方向的扩散受气温垂直分布的影响。较高的气温会使大气处于不稳定状态,通过热力对流的作用使污染物向上扩散,从而有利于改善空气质量。相反,在气温较低的情况下,对流不足,大气变得稳定,容易形成逆温层,导致污染物的扩散受到抑制,从而容易导致污染物浓度的积累。此外,气温还会影响污染物的化学反应速率。

风是控制边界层内空气污染物在垂直和水平方向上扩散的主要动力,其中风向是决定污染物扩散方向的关键因素,影响着空气污染物的空间分布。此外,风速是造成污染物在水平方向快速输送和平流的主要原因,在一定范围内,增大风速会明显稀释颗粒物。然而,长时间的微风或静风则会抑制污染物的扩散,并增加近地面层大气污染物的累积概率。当风速达到 7 m/s 时,风速的增加可能会导致空气中可吸入颗粒物的浓度明显增加,进而加重空气污染的程度。

云量的增加也较显著地造成 NO_2、O_3、SO_2、CO 等污染物浓度的累积。降水对空气污染物有清洗和稀释的作用,空气质量的净化效率与大气降水量有关,降水的沉降冲刷影响空气的质量。

在一定的湿度范围内,相对湿度越大越有利于颗粒物的形成和污染程度的加重。具体来说,当空气中的相对湿度较高时,有利于颗粒物的形成和增长,进而导致颗粒物的较重污染。这是因为相对湿度较高时,空气中的水蒸气含量较大,使得颗粒物表面吸附的水蒸气量增加,进而促进颗粒物的聚集和增长。当湿度达到一定程度时,颗粒物的增长速率超过了其重力沉降速率,导致其悬浮于空气中而不易沉降。

空气污染指数与风速、降水、能见度、露点温度、总云量在大部分情况下存在显著的负相关关系,与温度存在正相关关系。此外,学者通常会利用气象条件变化解决空气质量的内生性问题,探讨气候变化对空气污染的影响,比如将风、热反转等当作工具变量,风可分散污染物,从而可能产生空气污染的溢出效应,污染水平的上升在短期内会对下风区的健康产生显著的负面影响;鉴于此,诸多学者对环境政策对空气质量、健康等因果效应作政策评估。热反转发生于暖空气在冷空气上沉降时,发生热反转后,空气污染物则会被困住无法分散，因而大大增加了地面空气污染浓度，因此热反转是另一个常用的空气污染研究的工具变量。

2. 气候变化对空气污染的影响

气候变化对空气污染物的影响是复杂的，因为气候变化会导致大气中物理和化学过程的变化。气候变化对空气污染的影响主要体现在三个方面：

（1）气候变化导致的气温、云量、风速和降水等变化，直接或间接地影响空气污染物的生成和消亡等物理过程。如天气形势、降水、风场或大气环流的格局改变，会直接影响空气污染物生消、输送和扩散；气候变化导致的气温升高容易形成暖冬，缩短采暖期长度，导致采暖需求和采暖排污下降，有利于降低粉尘污染排放。Li 等（2018）利用区域气候化学模型 RegCM4-Chem 研究发现，东亚夏季风的强度可以通过风、云量和短波辐射影响臭氧水平的化学过程，从而显著影响对流层低层的臭氧的浓度水平和空间分布。

（2）气候变化通过影响大气化学反应和水汽蒸发，从而影响空气污染物结构组成。如，气温、辐射强度和日照时数等气候变化因素可以通过影响大气化学反应和水汽蒸发等过程，进而影响臭氧和细颗粒物的生消。此外，大气辐射通过光化学反应影响 NO_x 等大气污染物的相互转化过程。

（3）气候变化影响大气中各种污染物成分尤其是二次污染物（如硫酸盐气溶胶、硝酸盐气溶胶、臭氧等）的变化。如气候变暖、净辐射会影响二次有机气溶胶的形成；相对湿度对重污染期间二次污染物的形成有重要作用，使得二氧化硫快速氧化产生颗粒物硫酸盐；普遍的观点认为，工业、交通及城市面源排放是空气污染物 O_3 浓度高的根本原因，而 O_3 的另一个来源或许是 NO_x 和 VOCs 在大气中通过一系列光化学反应形成的二次污染物。

3.5　本章小结

本章节探讨了中国空气污染的时空演变特征、未来发展趋势和主要来源。首先，介绍了中国空气污染的整体时空演变特征，包括 AQI 和 6 种主要污染物之间的相关性以及主要城市的主要污染物情况。其次，采用季节性差分自回归滑动平均模型和随机森林模型进行短期预测，并比较两种预测模型的精度。在选择精度更高的预测模型的基础上，预测了未来 10 年中国空气污染的发展趋势。最后，总结了中国空气污染的主要来源。本章节的研究为深入了解我国空气污染的时空演变特征及其未来发展趋势提供了有力支持，同时对未来空气污染治理提供了重要的参考依据。空气污染的时空分布特征对于评估空气污染对人体健康和生态环境的影响、制定空气质量管理政策以及优化空气质量管理措施等方面具有重要意义。未来发展情况的预测可以为政府和相关部门提供决策参考，指导制定环境保护政策，推动减排措施的落实和提高环境治理水平。同时，对空气污染的主要来源进行分析，有助于掌握污染物的排放规律和特点，指导制定精准、科学的减排措施，减少空气污染对人体健康和生态环境的危害，促进可持续发展。因此，对我国空气污染的时空分布特征、未来发展情况和主要来源进行深入研究，具有重要的理论和现实意义。

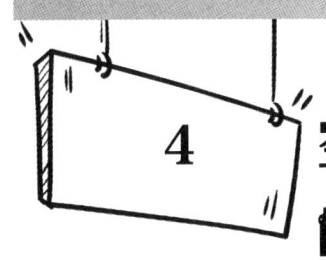

4 空气污染对居民呼吸系统健康的影响

本章以武汉市为例,从呼吸系统疾病病例入手,利用描述性统计分析方法和时间序列加法模型,探讨空气污染与呼吸系统健康的整体状况,并利用广义相加模型定量测度空气污染物浓度与呼吸系统健康之间的相关性。之所以选取武汉市作为研究区域,是因为作为中部地区最大都市和唯一的副省级城市,是重要的交通枢纽和工业基地。其工业规模随着经济的快速发展而扩大,工业生产及交通运输排放了大量污染物质,造成严重的空气污染,由此严重危害居民的健康。武汉市是全国生态环境保护重点控制区域之一,其无论地理位置、治理污染现状、医疗水平还是气候环境都具有一定的典型性。

此外,本书采用归因风险法和疾病成本法来评估空气污染对呼吸系统健康造成的损害,以及由此造成的直接和间接经济损失。与已有研究相比,本书未将气象条件作为影响因素纳入模型,但前文已着重分析了不良气象条件对空气污染成因的影响。其次,本书通过对武汉市的研究,提供了对于其他城市在探讨空气污染与呼吸系统健康关系时的参考价值。再次,本书在评估经济损失时,除了考虑医疗费用等直接成本外,还考虑了因住院导致的生产力损失,这一部分经济成本通常被忽略,因此本书更加全面地评估了空气污染对呼吸系统健康的经济损失。此外,本书采用了多种定量研究方法,从不同角度探究了空气污染对呼吸系统健康的影响机理,丰富了相关研究领域的研究方法和手段,对于深入了解空气污染对健康的影响机理具有重要意义。

4.1 数据与方法

4.1.1 数据来源与处理

本书旨在探究空气污染对呼吸系统健康的影响,为此使用了两类数据进行实证分析。第一类数据是从医院信息系统(HIS)中获取的呼吸系统疾病住院信息数据。第二类数据是空气质量指数和 6 种主要空气污染物浓度的监测数据。

1. 呼吸系统疾病住院信息数据

本书以武汉市为研究区域,采集了两家三甲医院的 HIS 数据,时间跨度为 2015 年

1月1日至2019年12月31日,共计45 699名呼吸系统疾病住院患者的相关信息。这些信息包括住院人数、住院患者的性别、年龄、最终疾病诊断、住院与出院日期、住院天数与费用等,具有很好的代表性,能够反映空气污染对呼吸系统健康的急性影响。为了调整潜在混杂因素对拟合结果的影响,并便于进行异质性分析,本书对研究人群按照性别和年龄进行分层,并根据入院月份划分为冷暖两季,以进行空气污染物健康效应的分层分析。具体地,依据性别分为男女两组,年龄分为0~14岁、15~64岁和65岁以上三组,入院月份分为冷季和暖季两组,其中暖季为4月至10月份,冷季为11月至次年3月份。

2. 空气污染相关数据

本书的研究所使用的空气污染数据来自全国城市空气质量实时发布平台。在数据导入和清洗整理的过程中,没有发现异常值,但是在主要污染物 CO、NO_2、O_3、PM_{10}、$PM_{2.5}$、SO_2 的浓度数据中存在个别缺失值。为了补全缺失数据,我们使用了临近天的平均值进行替换,将每种污染物每日 24 h 的算术平均浓度,作为武汉市人群每日平均暴露浓度值。共得到了 1 819 条数据作为后续分析和建模的数据集。

3. 居民消费价格指数数据

本书在测算空气污染导致呼吸系统疾病住院所产生的经济损失时,为了排除居民消费价格波动对住院费用的影响,我们使用2019年的居民消费价格指数作为调整基准,对 2015 年至 2018 年的住院费用进行价格平减调整。居民消费价格指数来源于国家统计局官网,其是一个相对数,可反映代表性消费品和服务项目价格水平的变动程度,是衡量居民消费价格水平变动的宏观经济指标。

4.1.2 分析方法

呼吸系统疾病患者的健康状况不仅受空气污染物(包括 $PM_{2.5}$、PM_{10}、SO_2、NO_2、O_3 和 CO)浓度水平的影响,还受到患者性别、年龄和易感状况、疾病类型以及季节等因素不同程度的影响。本章首先对研究期间每日住院人数、住院费用、住院天数、空气污染物浓度、不同疾病类型、性别、年龄和季节分层进行统计学描述。

1. 广义相加模型

对某一地区的总人口数量而言,呼吸系统疾病住院事件的发生频率相对较低,因此每日呼吸系统疾病住院人数的分布可近似看作是泊松分布。因此在假设污染物与呼吸系统疾病住院人数之间呈对数分布的基础上,采用基于类泊松分布的广义相加模型(Generalized Additive Model,GAM),研究 6 种主要空气污染物对呼吸系统疾病住院人数变化的负外部性影响。同时由于呼吸系统疾病每日住院人数是一个时间序列变量,具有自相关性和长期/季节趋势,因此在分析空气污染物对住院人数的影响时,需要排除时间趋势和其他混杂因素的影响。

为了定量研究空气污染物浓度与呼吸系统疾病健康之间的关系，以及其对住院率是否存在滞后效应，本书引入了6种污染物（$PM_{2.5}$、PM_{10}、SO_2、NO_2、O_3及CO）的24 h平均浓度作为预测因子，以控制污染物之间的混杂影响。同时，本书将"双休日效应"和"节假日效应"作为哑变量引入模型，以控制住院人次、时间的长期趋势和季节趋势等混杂因素的短期波动影响。

为了解决多元线性模型中存在的问题，例如估计方差过大和线性假设与实际情况不符，Stone（1985）提出了加性模型。在加性模型中，使用光滑函数对模型的加性项进行光滑化，以便探测非线性回归的影响。通过使用光滑函数，加性模型可以更准确地描述因变量和自变量之间的非线性关系，从而提高模型的准确性和解释性。广义相加回归模型（GAM）的一般形式如下：

$$Log(E(y_t)) = \alpha + \beta_{t-i} \times C_{t-i} + s(year_t, 4) + s(day_t, 7) + \gamma dow_t + \lambda holiday_t \quad (4.1)$$

式（4.1）中，y_t为第t日的当天住院人数，$E(y_t)$为在第t日的呼吸系统疾病住院人数的期望值，对于每个t，y_t服从总体均数为$E(y_t)$的泊松分布；α为模型截距项；i为滞后天，C_{t-i}为第$t-i$日空气污染物的平均浓度；β_i是由模型估算的空气污染浓度的回归系数；s是平滑样条函数，$year$和day是日期变量，$year_t$表示第t天的年份，每年自由度取4（Luo, et al, 2018），则5年总自由度=4×5=20。day_t表示当年第t天的阳历日，自由度取为7；dow设置工作日=0，周末=1，作为双休日效应的哑变量，γ是双休日效应的回归模型系数；$holiday$设置非法定节假日=0，法定节假日=1，作为节假日效应的哑变量，λ是节假日效应的回归模型系数。

此外，本书还使用广义相加模型估算的$PM_{2.5}$、PM_{10}、SO_2、NO_2、O_3及CO的回归系数β，计算了空气污染物浓度每增加10 μg/m³（CO为10 mg/m³）时，每日住院人数增加的变化百分比（PC）：

$$PC = [\exp(\beta_i \times 10)] \times 100\% \quad (4.2)$$

在本书中，基于核心模型，引入不同的变量，并考虑它们的滞后效应，即通过回归分析住院人数与前几天的空气污染物浓度之间的关系，研究前几天的污染因素水平对住院人数的影响。并探讨分析空气污染物对住院当天及不同滞后天的呼吸系统疾病住院人数影响的性别、年龄、季节、疾病类型差异。

2. 归因风险法

本章采用归因风险法的人群归因分数（Population Attributable Fraction，PAF）和归因人数（Attributable Number，AN）来评估经济损失。PAF和AN作为评估空气污染潜在健康损害效应的适宜指标，已被广泛应用于归因风险法中定量评估空气污染对居民健康的影响。

人群归因分数（PAF）表示因暴露于空气污染相关危险因素而导致人群呼吸系统健康损害，由此造成的超额住院人数占该疾病总住院人数的比例。人群归因分数PAF还可以理解为在给定的2015—2019年人群中，如果将空气污染浓度暴露水平降低到反事实水平（这里指空气污染物浓度对健康有影响的阈值浓度水平），减少的污染相关疾病住院人数占该疾病总住院人数的比例，用以说明污染因素暴露对全人群的危害程度。

参照以往的研究，人群归因分数PAF的计算公式如下：

$$PAF = \sum_{i=0}^{n}(1 - \frac{1}{\exp[\beta_i(C_i - C_0)]}) \tag{4.3}$$

式中，PAF是指的人群归因分数，β_i是广义相加模型得出的各空气污染物的GAM回归系数；C_i表示第i日的平均浓度，$C_0=0$用以表示污染的健康损害浓度阈值。事实上，污染物PM_{10}、SO_2、NO_2暴露引发的急性健康影响的浓度阈值目前还未明确（Johnson, et al., 2011），且一些研究已经明确短期O_3暴露导致的急性效应不存在阈值。现有的关于空气污染的健康影响的暴露-反应关系研究，始终没有证据明确表明空气污染物的健康损害存在一个确定的浓度阈值，因此，本书假设各空气污染物浓度的健康阈值为0。

归因人数（AN）表示由于空气污染物暴露造成的超额住院人数。参照以往的研究，归因人数AN的计算公式如下：

$$AN = PAF \times \sum_{i=1}^{n}(Pop_i \times hr_i) \tag{4.4}$$

式中，AN表示归因污染物的超额住院人数；Pop_i是指武汉市2015年至2019年的常住人口数，2015—2019年武汉市的常住人口依次为1 060.77万人、1 076.72万人、1 089.29万人、1 108.10万人和1 221.20万人（王旭艳，2021）；hr_i是研究期间呼吸系统疾病住院率，由于无法获取武汉市呼吸系统疾病住院率的具体数据，本书统一选用中国2017年全国居民平均呼吸系统疾病住院率810.22人/10万（Yao, et al., 2020）。

3. 疾病成本法

本章4.6节参照相关研究，利用疾病成本法（COI）估算空气污染物导致呼吸系统健康损害造成的总经济损失（Kennelly, 2017；Zhang & Zhou, 2020）。疾病成本法被广泛应用于评估环境污染对人体健康和劳动能力造成的各类疾病成本。该方法不仅考虑了疾病的直接成本，即住院时所需支付的医疗费用，还考虑了因住院而导致的生产力损失。疾病成本法计算的基础是损害函数，使用治疗成本、工资损失和生命损失估算患病或早亡的成本，其中包括疾病所消耗的时间与资源。本书以武汉市的日人均GDP代替日人均生产力损失值，与平均住院费用和平均住院天数相乘，得到单个呼吸系统疾病住院患者的日人均间接经济损失。则空气污染物暴露造成的呼吸系统疾病的经济损失计算公式为：

$$间接经济损失 = 平均住院天数 \times 日人均GDP \tag{4.5}$$

经济损失=平均住院费用+间接经济损失 （4.6）

总经济损失=空气污染物暴露造成的超额住院人数×经济损失（4.7）

式（4.5）中，日人均 GDP 是武汉市 2015—2019 年的日人均 GDP。以 2019 年中国 GDP 指数为基期，对 2015—2018 年的日人均 GDP 进行平减调整，则武汉市 2015—2019 年的日人均 GDP 分别为 352.58 元、355.45 元、372.95 元、391.65 元、396.42 元。式（4.6）和（4.7）中，经济损失指单个呼吸系统疾病住院患者的经济损失。值得注意的是，疾病成本法估价健康价值的缺陷是，没有包括患者及家人的精神痛苦、家庭收入的减少、生命质量下降等的价值问题，同时也忽略了健康偏好。所以本章评估的经济损失可能是疾病损失的一种低估。

4.2 空气污染状况统计性描述分析

4.2.1 空气污染的时间分布特征

对 2015—2019 年武汉市的 AQI 和 6 种主要空气污染物进行统计性描述分析如表 4.1 和表 4.2 所示，武汉市 2015—2019 年的 AQI 年均值为 81.94，最小值为 12.41，最大值为 419.13。6 种主要污染物浓度均值依次为 PM_{10}（88.55 μg/m³）、O_3（55.27 μg/m³）、$PM_{2.5}$（54.55 μg/m³）、NO_2（47.6 μg/m³）、SO_2（11.98 μg/m³）、CO（1.033 mg/m³）。2015 年至 2019 年，武汉市空气质量的优良率分别为 62.09%、71.58%、76.99%、82.78% 和 87.36%，呈逐年递增的趋势；重度污染和重污染的比例分别为 4.67%、1.37%、1.92%、1.67% 和 0.55%，呈逐年递减趋势。总体上，2015—2019 年武汉市的空气质量表现为优良水平占主导地位，轻度污染天数仅占少数，而中度及以上污染天数相对较少，几乎没有重污染天数。武汉市的轻中度空气污染的天数比例逐年下降，但是占有比例仍不小，空气污染仍需积极管理与控制。整体上污染主要归因于污染物 $PM_{2.5}$、PM_{10} 和 NO_2 浓度，这与 3.1 节中国城市主要污染物是 $PM_{2.5}$、PM_{10} 的结论基本一致。

表 4.1 武汉市 2015—2019 年空气污染物基本情况

污染物	单位	$\bar{X} \pm S$	最小值	中位数	最大值
AQI	N/A	81.94 ± 43.45	12.41	72.75	419.13
$PM_{2.5}$	μg/m³	54.55 ± 35.93	5.95	45.33	288.96
PM_{10}	μg/m³	88.55 ± 48.88	8.91	79.44	614.08
SO_2	μg/m³	11.98 ± 8.02	2.47	9.79	73.25
NO_2	μg/m³	47.60 ± 20.45	12.75	43.79	125.39
O_3	μg/m³	55.27 ± 29.99	3.95	52.75	192.38
CO	mg/m³	1.033 ± 0.319	0.402	0.978	2.673

表 4.2　2015—2019 年武汉市整体空气质量污染等级表

年	变量	空气质量等级					
		优	良	轻度污染	中度污染	重度污染	重污染
2015	天数	37	189	89	32	14	3
	百分比	0.101 6	0.519 2	0.244 5	0.087 9	0.038 5	0.008 2
2016	天数	63	199	68	31	5	—
	百分比	0.172 1	0.543 7	0.185 8	0.084 7	0.013 7	—
2017	天数	82	199	59	18	6	1
	百分比	0.224 7	0.545 2	0.161 6	0.049 3	0.016 4	0.002 7
2018	天数	98	200	44	12	5	1
	百分比	0.272 2	0.555 6	0.122 2	0.033 3	0.013 9	0.002 8
2019	天数	97	221	36	8	2	—
	百分比	0.266 5	0.607 1	0.098 9	0.022 0	0.005 5	—

注：样本量 N=1 819，"—"表示没有相关数据。数据来源于中国环境监测总站的全国城市空气质量实时发布平台。

4.2.2　空气污染时间序列平稳性分析

经分解分析，武汉市空气质量指数（AQI）和 6 种主要空气污染物浓度的长期、季节和随机波动趋势如图 4.1 所示。研究期间，$PM_{2.5}$、PM_{10} 和 SO_2 浓度呈现逐年下降的趋势，而 O_3、NO_2 和 CO 浓度在过去 5 年中出现了明显的波动变化趋势。2019 年，O_3 浓度达到最高点，而 NO_2 和 CO 浓度在同一年达到最低点。图 4.2 展示了 AQI 值和 6 种主要空气污染物浓度的月度数据趋势，结果表明 AQI 和这些污染物的浓度与月份有一定关系，且呈现出一定的周期性。总体来看，月 AQI 值和 5 种主要空气污染物浓度一般从 3 月开始到 7 月持续下降，在 7 月末到 8 月初达到最低值，然后逐渐增加到来年 1 月达到一年中的最高值。在 11 月至次年 3 月，这些污染物浓度值相对较高，除 O_3 之外，均表现出明显的周期性季节变化趋势。除了 O_3 呈现倒"U"形分布外，AQI 均值与其他 5 种污染物浓度值整体上表现出"冬高春降，夏低秋升"的类"U"形月度变化规律。这种周期性季节波动与全国空气质量月变化特征一致（参见本书第 4.1 节）。

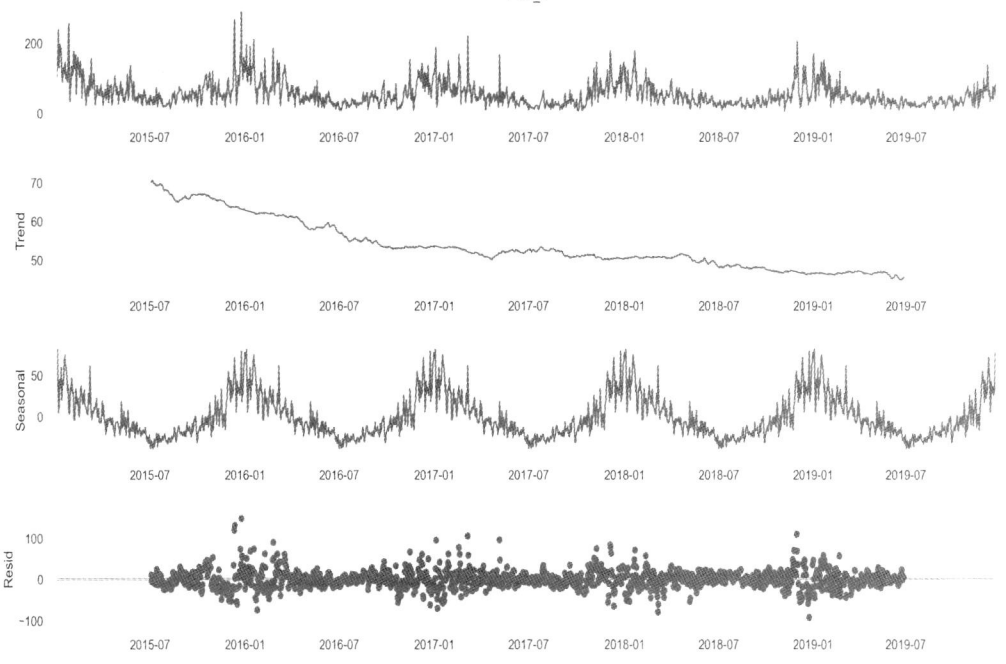

（a）PM$_{2.5}$

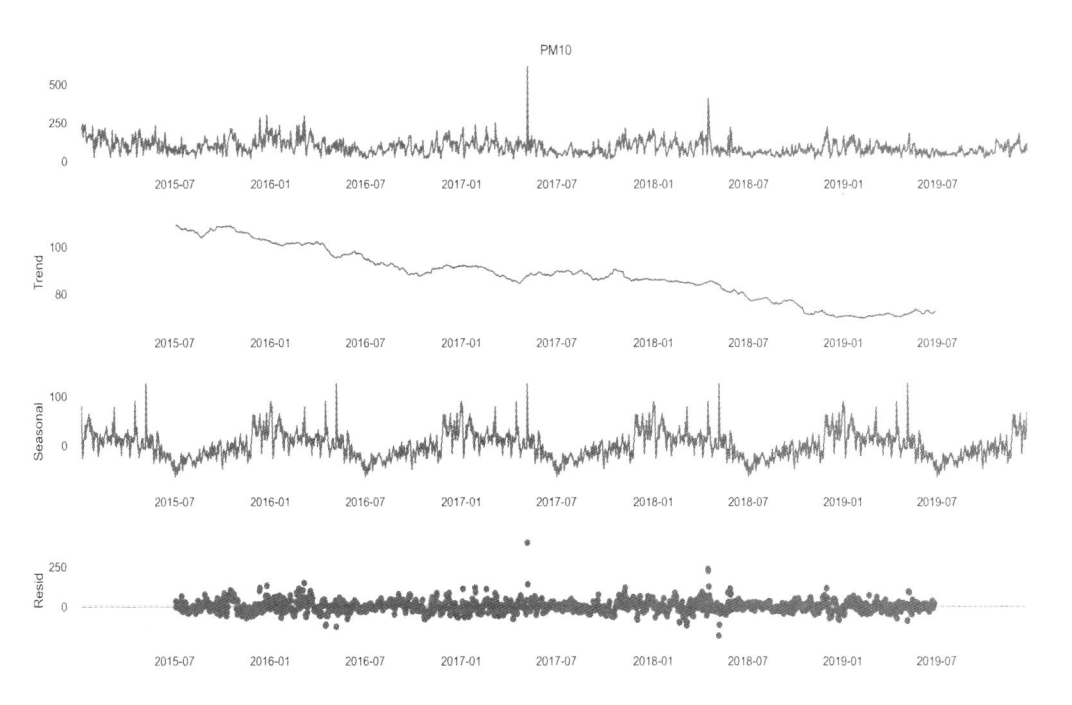

（b）PM$_{10}$

(c) NO_2

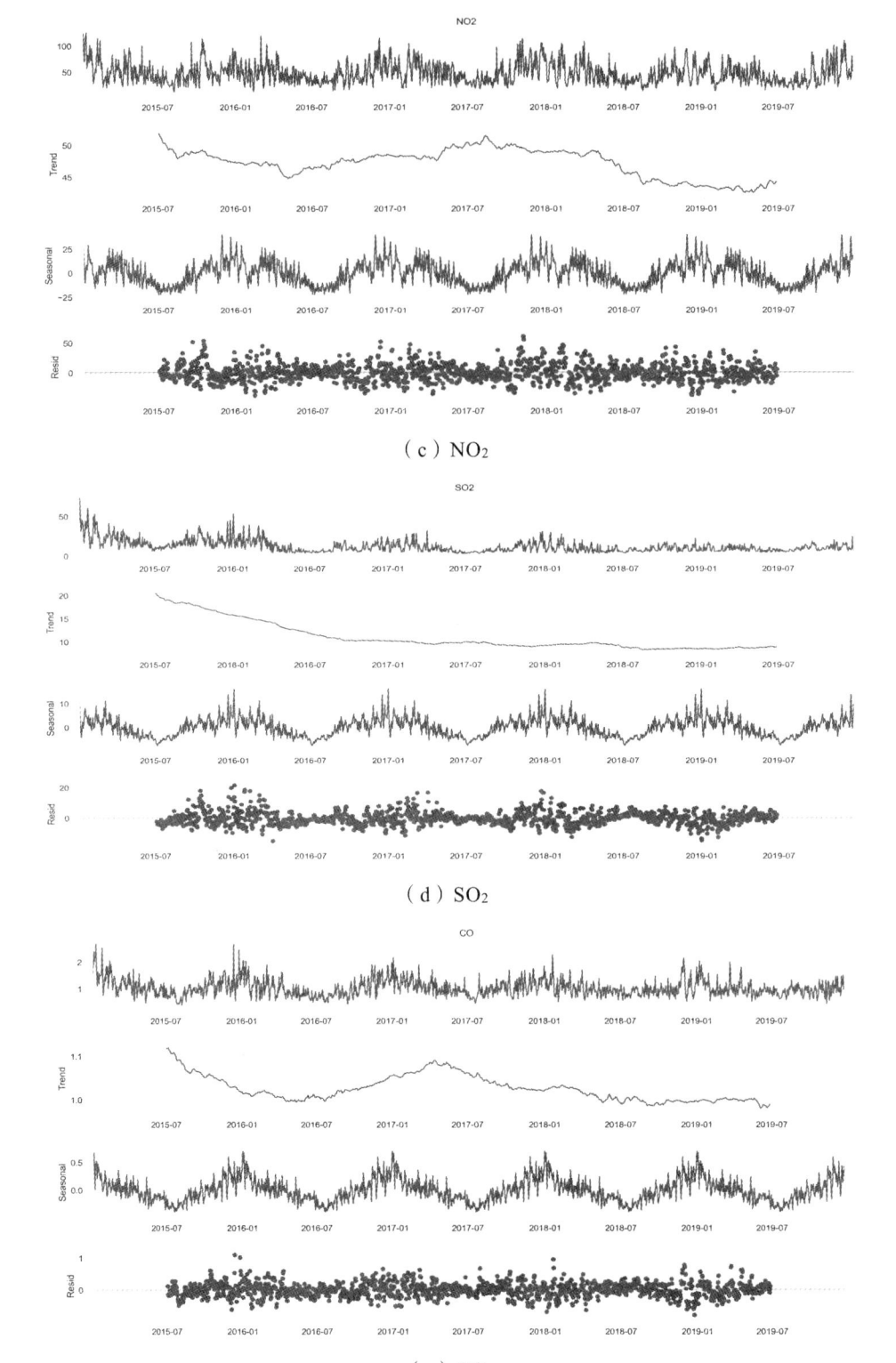

(d) SO_2

(e) CO

（f）O_3

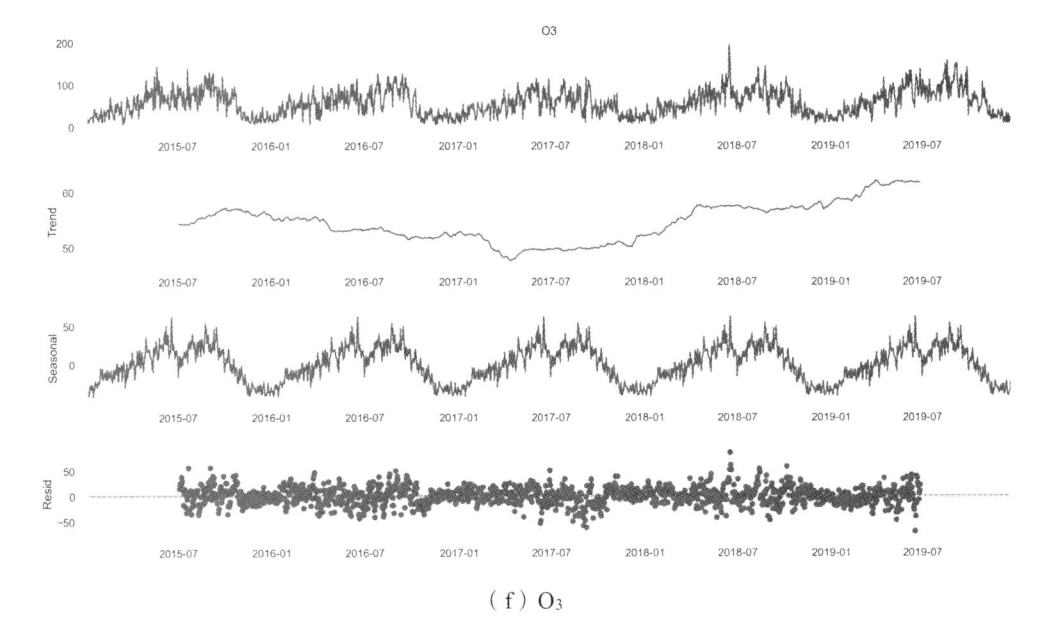

图 4.1　2015—2019 年 6 种主要空气污染物的季节趋势分解图

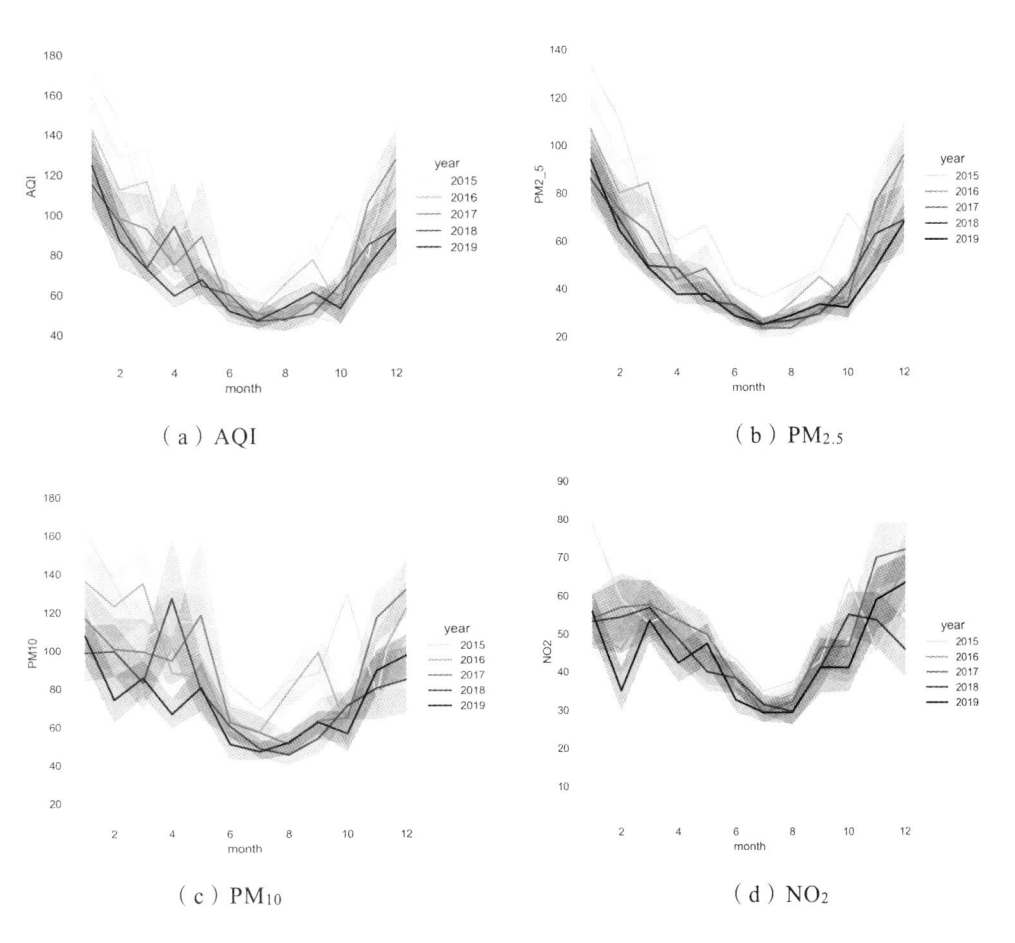

（a）AQI

（b）$PM_{2.5}$

（c）PM_{10}

（d）NO_2

（e）SO_2

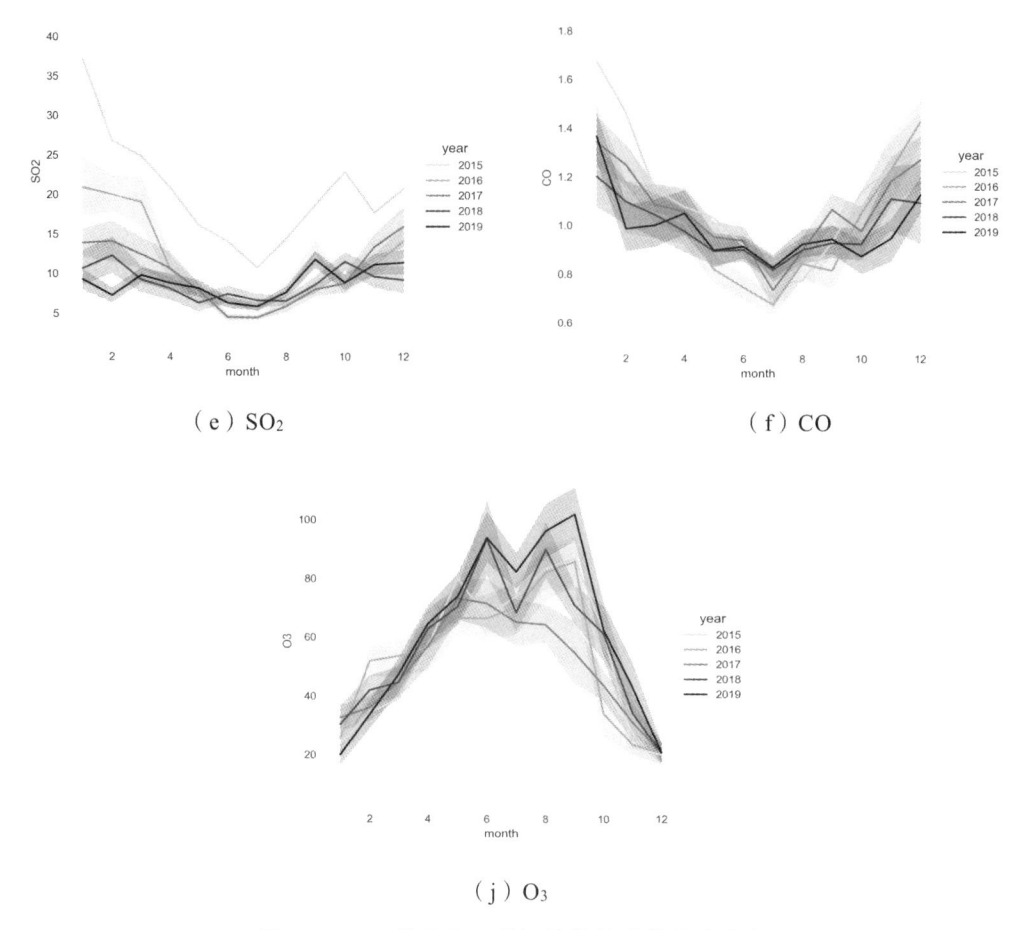

（f）CO

（j）O_3

图 4.2　AQI 均值和 6 种污染物浓度值月度分布

4.2.3　空气污染物之间的相关性分析

本节采用 Spearman 相关检验对武汉市 2015—2019 年的空气质量指标 AQI 与 6 种主要空气污染物浓度的相关性进行了检验，如图 4.3 所示。结果显示，AQI 与 $PM_{2.5}$、PM_{10}、SO_2、NO_2 和 CO 浓度之间表现出较为显著正相关关系，而 O_3 与其他空气污染指标之间表现为较弱的负相关关系。此外，$PM_{2.5}$ 与 PM_{10}、$PM_{2.5}$ 与 CO、PM_{10} 与 CO、CO 与 NO_2 之间也存在较强的相关性。具体来说，AQI 与 $PM_{2.5}$ 和 PM_{10} 之间的正相关关系最显著，相关系数分别为 0.96 和 0.91，其次是 CO 浓度（0.71）；而 6 种污染物之间 $PM_{2.5}$ 与 PM_{10} 相关系数为 0.81，$PM_{2.5}$ 与 CO 的浓度指标间相关系数为 0.78，PM_{10} 与 CO 的浓度指标间相关系数为 0.69，CO 与 NO_2 的浓度指标间相关系数也达到了 0.62。而 O_3 与其他空气污染指标之间表现为较弱的负相关关系。整体上，各空气质量因素间存在多重共线性，呈现出复杂的相关关系。

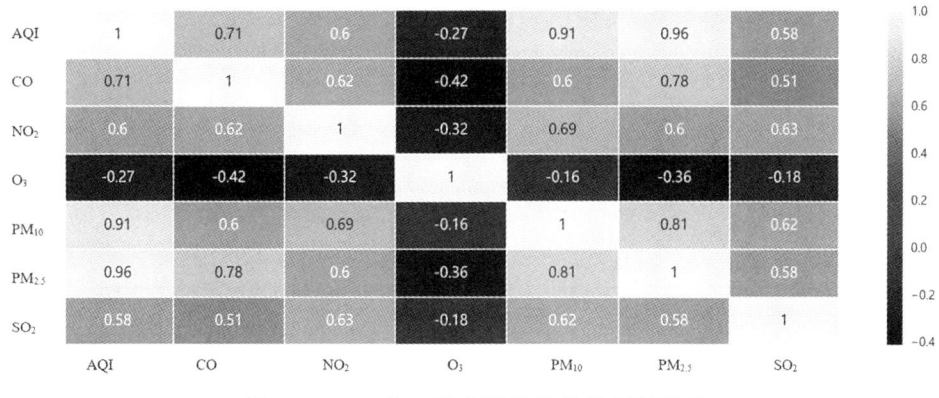

图 4.3　AQI 和 6 种主要污染物的相关关系

4.3　呼吸系统疾病的住院情况统计性描述分析

本节使用描述性统计分析方法，对 2015 年至 2019 年期间呼吸系统疾病每日住院人数、住院费用、住院天数等的基本情况进行了调查。对于呼吸系统疾病的每日住院人数、住院费用、住院天数，我们采用均值 ± 标准差（$\bar{X}±S$）、最小值、最大值和中位数等统计指标进行描述性统计分析。此外，我们还使用频数和百分比对不同疾病类型、性别、年龄和季节的呼吸系统疾病住院人数进行了统计学描述。

4.3.1　呼吸系统疾病性别、年龄及疾病组分布情况

本书纳入了 45 699 例呼吸系统疾病住院患者，其中男性和女性住院患者分别为 27 725 人和 17 974 人，占研究人数的 60.67%和 39.33%。年龄分组分析显示，0～14 岁、15～64 岁和 65 岁以上三个年龄组的患者占比分别为 8 340 例（18.26%）、17 074 例（37.39%）和 20 285 例（44.42%）。特别地，65 岁以上年龄组的呼吸系统疾病住院患者人数最多，几乎占患者总数的一半。根据住院患者的疾病类型，本书的病例可大致分为慢性阻塞性肺病（COPD）、肺炎和其他呼吸系统疾病。其中，COPD 患者有 11 517 例（25.20%），肺炎患者有 10 724 例（23.47%），其他呼吸系统疾病有 23 458 例（51.33%）。

根据呼吸系统疾病类型，本书对 45 699 例呼吸系统疾病住院患者进行了性别和年龄分组分析，如表 4.3 所示。研究结果表明，男性患者在 COPD、肺炎和其他呼吸系统疾病患者中的比例均显著高于女性，分别为 70.83%、56.13%和 57.77%；0～14 岁患者主要是肺炎和其他呼吸系统疾病住院；15～64 岁患者的 COPD 和肺炎住院人数占比均超过 27.2%，相对于其他呼吸系统疾病（46.62%）占比较少；65 岁以上患者主要是 COPD 住院，肺炎和其他呼吸系统疾病患者占比分别为 39.08%和 32.94%。这些分组分析结果有助于深入了解呼吸系统疾病在不同性别和年龄群体中的分布情况，为制定差异化的医疗防控策略提供重要依据。值得注意的是，本书中仅考虑了呼吸系统疾病住院患者，

因此结果并不能代表全部呼吸系统疾病患者的分布情况。

表4.3 呼吸系统疾病分组的性别和年龄分布情况

变量		性别		年龄（岁）		
		男性 (n=27 725)	女性 (n=17 974)	0~14 (n=8 340)	15~64 (n=17 074)	65岁以上 (n=20 285)
COPD (n=11 517)	例数	8 154	3 363	0	3 138	8 379
	占比（%）	70.8	29.2	0.00	27.25	72.75
肺炎 (n=10 724)	例数	6 019	4 705	3 532	3 001	4 191
	占比（%）	56.13	43.87	32.94	27.98	39.08
其他疾病 (n=23 458)	例数	13 552	9 906	4 808	10 935	7 715
	占比（%）	57.77	42.23	20.5	46.62	32.89

注：数据来源于武汉市两家三甲医院的HIS数据库。

根据表4.4的数据，对不同性别和年龄的住院患者的呼吸系统疾病分布情况进行分析。按性别分组分析，女性中肺炎患者的比例（26.18%）和其他呼吸系统疾病患者的比例（55.11%）高于男性，而男性中这两种疾病患者的比例分别为21.71%和48.88%。相反，男性中COPD患者的比例（29.41%）高于女性（18.71%）。按年龄分组分析，0~14岁年龄组中肺炎患者的比例（42.35%），高于其他两个年龄组中其他两种呼吸系统疾病患者的比例。而15~64岁年龄组中，其他呼吸系统疾病患者的比例最高（64.04%）。对于65岁以上的年龄组，COPD患者的比例最高（41.31%）。简而言之，这些结果表明，不同类型的呼吸系统疾病的分布情况存在性别和年龄差异。

表4.4 性别和年龄分组的呼吸系统疾病

变量		COPD		肺炎		其他	
		例数	占比（%）	例数	占比（%）	例数	占比（%）
性别	男性	8 154	29.41	6 019	21.71	13 552	48.88
	女性	3 363	18.71	4 705	26.18	9 906	55.11
年龄 （岁）	0~14	0	0.00	3 532	42.35	4 808	57.65
	15~64	3 138	18.38	3 001	17.58	10 935	64.04
	65岁以上	8 379	41.31	4 191	20.66	7 715	38.03

注：数据来源于武汉市两家三甲医院的HIS数据库。

4.3.2 呼吸系统疾病的住院人数分布情况

表4.5对呼吸系统疾病每日住院人数按性别、年龄和疾病类型进行了描述性统计分析。结果显示，研究期间，呼吸系统疾病住院人数逐日呈上升趋势，存在一定的季节

性、性别和年龄差异，冷季、男性、65岁以上年龄组的日均住院人数相对较高。全部患者的每日住院人数中位数为24人。不同性别分析表明，男性的每日住院人数中位数（15人）高于女性（9人）；不同年龄分析表明，每日住院中位数随着年龄的增大而增多，65岁以上、15~64岁和0~14岁年龄组的每日住院人数中位数分别为10人、8人和4人。不同疾病分组分析显示，COPD的每日住院人数中位数比肺炎的多，这两种疾病每日住院人数中位数分别为6人和5人。每日住院人数还存在季节差异，暖季（4~10月）和冷季（11~次年3月）的每日住院人数中位数分别为25人和24人。对2015—2019年的全部住院人数进行时间序列分解分析的结果表明，这5年的呼吸系统疾病每日住院人数呈逐年上升趋势，且具有明显的季节波动，冷季的每日住院人数较暖季多。按疾病类型分组分析显示，COPD与肺炎的住院人数的季节波动规律和长期变化趋势，同样表现出和全部患者整体分析时几乎一致的冷、暖季波动规律和逐年上升趋势。

表4.5　2015—2019年呼吸系统疾病每日住院人数分布情况

变量		最小值	中位数	最大值	$\overline{X} \pm S$
性别	男性	0	15	49	15.18 ± 7.84
	女性	0	9	36	9.84 ± 5.29
年龄（岁）	0~14	0	4	20	4.62 ± 3.13
	15~64	0	8	32	9.41 ± 5.34
	65岁以上	0	10	53	11.11 ± 6.08
疾病组	肺炎	0	5	23	5.87 ± 3.87
	COPD	0	6	30	6.31 ± 3.57
	全部患者	0	24	77	25.05 ± 12.07
季节	冷季	0	24	77	24.52 ± 13.28
	暖季	0	25	67	25.58 ± 10.74

4.3.3　呼吸系统疾病的住院费用分布情况

对2015—2019年呼吸系统疾病患者的住院费用进行分组分析，如表4.6所示，呼吸系统疾病的住院费用在研究期间呈现整体上升趋势，中位数为8 842.49元。全样本5年平均住院费用为1.57万元。不同性别分析结果表明，男性的年均住院费用高于女性，分别为1.76万元和1.28万元。随着年龄的增加，年均住院费用逐渐增加，65岁以上年龄组、15~64岁年龄组和0~14岁年龄组的年均住院费用分别为2.14万元、1.41万元和0.45万元。按疾病类型分组分析发现，肺炎的年均住院费用和住院费用的中位数都低于COPD的相应费用，分别为1.52万元和0.75万元。但是COPD的住院费用最小值和最大值均显著低于肺炎的相应费用值，分别为12.35元和52.85万元。与住院人数的季节性相一致，住院费用也存在季节差异，冷季年均住院费用及住院费用中位数均高于暖季，分别为 1.57 万元、1.46 万元。

表 4.6 2015—2019 年呼吸系统疾病的住院费用整体分布情况

变量		最小值	中位数	最大值	$\overline{X} \pm S$
性别	男性	8.54	9 861.99	945 883.31	17 597.03 ± 9 112.91
	女性	8.54	7 706.46	617 385.44	12 797.73 ± 8 359.23
年龄（岁）	0~14	74.14	4 124.62	71 696.38	4 506.99 ± 2 765.99
	15~64	12.35	8 595.07	614 355.30	14 057.75 ± 10 340.20
	65 岁以上	8.54	12 216.93	945 883.31	21 437.88 ± 12 675.40
疾病组	肺炎	79.80	7 497.07	651 750.69	15 150.86 ± 14 782.69
	COPD	12.35	9 853.07	528 526.40	15 842.27 ± 9 891.34
	全部患者	8.54	8 842.49	945 883.31	15 712.67 ± 6 411.45
季节	冷季	16.46	14 584.57	651 750.69	15 673.43 ± 6 791.54
	暖季	8.54	10 692.71	945 883.31	11 340.17 ± 6 159.27

对 2015—2019 年的住院费用中位数进行逐年分析，如表 4.7 所示，住院费用整体上呈上升趋势。按性别分组分析结果显示，男性和女性的住院费用逐年呈增长趋势。具体而言，女性住院费用从 2015 年的 0.697 万元增加至 2019 年的 0.871 万元；而男性住院费用从 2015 年的 0.880 万元增加至 2019 年的 1.137 万元。按年龄分组分析显示，三个年龄组的住院费用基本上均逐年增加。且住院费用与年龄表现出明显的正相关关系，即年龄越大住院费用越高。其中 65 岁以上年龄组的呼吸系统住院费用最高，始终保持在 1 万元以上，从 2015 年的 1.1 万元增加至 2019 的 1.345 万元。按疾病类型分组分析显示，COPD 和肺炎的住院费用也逐年增加，COPD 住院费用从 2015 年的 0.896 万元增加至 2019 年的 1.051 万元；肺炎住院费用从 2015 年的 0.617 万元增加至 2019 年的 0.883 万元。

表 4.7 呼吸系统疾病住院费用的年度分组情况

变量	住院费用中位数（万元）				
	2015 年	2016 年	2017 年	2018 年	2019 年
女性	0.697	0.742	0.740	0.771	0.871
男性	0.880	0.956	0.921	0.986	1.137
0~14	0.397	0.411	0.375	0.415	0.446
15~64	0.774	0.830	0.832	0.872	0.951
65 岁以上	1.100	1.265	1.140	1.211	1.345
全部患者	0.796	0.859	0.840	0.884	1.001

续表

变量	住院费用中位数（万元）				
	2015年	2016年	2017年	2018年	2019年
肺炎	0.617	0.663	0.715	0.777	0.884
COPD	0.896	1.002	0.972	0.981	1.051
其他疾病	0.790	0.891	0.867	0.898	0.969

4.3.4 呼吸系统疾病的住院天数特征

表4.8展示了呼吸系统疾病的住院天数的分析结果，不同性别的住院天数分析显示，男性的平均住院天数（9.79天）多于女性（8.52天）。住院天数与年龄存在正相关关系，65岁以上年龄组平均住院天数（11.53天）最长，另两个年龄组的平均住院天数依次为15～64岁年龄组（8.50天）和0～14岁年龄组（4.63天）。不同季节的住院天数分析，在冷季和暖季入院的患者的住院平均天数分别为9.38天和9.26天。全部患者的住院平均天数为9.31天，COPD的平均住院天数较肺炎高，分别为10.17天、8.68天。住院天数中位数为9天，没有明显的升降变化趋势，但男性和65岁以上年龄组的住院天数相对较长。

表4.8 2015—2019年呼吸系统疾病的住院天数基本情况

变量	变量	最小值	中位数	最大值	$\overline{X} \pm S$
性别	男性	1	9	76	9.79 ± 3.17
	女性	1	8	39	8.52 ± 2.73
年龄	0～14	1	5	39	4.63 ± 2.08
	15～64	1	8	350	8.50 ± 4.63
	65岁以上	1	11	197	11.53 ± 3.39
疾病类别	全部患者	1	9	350	9.31 ± 2.27
	肺炎	1	8	180	8.68 ± 4.99
	COPD	1	10	130	10.17 ± 3.57
季节	冷季	1	9	350	9.38 ± 2.54
	暖季	1	9	191	9.26 ± 1.93

4.4 空气污染影响呼吸系统疾病住院人数的异质性分析

基于上述统计性分析，本节定量分析空气污染对居民呼吸系统健康的影响程度，并探讨呼吸系统疾病住院风险在空气污染物浓度升高下的变化情况。具体而言，本节用广义相加模型定量分析 6 种主要空气污染物 $PM_{2.5}$、PM_{10}、SO_2、NO_2、O_3 和 CO 浓度每升高 10 个单位，呼吸系统疾病住院人数的变化百分比。

4.4.1 空气污染影响住院人数的污染物差异

本章利用广义相加模型，分析了 6 种主要空气污染物（$PM_{2.5}$、PM_{10}、SO_2、NO_2、CO 和 O_3）与呼吸系统疾病住院人数的关系。结果表明，除 O_3 外，其余 5 种污染物存在急性效应，且存在一定的滞后效应。此外，以往研究表明，空气污染对人群呼吸系统健康的影响存在滞后性，滞后期通常不超过 7 天（何蔚云等，2019）。因此，在本书中，我们对空气污染物对呼吸系统疾病住院人数的影响进行滞后分析，将影响时间从当天（Lag0）延迟到滞后 7 天（Lag1～Lag7）。模型结果如表 4.9 所示，结果表明，在 5% 的显著水平下，$PM_{2.5}$、PM_{10}、SO_2、CO 在滞后第 7 天（Lag7）对呼吸系统住院人数的影响最显著，而 NO_2 则在滞后第 6 天（Lag6）对住院人数的影响显著。

表 4.9　空气污染物影响呼吸系统疾病住院人数的广义相加模型结果

空气污染物	滞后期（天）的住院人数增加比（%）							
	Lag0	Lag1	Lag2	Lag3	Lag4	Lag5	Lag6	Lag7
$PM_{2.5}$（μg/m³）	0.24	0.90*	0.60*	0.49*	0.18	0.47*	0.98*	1.71*
PM_{10}（μg/m³）	−0.07	0.03	0.08	0.07	0.07	0.07	−0.05	0.71*
SO_2（μg/m³）	1.72	5.80*	6.86*	7.80*	4.83*	1.17	5.52*	8.28*
NO_2（μg/m³）	−0.81	−0.67	−0.31	0.00	0.00	0.01	0.76*	0.74*
O_3（μg/m³）	0.03	−0.08	0.23	0.26	0.29	0.25	0.44	0.28
CO（mg/m³）	0.00	0.03	−0.02	−0.05	0.06	−0.03	0.07*	0.13*

注：*表示 $p<5\%$。

本书发现，不同滞后天数对应的归因污染物浓度与呼吸系统疾病住院人数的增加量存在差异。$PM_{2.5}$ 和 SO_2 是对呼吸系统疾病住院人数影响持续时间最长且负向影响效应相对最大的两种污染物，其中 SO_2 的效应更大。当 $PM_{2.5}$ 浓度每上升 10 μg/m³ 时，其日均浓度与呼吸系统疾病住院人数增加百分比和具体滞后天数分别为 Lag1（0.90%）、Lag2（0.60%）、Lag3（0.49%）、Lag5（0.47%）、Lag6（0.98%）和 Lag7（1.71%），呈现 "U" 形波动变化特征。而当 SO_2 日均浓度每上升 10 μg/m³ 时，住院人数增加百分比依次为 Lag1（5.80%）、Lag2（6.86%）、Lag3（7.80%）、Lag4（4.83%）、Lag6（5.52%）和 Lag7（8.28%）。而当 PM_{10} 浓度每升高 10 μg/m³ 时，呼吸系统住院人数在滞后第 7 天增加 0.71%。NO_2 和 CO 对呼吸系统疾病住院人数在 Lag6、Lag7 时有较大影响，这两种污染物浓度每升高 10 个单位，住院人数分别增加 Lag6（0.76%）、Lag7（0.74%）和 Lag6（0.07%）、Lag7（0.13%）。

研究结果显示，SO_2、$PM_{2.5}$、NO_2、PM_{10}、CO 浓度每升高 10 个单位，呼吸系统疾

病住院人数变化百分比分别增加 8.28%、1.71%、0.76%、0.71%、0.13%。这一结论表明，不同污染物对呼吸系统疾病住院人数的影响存在滞后效应，需要考虑时间因素进行分析。由于空气污染物来源的多样性、组成成分的复杂性以及当地气象环境条件和人群易感性的差异，仅仅考虑 6 种空气污染物浓度及其时间因素的影响不能够提供足够精确的结论。然而，研究结果表明，空气污染物浓度的即时效应和累积效应同时对健康产生损害。这与6.3节，全国废气排放对呼吸系统疾病负担 DALYs 的脉冲响应分析得到的滞后影响基本一致。空气污染不仅在当期影响公共健康，污染物的累积效应也会对健康产生长期影响。

4.4.2　空气污染影响住院人数的性别差异

本节使用 GAM 分析 $PM_{2.5}$、PM_{10}、SO_2、NO_2、O_3 和 CO 与不同性别人群因呼吸系统疾病住院之间的关联，结果如表 4.10 所示，所有污染物对呼吸系统疾病住院率均存在影响，但影响因污染物、性别和滞后期而异。$PM_{2.5}$ 对女性住院率的影响大于男性，在不同滞后期，$PM_{2.5}$ 浓度每升高 10 μg/m³，女性住院人数百分比增加 1.58% 至 2.33%，男性增加 1.79% 至 2.19%。SO_2 对男性住院人数的影响明显大于女性，SO_2 浓度每升高 10 μg/m³，男性增加 8.59% 至 18.11%，女性增加 7.68% 至 10.2%。NO_2 对女性住院率的影响大于男性，女性增加 1.4% 至 2.29%，男性增加 1.79% 至 2.19%。O_3 对男性住院人数的影响明显大于女性，O_3 浓度每升高 10 μg/m³，男性住院人数增加较多的分别为 0.95%（Lag1）和 0.85%（Lag5），女性住院人数增加较多的分别为 0.69%（Lag1）和 0.76%（Lag5）。PM_{10} 对男性呼吸系统疾病住院人数的影响明显大于女性，PM_{10} 浓度每升高 10 μg/m³，男性住院人数增加较多的为 0.85%（Lag7），女性住院人数增加较多的为 0.79%（Lag7）。CO 对女性呼吸系统疾病住院人数的影响明显大于男性，CO 浓度每升高 10 mg/m³，女性住院人数增加较多的为 0.18%（Lag6）和 0.17%（Lag7），而男性住院人数百分比在滞后第 3 天期增加最多也仅增加 0.07%。男性与女性在社会角色、就医行为和个人活动偏好等方面存在差异，这可能导致男性呼吸系统疾病住院人数的百分比变化较女性大。男性比女性更容易出现不健康的生活习惯，如抽烟和饮酒等，这些不健康的生活习惯与空气污染之间存在协同作用，因而对研究结果可能产生重要影响。

表 4.10　性别分组的空气污染物每增加 10 个单位住院人数变化百分比　　单位：%

性别	滞后期（天）	$PM_{2.5}$（μg/m³）	PM_{10}（μg/m³）	SO_2（μg/m³）	NO_2（μg/m³）	O_3（μg/m³）	CO（mg/m³）
男性	0	−0.15	−0.6	0.03	−1.98	0.95*	−0.08
	1	0.52	−0.12	2.59	−1.93	0.84	−0.04
	2	1.12	0.25	1.94	−2.03	0.22	−0.08
	3	1.19*	0.36	8.59*	0.45*	0.37	0.07

续表

性别	滞后期（天）	PM$_{2.5}$（μg/m^3）	PM$_{10}$（μg/m^3）	SO$_2$（μg/m^3）	NO$_2$（μg/m^3）	O$_3$（μg/m^3）	CO（mg/m^3）
男性	4	0.81	-0.04	6.34	-0.06	0.49	-0.08
	5	1.47*	-0.04	4.71	-0.25	0.85*	-0.08
	6	2.06*	0.5	11.82*	1.79*	0.72	0.03
	7	1.93*	0.85	18.11*	2.19*	0.57	0.03
女性	0	0.07	-0.88	1.7	-1.61	-0.17	0.02
	1	1.58*	-0.2	10.2*	0.5	0.69*	0.1
	2	1.12	0.36	7.79*	0.82	0.36	0.04
	3	0.14	0.23	5.49	0.13	0.55	-0.08
	4	0.51	-0.19	5.12	-0.2	0.4	-0.03
	5	1.86*	0.51	4.6	0.85	0.76*	0.12
	6	1.91*	0.51	7.96*	2.29*	0.11	0.18*
	7	2.33*	0.79*	7.68*	1.40*	-0.09	0.17*

注：*表示 $p<5\%$。

研究结果表明，应制定针对特定性别和特定污染物的策略，以减轻空气污染对呼吸系统健康的不利影响。事实上，空气污染对性别的影响差异目前在学术界尚没有确切定论，因为空气污染对性别影响的差异不仅源自生理上的差异，生活方式（饮酒、运动、抽烟、饮食等）和社会家庭地位及心理因素（家庭工作角色、重要生活事件、个人收入、心理状况）等众多混杂因素的影响同样会造成这种差异。

因此，制定针对特定性别的污染物防治策略已成为当前研究的热点问题。具体而言，研究者可以采用以下方法来制定针对特定性别的策略：首先，研究者可以通过对不同性别人群的污染物暴露水平和生命质量状况进行分析，确定特定性别人群对污染物的敏感性和影响程度。例如，对于女性，可以采取更为严格的限制排放标准，以减少女性在生育期间的不良影响，如早产、低出生体重等。其次，针对不同性别的生活方式和行为习惯，制定不同性别的污染物防治策略。针对女性，应该加强对室内空气质量的监测和管理，尤其是对化妆品、清洁用品等家庭产品中存在的污染物进行控制。而对于男性，由于男性通常比女性更爱好户外活动，因此在城市规划和交通管理方面，应该考虑如何降低户外活动对空气质量的影响，例如设置绿化带、减少机动车使用等。最后，针对不同性别的健康需求和医疗资源分配，应该制定不同的防治策略。例如，女性通常比男性更关注家庭和社交生活，因此在医疗资源分配方面，应该充分考虑女性健康需求的特殊性，加强对妇女健康的关注和照顾。总之，针对特定性别的污染物防治策略，需要综合考虑不同性别人群的生理、心理和社会特点，建立科学的监测体系和数据分析方法，并与公众、政策制定者等各方合作，共同推动空气污染治理和生命质量改善工作。

4.4.3 空气污染影响住院人数的年龄差异

本节分析污染物对不同年龄段人群住院人数的影响，并且给出相关数据分析结果，如表 4.11 所示。在 5% 的显著性水平下，污染物浓度每增加 10 个单位时，会显著地增加 0~14 岁、15~64 岁和 65 岁以上人群的住院人数。在 65 岁以上人群中，归因 O_3 和 CO 的住院风险大于其他污染物。而 $PM_{2.5}$、SO_2、NO_2 和 O_3 的浓度每增加 10 $\mu g/m^3$，0~14 岁人群的住院人数增加较多。在 15~64 岁人群中，$PM_{2.5}$、PM_{10}、SO_2 和 CO 的浓度每增加 10 个单位，对呼吸系统疾病住院人数增加的影响较大。而 PM_{10} 和 CO 对 0~14 岁人群以及 PM_{10} 和 O_3 对 15~64 人群呼吸系统疾病住院人数存在影响，但这种影响在统计学上没有意义。

表 4.11 年龄分组的空气污染物每增加 10 个单位住院人数变化百分比（单位：%）

年龄（岁）	滞后期（天）	$PM_{2.5}$（$\mu g/m^3$）	PM_{10}（$\mu g/m^3$）	SO_2（$\mu g/m^3$）	NO_2（$\mu g/m^3$）	O_3（$\mu g/m^3$）	CO（mg/m^3）
0~14	0	−0.56	−0.87	0.50	−1.64	−0.13	−0.06
	1	−0.36	−0.69	7.80	−1.33	1.30*	−0.10
	2	1.41	0.04	7.31	−0.86	−0.06	−0.05
	3	0.78	0.19	8.73	0.24	−0.29	−0.04
	4	1.68*	0.14	9.46*	0.76	−0.96	−0.03
	5	2.08*	0.22	0.64	0.29	−0.19	−0.03
	6	2.45*	0.55	12.11*	2.12*	0.65	0.08
	7	2.62*	0.70	15.87*	0.49	0.24	0.05
15~64	0	0.99	−0.15	3.10	−2.06	0.55	0.05
	1	−0.45	−0.73	9.41*	0.16	0.71	−0.03
	2	−0.95	−0.77	1.19	−1.11	0.13	−0.10
	3	−1.03	−0.71	5.79	−0.12	0.16	−0.09
	4	−0.03	−0.62	6.64*	−0.35	0.21	−0.03
	5	0.33	−0.59	1.60	−0.86	−0.94	−0.09
	6	1.62*	−0.06	3.84	1.44*	−0.74	0.09
	7	2.26*	0.76	5.62	1.95*	0.00	0.18*
65 岁以上	0	−0.33	−1.02	−0.59	−1.82	0.87	−0.07
	1	3.18*	0.65	2.31	−1.20	0.30	0.17*
	2	2.33*	1.21*	4.72	−0.48	0.73	0.05

续表

年龄 （岁）	滞后期 （天）	PM$_{2.5}$ （μg/m³）	PM$_{10}$ （μg/m³）	SO$_2$ （μg/m³）	NO$_2$ （μg/m³）	O$_3$ （μg/m³）	CO （mg/m³）
65岁 以上	3	1.90*	1.08*	6.93	0.68	1.40*	0.11
	4	0.28	0.03	2.12	−0.67	1.97*	−0.10
	5	2.16*	0.72	10.54*	0.98	1.69*	0.10
	6	1.89*	0.86*	13.05*	2.36*	1.13	0.11
	7	1.54*	0.96*	16.96*	2.90*	0.53	0.07

注：*表示 $p<5\%$。

总之，不同污染物的浓度和滞后期对不同年龄人群的住院人数的影响存在差异。各污染物对 0~14 岁儿童和 65 岁以上年龄段人群的影响均较高，对 15~64 岁人群的呼吸系统疾病住院人数的影响相对较少，这可能与污染物对呼吸系统的影响机制、人群易感性和人群接触水平有关。研究表明，空气污染会通过诱发氧化应激和炎症反应等机制，导致呼吸系统屏障功能受损，从而对人群健康造成影响。儿童呼吸系统发育尚不完善，老年人群免疫能力相对较弱，因此这两个年龄段人群对污染物的敏感性更高。此外，儿童和老年人群通常从事较多的室外活动，导致他们接触室外污染物的机会增加。这些研究结果强调了空气污染对人群呼吸系统健康的严重影响，需要采取有效措施来减少污染物的排放和保障人民健康。

4.4.4 空气污染影响住院人数的疾病差异

空气污染物对不同疾病的住院风险的影响存在差异，肺炎归因 PM$_{2.5}$、PM$_{10}$、SO$_2$、NO$_2$ 和 O$_3$ 的住院风险相对来说较 COPD 高。在 5% 的显著性水平下，污染物 PM$_{2.5}$、PM$_{10}$、SO$_2$、NO$_2$、O$_3$ 的日均浓度均与肺炎住院风险存在显著关联关系，而仅 PM$_{2.5}$、SO$_2$、CO 三种污染物的日均浓度显著影响 COPD 住院人数。如表 4.12 所示，几种污染物几乎都在较大滞后期对肺炎住院人数的影响效应最大，且不同污染物对肺炎住院人数的影响存在差异。PM$_{2.5}$ 的日均浓度每升高 10 μg/m³，肺炎住院人数百分比增加量分别为 1.1%（Lag5）、1.51%（Lag6）、1.67%（Lag7）；PM$_{10}$ 的日均浓度每升高 10 μg/m³，肺炎住院人数百分比增加量分别 0.5%（Lag6）、0.83%（Lag7）；SO$_2$ 的日均浓度每升高 10 μg/m³，肺炎住院人数百分比增加量分别为 5.37%（Lag1）、6.33%（Lag3）、7.85%（Lag6）、9.84%（Lag7）；O$_3$ 的日均浓度每升高 10 μg/m³，肺炎住院人数百分比增加量为 0.82%（Lag1）。不同污染物对 COPD 的住院人数的影响存在差异，SO$_2$ 的影响最显著，SO$_2$ 在较短滞后期（Lag1~Lag3）影响 COPD 的住院人数，且滞后 1 天的效应最大，SO$_2$ 的日均浓度每升高 10 μg/m³，COPD 住院人数百分比在 Lag1~Lag3 的增加量分别为 7.71%、3.96%、6.89%；PM$_{2.5}$ 的日均浓度每升高 10 μg/m³，COPD 住院人数百分比增加量分别为 1.56%（Lag1）、1.64%（Lag7）；CO 的日均浓度每升高 10 mg/m³，COPD 住院人数百分比增加量为 0.16%（Lag7）。

GAM 结果显示，不同污染物的浓度和滞后期对不同疾病的住院风险的影响存在差异，在 5%的显著性水平下，除 NO_2、CO 外，其他四种污染物诱发肺炎住院人数均显著高于 COPD。可能的原因在于，空气污染物短期内就会诱发终末气道、肺泡和肺间质的炎症，从而造成肺炎发病；而 COPD 是人体长期吸入污染物使得肺功能降低导致的破坏性肺部疾病，主要是污染的长期累积效应造成的。

表 4.12 疾病分组的空气污染物每增加 10 个单位住院人数变化百分比　　单位：%

疾病	滞后期（天）	$PM_{2.5}$（μg/m³）	PM_{10}（μg/m³）	SO_2（μg/m³）	NO_2（μg/m³）	O_3（μg/m³）	CO（mg/m³）
COPD	0	0.48	−0.18	−1.12	0.27	−0.79	0.03
	1	1.56*	0.58	7.71*	0.03	−0.48	0.02
	2	0.89	0.32	3.96*	0.76	0.36	0.07
	3	0.48	0.14	6.89*	1.04	0.45	0.06
	4	−0.19	0.00	1.65	0.53	0.67	0.00
	5	−0.32	−0.21	−1.29	0.23	0.25	0.02
	6	0.52	−0.04	−0.29	0.19	0.42	0.09
	7	1.64*	0.45*	0.52	0.32	0.21	0.16*
肺炎	0	−0.22	−0.64	0.39	−1.71	0.24	−0.02
	1	0.47	−0.18	5.37*	−0.67	0.82*	0.01
	2	0.74	0.26	2.27	−0.67	0.22	−0.04
	3	0.48	0.27	6.33*	0.63	0.53	0.01
	4	0.24	−0.09	3.80	−0.04	0.52	−0.07
	5	1.10*	0.19	2.57	0.13	0.25	−0.02
	6	1.51*	0.50*	7.85*	1.99*	0.42	0.08
	7	1.67*	0.83*	9.84*	1.92*	0.38	0.08

注：*表示 $p<5\%$。

4.4.5 空气污染影响住院人数的季节差异

空气污染物与呼吸系统疾病住院人数的 GAM 的季节分组如表 4.13 所示，呼吸系统疾病住院风险存在季节差异，各污染物浓度的升高对住院人数的影响在冷季的效应均明显高于暖季。在 5%的显著性水平下，不同滞后期的 $PM_{2.5}$ 浓度每上升 10 μg/m³，冷季住院人数分别增加 1.09%（Lag5）、1.25%（Lag6）和 1.25%（Lag7）；在 5%的显著性水平下，PM₁₀浓度每升高 10 μg/m³，冷季住院人数分别增加 1.02%（Lag6）和 1.36%（Lag7）；SO₂浓度每升高 10 μg/m³，冷季住院人数分别增加 7.40%（Lag6）和 13.44%（Lag7）；NO₂浓度每升高 10 μg/m³，冷季呼吸系统疾病住院人数分别增加 2.96%（Lag6）和 2.48%（Lag7）；O₃浓度每升高 10 μg/m³，冷季呼吸系统疾病住院人数分别增加 1.54%（Lag1）、1.60%（Lag3）、2.00%（Lag4）、1.50%（Lag6）和 2.23%（Lag7）；CO 浓度每升高 10 mg/m³，冷季呼吸系统疾病住院人数增加 0.16%（Lag7）。各污染物在冷季的效应较高可能的原因：(1) 武汉市空气污染描述性分析显示，冷季污染物浓度相对更高。(2) 颗粒物的来源、组成成分及毒性在不同季节有很大的差异，由于冬季更多的燃煤锅炉取暖等原因，冷季污染颗粒物的毒害作用可能更大。(3) 冷季的气温较低，冷空气可以通过减弱呼吸系统黏液流动或纤毛运动，增加人体易感性等。

相比其他污染物，SO₂和 NO₂在暖季的效应更高，SO₂浓度每升高 10 μg/m³，呼吸系统疾病住院人数暖季增加较多的百分比和滞后期分别为 6.76%（Lag1）、7.53%（Lag3）；NO₂浓度每升高 10 μg/m³，暖季住院人数增加较多的百分比和滞后期分别为 3.15%（Lag3）、1.06%（Lag6）、1.77%（Lag7）；而 PM₂.₅仅在 Lag3 导致呼吸系统疾病住院人数增加的较多，效应值为 1.17%，其他污染物浓度的升高引起的住院人数百分比增加的相对更少。这可能是因为暖季时空气污染浓度相对较低，故影响效应不明显。这些发现可以为空气污染治理和预防提供一定的参考。

表 4.13　季节分组的空气污染物每增加 10 个单位住院人数变化百分比　　单位：%

季节	滞后期（天）	PM₂.₅（μg/m³）	PM₁₀（μg/m³）	SO₂（μg/m³）	NO₂（μg/m³）	O₃（μg/m³）	CO（mg/m³）
冷季 （11-次年3月）	0	−0.82	−0.74	−3.28	−2.17	−0.49	−0.03
	1	0.31	−0.04	0.59	−1.62	1.54*	0.03
	2	0.23	0.19	1.78	−1.48	0.07	−0.05
	3	−0.43	0.24	2.69	−0.81	1.60*	−0.08
	4	0.06	0.32	2.92	0.00	2.00*	−0.04
	5	1.09*	0.66	1.70	0.90	1.23	0.05
	6	1.25*	1.02*	7.40*	2.96*	1.50*	0.10
	7	1.28*	1.36*	13.44*	2.48*	2.23*	0.16*
暖季 （4-10月）	0	−0.37	−0.40	2.19	−0.87	0.39	−0.01
	1	−0.33	−0.09	6.76	0.66	0.26	−0.01
	2	0.69	0.61	−3.67	0.59	0.21	−0.03
	3	1.17	0.56	7.53	3.15	−0.24	0.13
	4	−0.77	−0.31	−2.15	0.06	−0.61	−0.14

续表

季节	滞后期（天）	PM$_{2.5}$（μg/m^3）	PM$_{10}$（μg/m^3）	SO$_2$（μg/m^3）	NO$_2$（μg/m^3）	O$_3$（μg/m^3）	CO（mg/m^3）
暖季（4-10月）	5	-0.15	-0.05	-1.62	-0.68	-0.55	-0.14
	6	0.34	0.14	2.87	1.06	-0.46	0.02
	7	0.64	0.38	-2.71	1.77	-1.08	-0.08

注：*表示 $p<5\%$。

4.5 稳健性分析

考虑到空气污染对呼吸系统健康的负外部性影响具有长期累积效应和短期波动效应，以及空气污染物的复杂多元性和其他诸如气象要素、人群易感性等混合因素对疾病的交互影响，我们进一步对模型分析结果进行稳健性检验。检验添加新的影响因素或者数据起始时期的选择不同及选择不同滞后期是否会对模型估计产生显著性影响。

（1）当进一步引入呼吸系统疾病的其他疾病如慢性呼吸道疾病和结核病、气管支气管肺癌、上呼吸道感染和下呼吸道感染等指标后，发现整体上呼吸系统疾病住院人数变化百分比仅有微小变动。结果表明添加新的疾病数据并没有对模型估计产生显著性影响。

（2）在模型估计过程中，内生变量的滞后阶数会对参数估计的自由度产生重要影响。当模型中增加一个内生变量的滞后阶数时，会损失一定数量的自由度。因此，随着内生变量滞后阶数的增加，参数估计的可信度会逐渐降低。简言之，增加内生变量的滞后阶数会导致模型的自由度减少，进而可能导致参数估计的可靠性下降。本书所建广义相加模型中 *year* 变量的自由度设定为4，*day* 变量的自由度设定为7；研究进一步选取 *year* 变量的自由度为（df=3 或 5），在最大效应滞后日，分别建立各空气污染物与呼吸系统疾病住院人数的GAM，回归结果如表4.14所示。结果显示，呼吸系统疾病住院人数变化百分比有所波动，但变化不大，这表明本书的模型结果满足稳健性要求。

表4.14　GAM中时间变量不同自由度的呼吸系统疾病住院人数变化百分比　单位：%

变量	时间变量 *year* 自由度		
	df=4	df=3	df=5
PM$_{2.5}$（μg/m^3）	1.17	1.6	1.47
PM$_{10}$（μg/m^3）	0.71	0.67	0.89
SO$_2$（μg/m^3）	8.28	8.29	5.98
NO$_2$（μg/m^3）	0.76	0.91	0.89
O$_3$（μg/m^3）	0.22	0.16	0.4
CO（mg/m^3）	0.13	0.16	0.19

（3）由于颗粒物与气态污染物 O_3、SO_2、NO_2 的健康效应可能存在的交互影响，故构建多污染物模型进行拟合调整，以检验模型结果的敏感性。具体来说，通过单污染物广义相加模型（GAM）的分析结果，确定对住院率影响最大的滞后时间，并将该时间点对应的污染物浓度作为双污染物模型的输入变量进行建模。然后，将双污染物模型得到的结果与使用单一污染物建模所得到的相应结果进行比较分析。在模型中分别引入 $PM_{2.5}$、PM_{10}、NO_2、SO_2、O_3 和 CO 后的双污染物分析结果如表 4.15 所示，当分别引入其他 5 种污染物后，$PM_{2.5}$ 浓度每升高 10 $\mu g/m^3$，对人群呼吸系统疾病住院人数变化百分比的增加有明显影响；PM_{10}、NO_2、SO_2 和 CO 引入别的污染物后，每升高 10 个单位，呼吸系统住院人数的百分比有升有降，不同的污染物的引入的影响不同。O_3 引入其他污染物后，每升高 10 $\mu g/m^3$，对呼吸系统疾病住院人数变化百分比的影响均有所下降。整体上，双污染模型的呼吸系统疾病住院人数变化百分比变化不大，模型较稳定。

上述结果表明，本章所构建的 GAM 模型具有较强稳健性，检验是可靠的。

表 4.15 双污染模型的呼吸系统疾病住院人数变化百分比　　单位：%

单污染物模型		$PM_{2.5}$（$\mu g/m^3$）	PM_{10}（$\mu g/m^3$）	SO_2（$\mu g/m^3$）	NO_2（$\mu g/m^3$）	O_3（$\mu g/m^3$）	CO（mg/m^3）
		1.17	0.71	8.28	0.76	0.22	0.13
双污染物模型	$PM_{2.5}$（Lag7）	—	0.44	5.53	0.38	−0.35	0.15
	PM_{10}（Lag7）	1.39	—	5.81	0.48	0.02	0.09
	SO_2（Lag7）	1.21	0.40	—	0.30	−0.01	0.13
	NO_2（Lag6）	1.55	0.78	9.98	—	−0.04	0.07
	O_3（Lag6）	1.44	0.68	8.04	0.84	—	0.13
	CO（Lag7）	1.92	0.76	9.14	1.15	0.04	—

注："—"表示无数据。

4.6　空气污染的健康经济损失评估及治理效应情景分析

在分析总结空气污染的呼吸系统健康影响的基础上，采用人群归因分数和归因人数分析呼吸系统疾病的超额住院人数及其所占比例；进一步利用疾病成本法评估相关经济损失；最后采用情景分析方法，对研究期间空气污染物浓度可维持的各种浓度水平下，可能避免的健康经济损失进行估算。

4.6.1　空气污染对人类健康影响的经济损失评估

在进行经济损失评估前，本节采用归因风险法计算由于空气污染物暴露造成的超额呼吸系统疾病住院人数及其所占比例，并选择 GAM 模型估算的回归系数最大的滞后日进行归因分析。结果如表 4.16 所示，表明在 6 种主要空气污染物中，$PM_{2.5}$、PM_{10} 及 SO_2 相对来说对呼吸系统疾病住院归因风险系数最大。这一结果与本书 3.1 节的结论一致，即 $PM_{2.5}$ 和 PM_{10} 是我国城市 AQI 主要污染物。

表 4.16 归因于 6 种主要空气污染物的归因风险结果

变量		$PM_{2.5}$ ($\mu g/m^3$)	PM_{10} ($\mu g/m^3$)	SO_2 ($\mu g/m^3$)	NO_2 ($\mu g/m^3$)	O_3 ($\mu g/m^3$)	CO (mg/m^3)
性别	男性	0.0020[a]	0.0009[a]	0.0100[a]	0.0011[a]	0.0005[b]	0.0001[a]
	女性	0.0013[a]	0.0005[a]	0.0069[e]	—	—	0.0001[a]
年龄（岁）	0~14	0.0026[a]	0.0009[a]	0.0163[a]	0.0018[b]	—	—
	15~64	0.0015[a]	0.0006[a]	0.0086[d]	—	—	0.0001[a]
	65 岁以上	0.0014[a]	0.0008[a]	0.0074[a]	0.0011[a]	0.0006[c]	0.0002[a]
疾病类型	全部患者	0.0017[a]	0.0007[a]	0.0080[a]	0.0008[b]	—	0.0001[a]
	肺炎	0.0021[a]	0.0008[a]	0.0125[a]	0.0020[b]	0.0008[f]	—
	COPD	0.0019[a]	—	0.0063[f]	—	—	0.0002[a]

注：*表示 $p<5\%$，a=Lag7，b=Lag6，c=Lag4，d=Lag3，e=Lag2，f=Lag1，"—"表示无此项数据。

暴露于空气污染物对居民的呼吸系统健康有显著的负外部性影响，对性别、年龄和疾病类型进行风险归因分析，结果如表 4.17 所示。归因于 6 种主要污染物的呼吸系统疾病住院病例以男性为主，没有归因于 NO_2 和 O_3 的女性患者。此外，因 $PM_{2.5}$、PM_{10}、SO_2、NO_2、O_3 和 CO 而住院的病例随着年龄的增长而增加，尤其是 65 岁及以上年龄组，与其他两个年龄组相比显著增加，归因人数分别为 1.67 万人、1.26 万人、1.52 万人、0.95 万人、0.97 万人和 1.92 万人。0~14 岁年龄组归因 $PM_{2.5}$、PM_{10}、SO_2、NO_2 呼吸系统疾病住院的人群归因分数较高，分别为 12.11%、6.98%、15.18%、7.64%。

归因风险分析结果显示，6 种主要污染物中，SO_2 是最大的肺炎致病因素，共导致 1.23 万人住院，其人群归因分数最高，达到 11.84%。其次是 $PM_{2.5}$ 和 NO_2，而 CO 未被发现与肺炎患者的住院情况相关联。与此相反，导致 COPD 住院人数最多的污染物为 CO，共导致 1.79 万人住院，其人群归因分数最高，达到 16.05%。其次是 $PM_{2.5}$ 和 SO_2，分别导致 0.95 万人、0.76 万人的因 COPD 住院。

表 4.17 空气污染物导致呼吸系统疾病住院的归因人数（人群归因分数） 单位：万人（%）

变量	$PM_{2.5}$ ($\mu g/m^3$)	PM_{10} ($\mu g/m^3$)	SO_2 ($\mu g/m^3$)	NO_2 ($\mu g/m^3$)	O_3 ($\mu g/m^3$)	CO (mg/m^3)
男性	2.28（9.70）	1.90（7.10）	2.67（9.95）	1.30（4.83）	1.15（4.29）	3.42（12.76）
女性	1.48（6.50）	0.70（4.05）	1.23（7.10）	—	—	1.53（8.78）

续表

变量	PM$_{2.5}$ (μg/m³)	PM$_{10}$ (μg/m³)	SO$_2$ (μg/m³)	NO$_2$ (μg/m³)	O$_3$ (μg/m³)	CO (mg/m³)
0~14	0.69(12.11)	0.57(6.98)	1.24(15.18)	0.62(7.64)	—	—
15~64	1.40(7.53)	0.75(4.55)	1.44(8.74)	—	—	2.13(12.99)
65岁以上	1.67(7.42)	1.26(6.40)	1.52(7.75)	0.95(4.82)	0.97(4.95)	1.92(9.79)
全部	3.76(8.50)	2.57(5.81)	3.57(8.80)	1.47(3.33)	—	5.18(11.73)
肺炎	0.88(10.19)	0.68(6.60)	1.23(11.84)	0.87(8.35)	0.65(6.29)	—
COPD	0.95(9.91)	—	0.76(6.81)	—	—	1.79(16.05)

注：*表示 $p<5\%$，括号中为人群归因分数（%），"—"表示无数据。

空气污染物暴露可以导致居民呼吸系统疾病住院，这会对患者、家庭和社会造成经济损失。为了估算这种经济损失，本节采用疾病成本法，并以武汉市的日人均 GDP 来代替日人均生产力损失值。根据表 4.18 的研究结果，空气污染导致呼吸系统疾病住院的经济损失存在着性别、年龄和疾病类型的差异。具体而言，男性的经济损失显著高于女性。此外，随着年龄的增加，6 种污染物导致的呼吸系统疾病住院患者的经济损失逐渐增多，其中 65 岁以上的年龄组经济损失最大，其次是 15~64 岁的年龄组。这一结果与前一节中归因污染物导致住院风险的结果是一致的。总的来说，除了 O$_3$ 外，归因于 CO、PM$_{2.5}$、SO$_2$、PM$_{10}$ 和 NO$_2$ 的经济损失分别为 9.95 亿元、7.21 亿元、6.85 亿元、4.93 亿元和 2.82 亿元，合计为 31.76 亿元（王旭艳，2021）。

表 4.18　空气污染物的呼吸系统健康损害造成的经济损失　　单位：亿元

		PM$_{2.5}$ (μg/m³)	PM$_{10}$ (μg/m³)	SO$_2$ (μg/m³)	NO$_2$ (μg/m³)	O$_3$ (μg/m³)	CO (mg/m³)
性别	男性	4.37	3.65	5.12	2.49	2.44	7.28
	女性	2.84	1.35	2.37	—	—	2.44
年龄（岁）	0~14	1.33	1.09	2.38	1.20		
	15~64	2.68	1.44	2.75	—		4.09
	65岁以上	3.20	2.41	2.92	1.82	2.50	3.68
疾病类型	全部	7.21	4.93	6.85	2.82		9.95
	肺炎	1.69	1.31	2.36	1.66	1.20	
	COPD	1.82	—	1.46			3.51

注："—"表示无数据。

4.6.2　空气污染治理效应情景分析

上述章节定量分析了空气污染对呼吸疾病住院的影响，并评估了该影响对经济的损失。研究发现，在研究期间，五种污染物对经济的归因损失依次为 CO（9.95 亿元）、PM$_{2.5}$（7.21 亿元）、SO$_2$（6.85 亿元）、PM$_{10}$（4.93 亿元）及 NO$_2$（2.82 亿元），总计为 31.76 亿元，约占武汉市 2019 年 GDP 的 0.20%。此外，PM$_{2.5}$、SO$_2$ 和 CO 导致的经济损失明显高 PM$_{10}$、NO$_2$ 和 O$_3$。基于以上发现，建议政府在防控空气污染方面加大对 PM$_{2.5}$、SO$_2$、CO 的防控力度。

根据上述研究的结论，我们进行了情景分析讨论，假设武汉市主要空气污染物浓度在相对较低水平下，对 PM$_{2.5}$、PM$_{10}$、SO$_2$、NO$_2$、O$_3$ 和 CO 分别设置了四种情景，并进一步估算不同情景下可避免的经济损失，如表 4.19 所示。结果表明，在 WHO 建议的年平均浓度准则值下，即 PM$_{2.5}$ 为 10 μg/m³、PM$_{10}$ 为 20 μg/m³ 时，PM$_{2.5}$ 和 PM$_{10}$ 可避免的年均经济损失分别为 1.18 亿元和 0.76 亿元。此外，研究期间的 SO$_2$ 在四种情景下可避免的年均经济损失依次为 4 μg/m³（0.87 亿元）、6 μg/m³（0.61 亿元）、8 μg/m³（0.35 亿元）、10 μg/m³（0.08 亿元）。而 NO$_2$、O$_3$ 和 CO 的可避免的年均经济损失也随着浓度降低而减少。具体而言，NO$_2$ 可避免的年均经济损失依次为 10 μg/m³（0.44 亿元）、20 μg/m³（0.31 亿元）、30 μg/m³（0.19 亿元）、40 μg/m³（0.06 亿元）；O$_3$ 可避免的年均经济损失依次为 20 μg/m³（0.34 亿元）、40 μg/m³（0.24 亿元）、60 μg/m³（0.14 亿元）、80 μg/m³（0.04 亿元）；CO 可避免的年均经济损失依次为 0.25 mg/m³（1.52 亿元）、0.50 mg/m³（10.3 亿元）、0.75 mg/m³（0.53 亿元）、1.00 mg/m³（0.01 亿元）。

根据上述情景分析，加强空气污染物的预防和治理，不仅能够带来健康效益，而且还具有经济效益。在这方面，减排预防污染比治理污染的健康和经济效益更为可观。表 4.19 的数据显示，不同性别、年龄和疾病类型的人所避免的经济损失，与 6 种污染物浓度呈负相关关系。换句话说，随着污染物浓度的增加，不同人群所能够避免的经济损失也不同程度地减少。这表明，污染物浓度越高，对健康和经济造成的损失越大，越难以避免。因此，预防空气污染的策略即"治未污染"比治理污染的策略更容易实现环境、健康和经济效益。

表 4.19 武汉市空气污染物浓度在相对较低水平下可避免的经济损失情景分析

污染物	年均浓度	污染物浓度下降的不同情景下可避免的健康经济损失（百万元）						
		全部患者	疾病类型		性别		年龄		
			肺炎	COPD	男性	女性	0~14	15~64	65岁以上
PM$_{2.5}$（μg/m³）	10	118	33	35	82	35	31	39	46
	20	91	25	28	63	27	23	30	36
	30	63	18	20	44	19	15	21	26
	40	35	9	12	24	11	8	12	15

续表

污染物	年均浓度	污染物浓度下降的不同情景下可避免的健康经济损失（百万元）							
		全部患者	疾病类型		性别		年龄		
			肺炎	COPD	男性	女性	0~14	15~64	65岁以上
PM$_{10}$（μg/m³）	20	76	20	—	56	21	17	22	37
	40	53	14	—	39	14	11	15	26
	60	29	7	—	22	8	6	9	15
	80	6	1	—	4	2	1	2	4
SO$_2$（μg/m³）	4	87	29	19	65	30	30	35	37
	6	61	20	14	45	21	20	25	27
	8	35	10	9	26	12	10	14	16
	10	8	0	3	5	3	0	3	5
NO$_2$（μg/m³）	10	44	26	—	39	—	19	—	28
	20	31	18	—	28	—	13	—	20
	30	19	11	—	16	—	8	—	12
	40	6	3	—	5	—	2	—	4
O$_3$（μg/m³）	20	34	19	—	34	—	—	—	29
	40	24	13	—	24	—	—	—	20
	60	14	7	—	14	—	—	—	11
	80	4	1	—	4	—	—	—	3
CO（mg/m³）	0.25	152	—	53	100	45	—	63	56
	0.50	103	—	37	68	30	—	42	39
	0.75	53	—	20	35	16	—	22	20
	1.00	1	—	2	1	1	—	0	1

注："—"表示无数据。

4.7 本章小结

空气污染对人类健康的影响越来越严重，所导致的经济损失对经济社会发展产生了巨大的阻碍。本章基于理论分析，研究了空气污染物对呼吸系统健康的影响及其作用机制。具体而言，本章以 2015 年至 2019 年武汉市两家三级甲等综合医院的呼吸系统疾病住院患者资料和空气污染物资料，以及中国相关人口、经济数据为基础，利用描述统计方法、广义相加模型、疾病成本法以及情景分析方法，对空气污染物浓度与呼吸系统疾病的具体状况进行了描述，并定量测度两者之间的关联程度，进而对由此产生的经济损失进行了较为全面的评估。研究结果表明，政府有关部门应该加强空气污染的治理，以达到降低空气污染对人群健康的影响和减少相关经济损失的污染治理效益。

5 空气污染对居民生命质量效用的影响

本章创新性地提出空气污染感知水平与健康相关生命质量"二维化"的研究思路。通过以生命质量健康效用和体验效用指标作为生命质量效用水平的代理变量,分别建立多因素线性回归模型和二项逻辑回归模型,探讨空气污染主观评价与居民生命质量的相关性。本章的具体内容安排如下:5.1 节介绍数据搜集、变量构造和模型方法的具体细节;5.2 节进行描述性统计分析、相关性分析和单因素分析;5.3 节以空气质量主观评价指标为核心解释变量,利用多因素线性回归模型,评价空气质量满意度对生命质量健康效用的影响;5.4 节以居民生命质量体验效用生活满意度为被解释变量,利用二项逻辑回归模型评价空气质量满意度对生命质量体验效用的影响,并进行模型评价分析;5.5 节通过替换因变量、增加控制变量和更换模型检验等方式,对影响效果的稳健性进行检验;5.6 节总结本章实证分析的主要结论。本章的研究揭示了空气污染对居民生命质量的负面影响,为空气污染治理提供了重要的理论支持。

5.1 数据与方法

5.1.1 数据来源与处理

本章利用中国健康与养老追踪调查(CHARLS 2018)项目数据库,选取空气质量主观评价及生命质量数据,其中空气污染感知水平数据以空气质量满意度得分作为替代数据,健康相关生命质量数据包括居民生命质量健康效用 EQ-5D 得分和生命质量体验效用居民生活满意度得分。此外,还包括个体特征、生活习惯和生活主观评价数据等其他数据,用于异质性分析。样本数据覆盖我国 28 个省级行政区(香港、澳门、台湾、西藏、宁夏和海南除外)中 150 个县级单位的 459 个村级单位。本书通过对样本异常值的清洗,最终选取了 16 736 位年龄在 45 岁及以上的中老年人作为研究对象。

5.1.2 实证分析变量选择

本章将生命质量健康效用 EQ-5D 得分和体验效用居民生活满意度得分分别作为被解释变量,空气质量满意度作为核心解释变量,居民个人特征和健康、婚姻和子女满意度等主观感受作为控制变量进行实证分析。

1. 被解释变量——生命质量健康效用

居民健康相关生命质量健康效用得分是用于评估中国中老年人群健康状况的指标，其来源于欧洲生命质量集团的三水平欧洲生命质量五维问卷（EQ-5D-3L）。该问卷涵盖了五个维度，包括活动能力（MO）、自我照顾（SC）、平常活动（UA）、疼痛/不适（PD）和焦虑/抑郁（AD）。通过对这些维度的评估，可以得到居民健康相关生命质量健康效用得分，从而对个体健康状况进行客观评价。每个维度描述健康的不同方面，都分为三个级别：没有问题、有些问题、有极端问题（取值为1~3）。按照惯例，EQ-5D-5L的健康状态是用5位数来表示的，其中的数字代表各维度的功能水平，按顺序排列为(MO、SC、UA、PD、AD）。例如，状态11223表示在行动和自理方面没有问题，在进行常规活动方面有一些问题，有中度疼痛或不适，有极度焦虑或抑郁。而状态11111表示在五个维度中没有任何问题，表示个体完全健康，其健康效用值为1[①]。

本章用健康效用得分（EQ-5D）来评估中老年人的健康状况。其中，针对中老年人的行动能力，选择了CHARLS问卷中的问题DB006："弯腰、屈膝或者下蹲，您有困难吗？"针对中老年人的自我照顾能力，选择了问题DB017："请问您是否因为健康和记忆的原因，做饭有困难？"针对中老年人的日常活动，选择了问题DB016："请问您是否因为健康和记忆的原因，做家务活的时候有困难？"针对中老年人的疼痛或不适，选择了问题DA041："您经常为身体疼痛而感到苦恼吗？"针对中老年人的情绪状态，选择了问题DC011："感到情绪低落的程度。"（吴婷婷等，2020）。这些问题被用来评估中老年人的健康状况，本书采用Liu等（2014）构建的中国居民健康相关生命质量效用值积分体系，计算了五个维度不全为1时的EQ-5D健康效用值，计算公式为：

$$U = 1 - (0.039 + 0.99 \times MO_2 + 0.105 \times SC_2 + 0.074 \times UA_2 + 0.092 \times PD_2 + 0.086 \times AD_2 + 0.246 \times MO_3 + 0.208 \times SC_3 + 0.193 \times UA_3 + 0.236 \times PD_3 + 0.205 \times AD_3) - 0.022 \times N_3 \quad (5.1)$$

式（5.1）中，U 代表生命质量的健康效用（EQ-5D）得分。健康效用值是一个衡量健康状况质量的指标，常用于评估人们在不同健康状况下的生命质量。该值为一个数字表示，反映了个人或群体在特定健康状态下的生命质量。通常情况下，健康效用值的范围在0（代表最差健康状态）至1（完全健康状态）之间。然而，在某些特殊情况下，健康效用值可能超出此范围，例如，在某些疾病或治疗过程中，由于化疗引发的严重恶心和呕吐，患者可能会被赋予负数的健康效用值，以表示其健康状况恶化。

在式（5.1）中，MO_2、SC_2、UA_2、PD_2 和 AD_2 分别表示行动能力、自我照顾、平常活动、疼痛/不适和焦虑/抑郁维度处于水平2时取值为1，其他情况下为0。类似的，MO_3、SC_3、UA_3、PD_3 和 AD_3 分别表示上述五个维度处于水平3时取值为1，其他情况

[①] EuroQol Research Foundation. EQ-5D-3L User Guide. 2018. [EB/OL]. [2023-02-28]. https://EuroQol.org/publications/user-guides.

下为 0。N_3 代表在五个维度中，只要有一个维度处于水平 3，该变量的取值为 1，否则为 0。例如，状态"33233"的 EQ-5D 得分是 1-（0.039+0.246+0.208+0.074+0.236+0.205）-0.022=-0.03。

综上所述，式（5.1）以一种定量的方式描述了健康效用值与五个健康相关维度之间的关系，这有助于更准确地评估和比较不同健康状况下的生活质量。通过明确地表达各个维度在不同水平下的取值，我们可以确保对于健康效用值的计算和解释更加透明、条理清晰和逻辑严密。

2. 被解释变量——生命质量体验效用

本章采用居民生活满意度得分作为居民的生命质量体验效用替代指标，来检验空气污染对生命质量体验效用的影响。具体而言，针对生命质量体验效用，选取 CHARLS 问卷问题 DC028："总体来看，您对自己的生活是否感到满意？是极其满意，非常满意，比较满意，不太满意还是一点也不满意？"作为中老年人生活满意度的考量。

生命质量体验效用生活满意度得分是一个定序分类变量（取值为 1~5），其中 1=极其满意，2=非常满意，3=比较满意，4=不太满意，5=一点也不满意。本书所纳入的 16 736 个受访居民的生活满意度中极其满意、非常满意和比较满意的占比为 88.69%。由此可见，我国居民整体生活满意度较高。由于本书采用的是离散因变量二项逻辑回归模型，被解释变量用 0 和 1 表示。在建模时，将"极其满意、非常满意和比较满意"合并为 1，将"不太满意、一点也不满意"合并为 0。

3. 核心解释变量——空气污染的感知水平

本节将居民对 2018 年空气质量的主观评价——空气质量满意度，作为影响居民生命质量的核心变量，以此考量空气质量的感知水平。空气质量的主观评价问题表述为"您对今年的空气质量是否感到满意？是极其满意，非常满意，比较满意，不太满意还是一点也不满意？"空气质量满意度得分（取值为 1~5），其中 1=极其满意，2=非常满意，3=比较满意，4=不太满意，5=一点也不满意。本书仅使用一个空气质量满意度来衡量空气质量的感知水平，是基于以下考虑：首先是数据的可获得性，不同地区的空气质量数据不同，由于部分受访者居住地为偏远农村地区，而农村地区很难获得精确的空气质量感知水平数据；其次我们发现，客观观测的实际空气质量水平与空气质量感知水平之间的相关性非常高，在 Liao 等（2014）的研究中，空气质量感知水平与空气污染物 NO_2、SO_2、$PM_{2.5}$ 等的浓度之间存在很大的相关性。Shi 等（2022）同样发现，客观空气质量指数与主观空气质量感知之间存在高度相关性。所以本书用空气质量满意度得分来表示空气质量感知水平并作为核心解释变量，来分析空气污染与生命质量的相关性。

空气质量满意度与生命质量健康效用 EQ-5D 和体验效用生活满意度离散分布情况如图 5.1 所示，反映出空气质量满意度分别与健康效用 EQ-5D 值和生活满意度得分的综合分布基本服从正态分布特征。图中的点是二维离群/异常点，指的是空气质量满意度与健康效用值或空气质量满意度与生活满意度的综合异常值。图 5.1（a）中离群点集中在健康效用 EQ-5D 值的较小一侧，表明空气质量满意度与健康效用值的综合分布呈轻微左偏态；图 5.1（b）仅有几个离群点，说明空气质量满意度与生活满意度的综合分布服从标准正态分布，几乎没有尾部，自由度大。由于本书中的离群/异常值不改变回归结果，只是作为合理的数据观察，故在构建模型进行回归时没有删除离群/异常值。

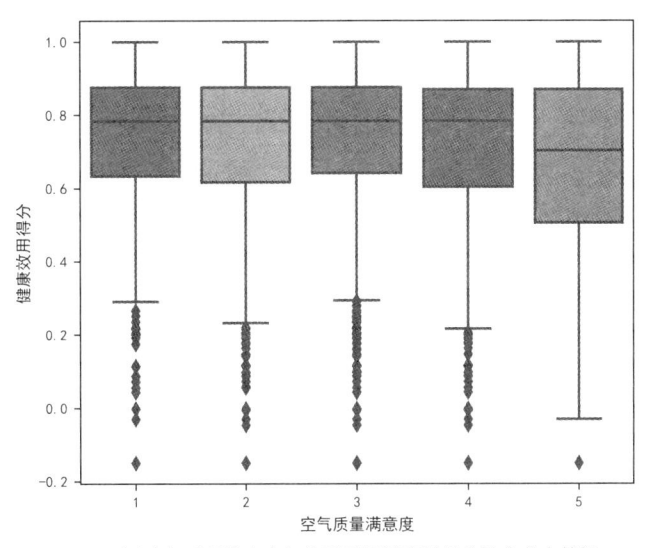

(a) 空气质量满意度与生活质量健康效用的综合分布特征

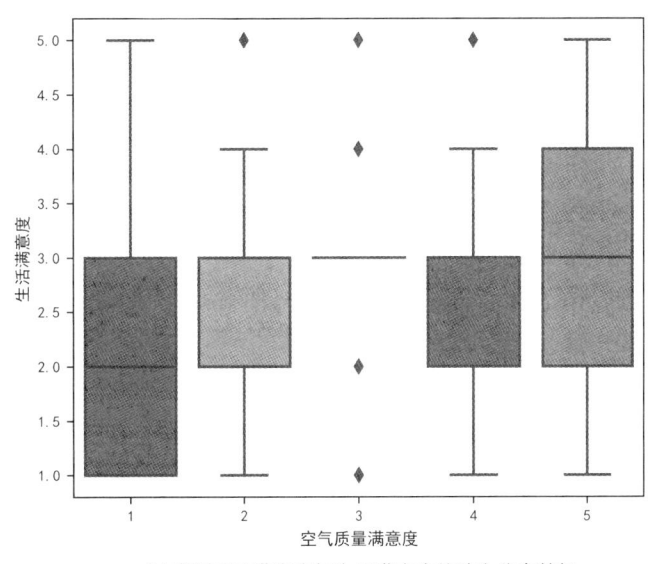

(b) 空气质量满意度与生活满意度的综合分布特征

图 5.1 空气质量满意度和生命质量效用数据分布情况

4. 控制变量构造

为了尽可能消除因遗漏变量而导致的估计误差，引入可能影响居民生命质量健康效用的其他个体特征作为控制变量，以控制个体特征和生活方式对居民生命质量健康效用的影响。这些控制变量包括性别、年龄、居住地、个人年收入（Income）抽烟情况、饮酒情况、睡眠情况、婚姻状况和教育背景。以生命质量体验效用生活满意度作为被解释变量进行逻辑回归分析时，除以上控制变量以外，增加了健康满意度、婚姻满意度和子女满意度三个满意度指标作为补充控制变量，以控制居民主观评价指标对居民生活满意度的影响。变量的具体赋值如表5.1所示。在教育背景方面，得分从1到11，其中1=没有受过正规教育（文盲），2=没有完成小学，3=私塾/家庭学校，4=小学，5=初中，6=高中，7=职业学校，8=二/三年制大学/副学位，9=四年制大学/学士学位，10=硕士学位，11=博士学位/博士。由于教育背景对模型中被解释变量的回归系数大小没有明显影响，所以教育背景（X_5）作为一个反映文化程度的控制变量值取为0或1进行建模，会使得问题描述更加简洁。因此，将其作为反映教育水平的虚拟变量进行建模。抽烟状况方面，根据居民自报吸烟情况，将从不吸烟设置为0，曾经吸烟和目前吸烟（过去12个月内）合并为抽烟取值为1。饮酒状况方面，根据居民自报饮酒情况，将从不饮酒设置为0，曾经饮酒和目前饮酒合并为饮酒取值为1。将居民所在地区为农村设为1，居住地为城或镇中心区、城乡或镇乡结合区和特殊区域设为其他取值为0。年龄和个人年收入变量，考虑到数据的实际意义，采用原始数据参与建模回归。

居民生活感知水平方面选取CHARLS问卷中DC042_W3作为健康满意度感知水平，问题描述为："您对您的健康满意吗？是极其满意，非常满意，比较满意，不太满意还是一点也不满意？"选取DC043_W3作为婚姻满意度水平，问题描述为："您对您的婚姻满意吗？也就是说您对您和您配偶的关系满意吗？是极其满意，非常满意，比较满意，不太满意还是一点也不满意？"选取DC044_W3作为子女满意度水平，问题描述为："您对您和您子女的关系满意吗？是极其满意，非常满意，比较满意，不太满意还是一点也不满意？"生活感知水平是一个定序分类变量（取值均为1~5），其中1=极其满意，2=非常满意，3=比较满意，4=不太满意，5=一点也不满意。

表5.1 虚拟变量赋值

变量	变量设置意义
性别 Sex（X_2）	男性=0；女性=1
地区 Areas（X_4）	其他=0；农村=1
教育背景 Education（X_5）	小学或以下=0；中学或以上=1
婚姻状况 Marriage（X_6）	丧偶或离婚/分居/未婚=0；已婚=1
抽烟状况 Smoking（X_7）	不抽烟=0；抽烟=1
饮酒状况 Drinking（X_8）	不饮酒=0；饮酒=1

续表

变量	变量设置意义
睡眠状况（h） Sleeping（X_9）	正常（<5 h 或 >9 h）=0；不正常（[5 h，9 h]）=1
健康满意度 health（X_{11}）	1=极其满意，2=非常满意，3=有点满意，4=不太满意，5=一点也不满意
婚姻满意度 marriage（X_{12}）	1=极其满意，2=非常满意，3=有点满意，4=不太满意，5=一点也不满意
子女满意度 children（X_{13}）	1=极其满意，2=非常满意，3=有点满意，4=不太满意，5=
	一点也不满意

中国中老年居民生活诸多主观感知指标的频数如图5.2所示，从图中可以看出，居民的主观感受基本服从正态分布。

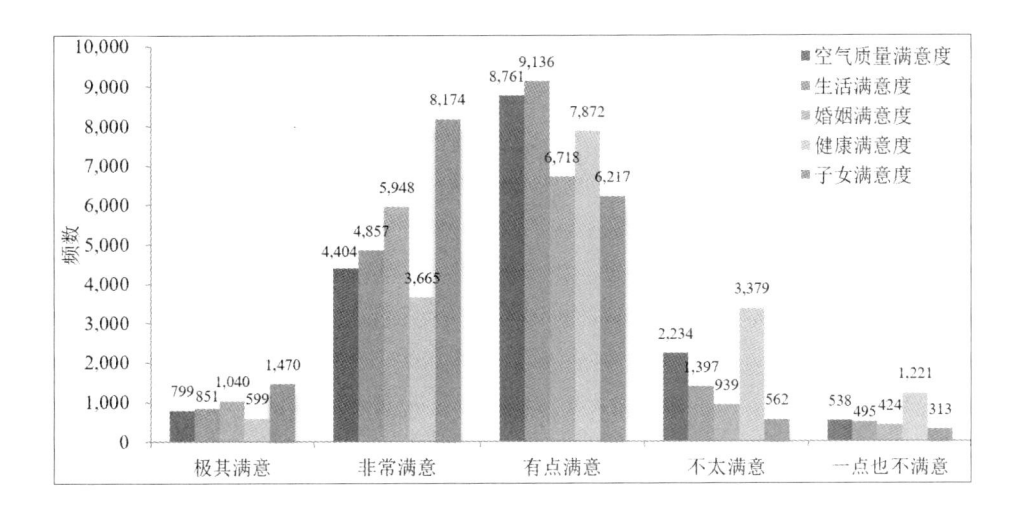

注：数据来源于中国健康与养老追踪调查（CHARLS 2018）项目数据库。

图 5.2 中国中老年居民的满意度指标的分布情况

5. 变量相关性检验和多重共线性检验

为保证控制变量选择的科学性、样本的精度和模型的正确，在进行单因素影响分析和构建模型分析之前，先对生命质量相关影响因素进行斯皮尔曼 Spearman 相关系数检验。Spearman 相关检验如图 5.3 所示，在 5% 的显著性水平上，各控制变量都与生命质量健康效用 EQ-5D 得分显著相关；在 5% 的显著性水平上，仅抽烟状况对生命质量体验效用生活满意度得分没有显著相关关系。而各控制变量之间的正相关关系均未超过 0.46，负相关关系均未强于 0.48，表明各控制变量之间不存在显著的多重共线性问题。

此外，对比图 5.3 的 Spearman 系数与 5.1.3 节 Pearson 系数的结果可知，两种相关性检验的整体分布规律类似，即变量之间的 Spearman 系数较高时，对应的 Pearson 系数也较高，二者有较多相似之处。结合本章研究数据的特征属性，本书的 Spearman 相关系数结果仅作为参考，最终以 Pearson 相关关系来衡量各控制变量与生命质量健康效用和体验效用的相关性程度。

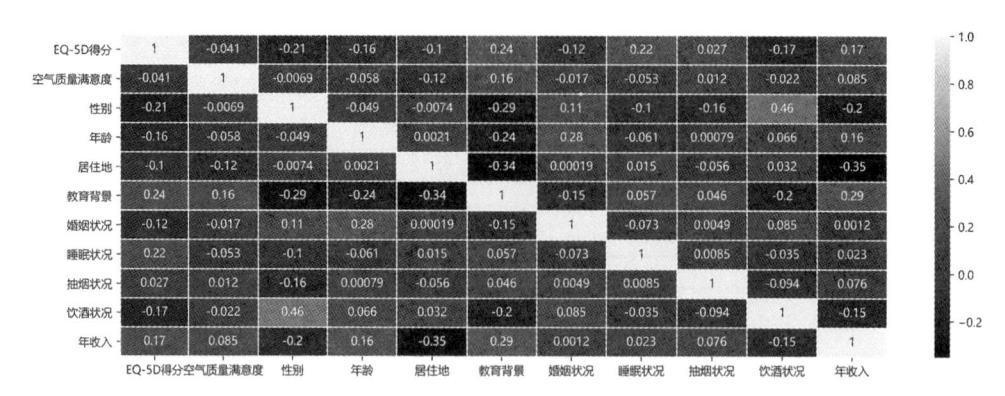

（a）生命质量健康效用 EQ-5D 得分各影响因素的 Spearman 相关系数

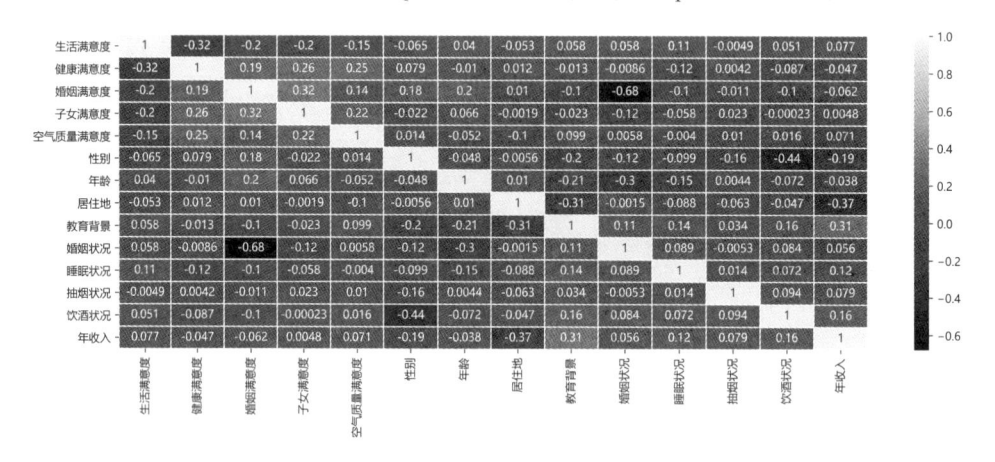

（b）生命质量体验效用生活满意度各影响因素的 Spearman 相关系数

图 5.3　生命质量各影响因素的 Spearman 相关系数热图

进一步，为避免解释变量之间可能存在的多重共线性，建立模型之前，本书用方差膨胀因子法检验变量间可能存在的共线性。方差膨胀因子（VIF）方法是用来检测多重共线性的常用方法。通过计算每个自变量在线性回归模型中的方差膨胀因子，可以评估变量间是否存在多重共线性。在进行多元线性回归时，每个自变量的 VIF 值表示了该自变量与其他自变量的线性相关性程度，VIF 值越大表示与其他自变量的相关性越强，可能存在多重共线性问题。方差膨胀因子的计算公式为：

$$VIF = \frac{1}{1-R_i^2} \tag{5.2}$$

其中 R_i^2 是将解释变量 X_i（$i=1$，2，$\cdots$，13）作为因变量，除 X_i 外，剩余的其他解释变量作为特征变量进行多元线性回归时的决定系数。即模型精度可决系数 R^2，用来衡量变量 X_i 与剩余的其他解释变量的相关性，或确定哪个解释变量对其余解释变量的解释性高。R_i^2 的取值越大，对应的方差膨胀系数 VIF 的值就越大，即表示解释变量 X_i 已经同时解释了另外的某个或多个其他解释变量，表示解释变量 X_i 与其他解释变量之间的多重共线性较严重。经验判断方法表明，一般来说，当一个自变量的 VIF 值在 0 到 10 之间时，可以认为其与其他自变量之间的多重共线性不明显或不存在多重共线性；当 VIF 值在 10 到 100 之间时，表示变量之间存在较强的多重共线性；而当 VIF 值大于等于 100 时，则表示变量之间存在严重的多重共线性。因此，在进行回归分析时，应根据 VIF 值来判断是否需要对解释变量进行处理，以避免多重共线性带来的影响。需要注意的是，经验判断方法虽然简单易行，但不具备严格的统计学依据，因此在实际应用中，还需要结合其他方法来对多重共线性问题进行进一步的分析和处理。

5.1.3　分析方法

1. 多因素线性回归分析模型

本书以欧洲五维健康量表 EQ-5D 得分作为居民健康相关生命质量健康效用的替代指标，利用多因素线性回归模型（Multiple linear regression，MLR），实证验证空气污染对居民生命质量的影响。多因素线性回归分析模型的设定如式（5.3）所示：

$$QOL_i = \beta_0 + \alpha AQS_i + \beta_i Control_i \tag{5.3}$$

其中，QOL_i 表示第 i 个受访者个体的关于生命质量的五维健康量表 EQ-5D 得分，反映居民生命质量健康效用的效用水平；模型的核心解释变量为空气质量满意度（AQS），控制变量 $Control_i$ 包括与居民生命质量相关的变量：年龄、居住地、性别、婚姻状况、饮酒状况、抽烟状况、睡眠状况、教育背景和个人年收入。

2. Logistic 回归分析模型

生命质量效用的另外一个衡量指标是体验效用，体验效用也是主观体验效用。为了从客观和主观两方面全面考察空气污染对生命质量的影响，本书以生命质量的体验效用得分—生活满意度得分作为被解释变量，采用二项逻辑回归模型（Logistic regression model）对生命质量体验效用生活满意度得分展开实证分析。若将生活满意的概率设定为 P，则生活不满意的概率为（$1-P$），$P \in (0, 1)$。以 P 的逻辑变换为因变量，运用直接 Logistic 回归系数，按照 Logistic 回归公式构建 Logistic 回归模型，实证检验空气污染对生命质量体验效用的影响。

二项逻辑回归模型的设定如式（5.4）所示：

$$\begin{cases} ln(\frac{P_i}{1-P_i})=z_i = \beta_0 + \alpha_i * AQS_i + \beta_i * Control_i \\ g(z) = \dfrac{1}{1+e^{-z}} \\ P(Y=1|X) = g(z) \\ P(Y=0|X) = 1-g(z) \end{cases} \quad (5.4)$$

其中，P_i 为第 i 个受访者个体的生命质量体验效用，反映居民的生活满意的概率，生活不满意的概率为（$1-P_i$），$P_i \in$（0，1）。odds=$\dfrac{P}{1-P}$ 表示事件发生概率与事件不发生概率的比率，本书指的是生活满意的概率与生活不满意的概率的比率。$P(Y=1|X)$ 是给定自变量 X 的条件下，因变量 Y 等于 1 的概率。$P(Y=0|X)$ 表示给定自变量 X 的条件下，因变量 Y 等于 0 的概率。β_i 是回归系数，表示自变量对于 log-odds 的影响。$g(z)$ 是逻辑函数，用于计算给定自变量 X 的条件下，因变量 Y 等于 1 的概率。通过最大化似然函数来找到回归系数的最佳估计值。这里被解释变量为居民生活满意度，核心解释变量为空气质量满意度（AQS），控制变量包括与生命质量相关的变量：健康满意度、婚姻满意度、子女满意度、年龄、居住地、性别、婚姻状况、饮酒状况、抽烟状况、睡眠状况、教育背景和个人年收入。

5.2 空气污染对居民生命质量影响的因素分析

5.2.1 居民生命质量的描述性统计分析

文献梳理发现：居民生命质量受到个体特征、个人生活感知水平、收入水平和日常行为方式等众多因素影响。本书将居民生命质量效用得分作为被解释变量，解释变量包括空气质量满意度、健康满意度、婚姻满意度、子女满意度、年龄、性别、婚姻状况、饮酒状况、抽烟状况、睡眠状况、教育背景和个人年收入。

从全样本的描述性统计表 5.2 可以看出，居民的社会人口学特征个体差异较大，居民生命质量健康效用 EQ-5D 得分的均值为（0.741 7 ± 0.226 2）分，最小值为-0.149 0，最大值为 1。从健康效用得分标准差可以看出，居民生命质量健康效用水平总体波动不大。居民生命质量体验效用生活满意度的均值为（2.751 9 ± 0.796 3）分，从体验效用得分标准差可以看出，居民生活满意度水平总体波动不大，89%的居民对生活满意。说明受访中国中老年居民总体生命质量状况较好。受访者对空气质量的满意度得分均值为（2.840 5 ± 0.830 9）分，799 名居民对当年空气质量极其满意，4 404 名受访者非常满意，8 761 名居民对当年空气质量比较满意，也即空气质量满意的比重为 83%。

表 5.2　全变量描述性统计结果

变量	最小值	最大值	均值	标准差
EQ-5D 效用值（Y_1）	−0.15	1	0.74	0.23
生活满意度得分（Y_2）	1	5	2.75	0.80
空气质量满意度（X_1）	1	5	2.84	0.83
性别（X_2）	0	1	0.48	0.50
年龄 Age（X_3）（年）	45	108	61.64	9.43
地区（X_4）	0	1	0.74	0.44
教育背景（X_5）	1	11	3.52	1.91
婚姻状况（X_6）	1	5	1.40	1.01
抽烟状况（X_7）	0	1	0.04	0.19
饮酒状况（X_8）	0	1	0.35	0.48
睡眠状况（X_9）（h）	0	15	6.20	1.94
年收入 Income（X_{10}）（万元）	0	60.06	1.67	1.18
健康满意度（X_{11}）	1	5	3.06	0.92
婚姻满意度（X_{12}）	1	6	2.93	1.29
子女满意度（X_{13}）	1	6	2.42	0.81

按照我国法定退休年龄，有 7 925 名受访者年龄在 45 岁～60 岁，说明 16 736 个样本中，一多半是在岗或者具有劳动能力的中老年人。从受访者的性别来看，男（52%）女（48%）比例较为均衡；可能由于 CHARLS 问卷搜集比较偏重农村地区，有 12 529 名受访者居住在农村，数据的城乡分布差异较大；从受访者的年收入水平来看，有 4 976 名受访者的年收入为 0 元，有 7 145 名受访者的年收入少于 1 000 元，年收入最高为 60.06 万元，样本均值为 1.673 6 万元，标准差为 1.179 4 万元，表明受访者收入水平差距很大；受访者教育背景均值为（0.354 6±0.478 4），初中文化程度及以下的受访者人数为 14 580（87%），说明受访样本中的中老年群体整体受教育水平不高。睡眠状况异常者（少于 5 h 或多于 9 h）占 27%，说明将近三分之一的受访中老年居民存在睡眠问题；抽烟、饮酒人数分别为 5 818 人和 654 人，说明绝大多数受访者的日常生活方式比较健康。其他主观感知水平中健康满意度均值为（3.057 2±0.923 4），婚姻满意度均值为（2.925 9±1.285 5），子女满意度均值为（2.415 5±0.806 0），表明我国中老年居民健康、婚姻、子女满意度水平总体较高。

5.2.2　居民生命质量的单因素分析

为保证样本的精度和模型的正确，在建模分析前，先对生命质量的影响因素进行了

T检验和皮尔逊Pearson相关系数检验。生命质量的单因素分析结果如表5.3所示，两项单因素检验在5%的显著性水平上都显著地因素纳入回归模型。结果显示，空气质量满意度、性别、年龄（年）、受教育背景、婚姻状况、饮酒情况、睡眠情况和个人年收入是健康效用值（EQ-5D）的显著影响因素（$p<5\%$）；居住地与健康效用值在T检验时无差异（$p>5\%$），故居住地不纳入线性回归模型。

表5.3第四列和第五列是生活满意度与13个影响因素的T检验和皮尔逊相关分析结果。相关分析结果显示，空气质量满意度与生活满意度在0.1%的显著性水平上是相关的。性别、年龄（年）、居住地、受教育背景、婚姻状况、饮酒情况、睡眠情况、个人年收入、健康满意度、婚姻满意度和子女满意度是体验效用值—生活满意度的影响因素（$p<5\%$）；抽烟状况在皮尔逊相关性检验下不显著（$p>5\%$），抽烟状况不纳入逻辑回归模型。这与（Wang, et al., 2013）的研究结果不一致。

表5.3 影响因素的T检验和皮尔逊相关分析

变量 解释变量	被解释变量：EQ-5D得分 T检验$t(p)$	皮尔逊相关性$r(p)$	被解释变量：生活满意度 T检验$t(p)$	皮尔逊相关性$r(p)$
空气质量满意度（X_1）	-315.1006^{***} （0.0）	-0.0650^{***} （3.99×10^{-17}）	-284.03^{***} （0.0）	-0.1550^{***} （1.87×10^{-90}）
性别（X_2）	52.3665^{***} （0.0）	-0.079^{***} （1.37×10^{-130}）	80.3145^{***} （0.0）	-0.0648^{***} （4.57×10^{-17}）
年龄（年）（X_3）	-835.15^{***} （0.0）	-0.1884^{***} （1.35×10^{-133}）	-832.93^{***} （0.0）	0.04^{***} （2.34×10^{-7}）
地区（X_4）	-0.2745 （0.7837）	-0.1036^{***} （3.76×10^{-41}）	34.556^{***} （1.041×10^{-256}）	-0.053^{***} （7.10×10^{-12}）
教育背景（X_5）	94.6474^{***} （0.0）	0.2339^{***} （7.76×10^{-207}）	120.05^{***} （0.0）	0.0579^{***} （6.45×10^{-14}）
婚姻状况（X_6）	-39.6189^{***} （0.0）	-0.1280^{***} （4.21×10^{-62}）	5.625^{***} 1.87×10^{-8}	0.058^{***} （4.67×10^{-14}）
抽烟状况（X_7）	305.164^{***} （0.0）	0.0224^{**} （0.0037）	295.453^{***} （0.0）	-0.0049 （0.5234）
饮酒状况（X_8）	96.6989^{***} （0.0）	0.1696^{***} （3.09×10^{-108}）	121.996^{***} （0.0）	0.0514^{***} （2.86×10^{-11}）
睡眠状况（X_9）	-6.6781^{***} （2.46×10^{-11}）	0.2447^{***} （1.02×10^{-226}）	29.4886^{***} （1.63×10^{-188}）	0.1067^{***} （1.45×10^{-43}）
个人年收入（X_{10}）	-68.3889^{***} （0.0）	0.1773^{***} （3.16×10^{-118}）	-68.388^{***} （0.0）	0.0775^{***} （1.01×10^{-23}）

续表

变量	被解释变量：EQ-5D 得分		被解释变量：生活满意度	
解释变量	T 检验 $t(p)$	皮尔逊相关性 $r(p)$	T 检验 $t(p)$	皮尔逊相关性 $r(p)$
健康满意度（X_{11}）	—	—	-287.616*** (0.0)	-0.323*** (0.0)
婚姻满意度（X_{12}）	—	—	-199.2390*** (0.0)	-0.20*** (2.09×10^{-151})
子女满意度（X_{13}）	—	—	-228.3616*** (0.0)	-0.199*** (2.52×10^{-148})

注：括号内为 p 值，*表示 $p<5\%$，**表示 $p<1\%$，***表示 $p<0.1\%$。"—"表示被解释变量为健康效用 EQ-5D 得分时，没有引入健康、婚姻和子女满意度这三项生活感知水平。

在进行空气污染对生命质量的影响分析之前，先对解释变量和控制变量进行多重共线性检验，结果如表 5.4 所示。结果显示，生命质量健康效用和体验效用相关的解释变量之间的方差膨胀因子值 VIF 取值均在[1.02，1.45]之间，表明各解释变量之间不存在多重共线性。

表 5.4　各解释变量的方差膨胀因子 VIF 值

变量	健康效用 VIF	体验效用 VIF
空气质量满意度（X_1）	1.033 8	1.129 8
性别（X_2）	1.451 8	1.396 5
年龄 Age（X_3）	1.194 5	1.190 4
地区（X_4）	1.275 5	1.251 1
教育背景（X_5）	1.467 2	1.278 3
婚姻状况（X_6）	1.131 0	2.052 4
抽烟状况（X_7）	1.031 1	1.033 0
饮酒状况（X_8）	1.296 5	1.277 3
睡眠状况（X_9）(h)	1.022 1	1.066 0
年收入 Income（X_{10}）	1.307 1	1.263 1
健康满意度（X_{11}）	—	1.172 1
婚姻满意度（X_{12}）	—	2.228 7
子女满意度（X_{13}）	—	1.217 4

注："—"表示构建健康效用的多因素线性回归模型时没有加入此变量作为控制变量。

5.3 空气污染对生命质量健康效用的影响分析

将单因素分析显著的变量如空气质量满意度、性别、年龄（年）、受教育背景、婚姻状况、饮酒情况、睡眠情况和个人年收入作为解释变量，将生命质量健康效用值（EQ-5D）作为因变量，构建多因素线性回归模型，检验空气质量满意度对居民生命质量健康效用的影响，回归结果如表 5.5 所示。

表 5.5 健康效用值影响因素的多元线性回归分析

解释变量	健康效用 EQ-5D 得分		
	模型 1	模型 2	模型 3
空气质量满意度（X_1）	-0.0177^{***}（0.002）	-0.0235^{***}（0.002）	-0.0235^{***}（0.002）
性别（X_2）	—	-0.0464^{***}（0.004）	-0.0472^{***}（0.004）
年龄（年）（X_3）	—	-0.0032^{***}（0.000）	-0.0032^{***}（0.000）
教育背景（X_5）	—	0.0403^{***}（0.004）	0.0402^{***}（0.004）
婚姻状况（X_6）	—	0.0262^{***}（0.006）	0.0260^{***}（0.006）
抽烟状况（X_7）	—	—	-0.0139（0.008）
饮酒状况（X_8）	—	0.0330^{***}（0.004）	0.0332^{***}（0.004）
睡眠状况（X_9）	—	0.0978^{***}（0.004）	0.0977^{***}（0.004）
年收入（X_{10}）	—	$9.876 \times 10^{-7***}$（9.85×10^{-8}）	$9.94 \times 10^{-7***}$（9.88×10^{-8}）
截距	0.7919^{***}（0.006）	0.8932^{***}（0.017）	0.8944^{***}（0.017）
dj. R^2	0.004	0.145	0.145
AIC	-2 321	-4 862	-4 863
BIC	-2 305	-4 793	-4 786

注：样本量 $n=16,736$。括号内为 p 值，*表示 $p<5\%$，**表示 $p<1\%$，***表示 $p<1‰$。
"—"表示构建模型时不显著，剔除了这几个控制变量。

其中模型 1 是没有引入控制变量的估计结果，模型 2 和模型 3 是引入控制变量并修正异方差后的估计结果。多因素线性回归模型显示，在显著性水平 1‰下，空气质量满意度对居民生命质量健康效用 EQ-5D 得分的影响显著，从模型 2 来看，平均而言，当其他指标都相同的条件下，空气质量满意度得分每上升一个等级（等级越大，空气质量满意度越低），居民生命质量健康效用值就会下降 2.35 个百分点。这表明较差的空气质量满意度会降低居民生命质量的健康效用水平，空气质量满意度与居民生命质量之间是显著的正相关关系。

其他解释变量的回归结果也有一定启示：性别的回归系数在估计中显著为负，说明女性受访者的生命质量健康效用得分显著低于男性，生命质量健康效用得分的波动比男性更大一些，这可能是由于中国女性大多承担着工作与家庭生活的双重压力，并且缺乏放松身心的途径与环境；年龄与生命质量健康效用值之间存在显著的负相关关系，随着年龄的增长，健康效用值降低；受教育背景的回归系数的估计值显著为正，说明在中国通过教育可以提升居民的能力、认知水平和心理韧度等，并带来物质生活水平的提高，从而间接提升了生命质量。婚姻因素在1‰的水平下显著，说明不同婚姻状况群体之间的生命质量存在显著差异，从婚姻状况变量可知，已婚群体的生命质量健康效用较高，而离婚、丧偶或者单身的群体健康效用较低，可能是因为在婚的居民家庭支持方面获得更多的效用。

5.4 空气污染对生命质量体验效用的影响分析

5.4.1 生命质量体验效用实证检验

以单因素分析显著的影响因素如空气质量满意度、性别、年龄（年）、居住地、受教育背景、婚姻状况、饮酒情况、睡眠情况、个人年收入、健康满意度、婚姻满意度和子女满意度作为解释变量，将生命质量体验效用值—生活满意度得分作为因变量，构建多因素二项逻辑回归模型。

回归结果如表5.6所示，其中模型3是没有引入控制变量的估计结果，模型4到模型6是引入控制变量并利用向后剔除法逐步剔除不显著因素后的估计结果。$Exp(\beta)$ 表示第 i 个解释变量增加一单位导致生活满意的概率与生活不满意的概率的比率（$odds$）发生变动倍数的估计值，反映各个解释变量对被解释变量影响作用的大小。$Exp(\beta)$ 值代表自变量分类等级越低，该居民生活满意的可能性就越大。

表5.6 体验效用生活满意度影响因素的二项逻辑回归分析

解释变量	生活满意度				
	模型3	模型4	模型4 $Exp(\beta)$	模型5	模型6
空气质量满意度 (X_1)	0.6568*** (0.008 4)	−0.3250*** (0.034 3)	0.722 5	−0.3258*** (0.034 3)	−0.3259*** (0.034 3)
性别 (X_2)	—	—	—	0.0485 (0.059 3)	0.0585 (0.064 4)
年龄（年）(X_3)	—	0.0301*** (0.003 2)	1.030 55	0.0304*** (0.003 2)	0.0305*** (0.003 2)
地区 (X_4)	—	−0.1635* (0.074 0)	0.849 2	−0.1563* (0.074 5)	−0.1562* (0.074 5)
教育背景 (X_5)	—	0.1958** (0.065 1)	1.216 3	0.2050** (0.066 0)	0.2043** (0.066 1)

续表

婚姻状况（X_6）	—	−0.8260*** （0.1159）	0.4378	−0.8311*** （0.1162）	−0.8317*** （0.1162）
饮酒状况（X_8）	—	—	—	—	0.0267 （0.0667）
睡眠状况（X_9）	—	0.3691*** （0.0604）	1.4464	0.3729*** （0.0605）	0.3729*** （0.0605）
个人年收入（X_{10}）	—	0.0000*** （0.0000）	1.0000	0.0000*** （0.0000）	0.0000*** （0.0000）
健康满意度（X_{11}）	—	−0.9954*** （0.0330）	0.3696	−0.9972*** （0.0331）	−0.9962*** （0.0332）
婚姻满意度（X_{12}）	—	−0.4975*** （0.0328）	0.6080	−0.5019*** （0.0333）	−0.5021*** （0.0333）
子女满意度（X_{13}）	—	−0.3426*** （0.0326）	0.7099	−0.3392*** （0.0329）	−0.3392*** （0.0329）
截距	—	7.5124*** （0.3326）	—	7.4694*** （0.3366）	7.4480*** （0.3407）
伪 R^2	−0.131	0.226	—	0.226	0.226
AIC	13 357.42	9 168.41	—	9 169.75	9 171.59
BIC	13 365.14	9 253.39	—	9 262.93	9 272.01

注：样本量 $n=16,736$。括号内为 p 值，*表示 $p<5\%$，**表示 $p<1\%$，***表示 $p<1‰$。"—"表示没有相关数据或者构建模型时不显著，剔除了这几个控制变量。

5.4.2 生命质量体验效用实证结果分析

在 0.1%显著性水平下，空气质量满意度的回归系数估计值为负，同时 P 值小于 0.1%，表明空气质量满意度与生活满意度之间存在着显著的正相关关系。此外，在模型 4 中，空气质量满意度的 $Exp（β）$ 值为 0.7225，这意味着在其他指标保持不变的情况下，每当空气质量满意度得分增加一个等级（等级越高，空气质量满意度越差），生活不满意的概率与生活满意的概率的比率将会减少为原来的 0.7225 倍。这表明较差的空气质量满意度会降低居民生活满意度，也就是说，空气质量满意度与居民生命质量的体验效用水平是显著的正相关关系。这与（Liao, et al., 2014）研究结果一致，即空气质量的客观测量将间接影响居民的生活满意度。控制变量年龄的逻辑回归系数估计值显著为正，根据中国的实际情况，规定 45～59 岁为初老期，60～79 岁为老年期，80岁以上为长寿期。受访者在初老期生命满意度较低，这与他们处于特定年龄阶段，需要面对较大的工作、买房、子女抚养等一生中最大的压力与责任的事实是相吻合的。

居住地的回归系数在估计中显著为负（$p<5\%$），说明农村受访者的生活满意的可能性比非农村更大一些。受教育程度越高，睡眠状况越好的中老年居民的生活满意的概率越大。居民的性别、饮酒和抽烟状况的逻辑回归系数在估计中不显著。健康满意度、婚姻满意度和子女满意度的回归系数均显著为负（$p<0.1\%$），且 $Exp(\beta)$ 值分别为 0.369 6、0.608 0、0.709 9，说明主观感知因素分类等级越高，该居民生活满意的边际影响越呈现出可观的正向效应。即健康满意度、婚姻满意度和子女满意度与生活满意度之间表现为显著正相关关系。

根据模型 4 的 $Exp(\beta)$ 值的大小，最终进入逻辑回归方程的各变量对生活满意度的影响作用从大到小依从为：睡眠状况、教育背景、年龄、个人年收入、居住地、空气质量满意度、子女满意度、婚姻满意度、婚姻状况、健康满意度。若将生活满意的概率设定为 p、生活不满意的概率为 $(1-p)$，$p\in(0,1)$，并以 p 的逻辑变换为因变量，运用直接逻辑回归系数，按照逻辑回归公式构建逻辑回归模型：

$$\log(p) = 7.5124 - 0.3250\times X_1 + 0.0301\times X_3 - 0.1635\times X_4 + 0.1958\times X_5 \\ -0.8260\times X_6 + 0.3691\times X_9 - 0.9954\times X_{11} - 0.4975\times X_{12} - 0.3426\times X_{13}$$

（5.5）

5.4.3 体验效用实证分析模型评价

为了评估逻辑回归模型的准确度，将全部 16 736 个样本划分为训练集和测试集，其中训练集包含 11 715 个样本，测试集包含 5 021 个样本，并进行逻辑回归分析评价。在分类截断取值为 0.50 的情况下，回归方程的总体预测拟合精度为 0.89，即在所有样本中，有 14 895 个样本被正确分类为生活满意或不满意。这表明该逻辑回归模型的分类预测准确率较高。同时画出逻辑回归模型接受者操作特性曲线（ROC）如图 5.4 所示，图中虚线（TPR=FPR）对应着随机猜想模型，红色虚线左上方的点（TPR>FPR）表示判断大多是正确的。

从图 5.4 的接受者操作特性曲线（ROC）可以看出，ROC 曲线所覆盖的区域面积，曲线下面积（AUC）值为 0.83，因其值越大代表逻辑回归分析效果更好，说明该模型的预测效果良好。模型预测结果显示，预测为正例的样本中真正正例的比例为 0.90，预测为负例的样本中真正负例的比例为 0.63。同时，真正为正例的样本有多少被预测出来的召回率为 0.99，真正为负例的样本有多少被预测出来的召回率为 0.17。综合来看，该模型的总体判别准确率为 88.99%，说明该模型在预测上表现较好。

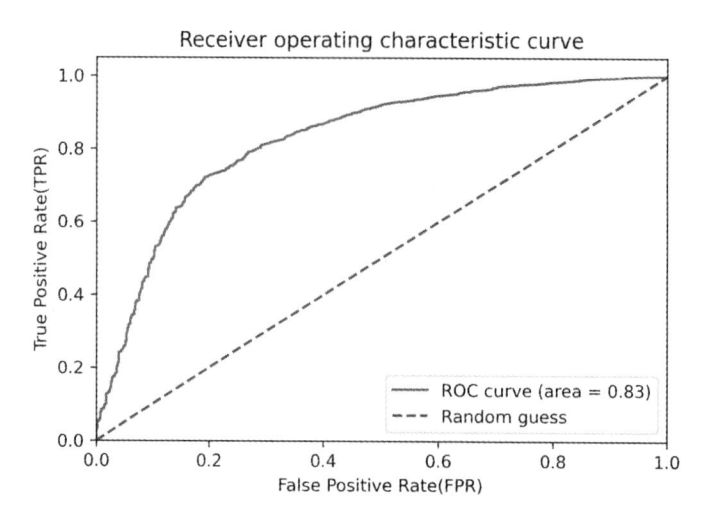

图 5.4　逻辑回归模型的 ROC 曲线

5.5　实证结果的稳健性检验

回归结果在如下稳健性检验中依然是稳健的：

（1）替换因变量。本章 5.4 节采用生命质量的"体验效用"生活满意度替代健康效用 EQ-5D 得分进行回归分析，替换后解释变量空气质量满意度仍在 1%显著水平上为正，空气质量满意度越好，生活满意的可能性越大，与 5.3 节的研究结果一致。说明空气质量主观评价确实与居民生命质量呈正相关关系，空气质量改善有助于提升居民生命质量，其他解释变量及其相关变量与生命质量呈显著关联。

（2）增加控制变量。考虑到生命质量体验效用生活满意度指标是主观感知数据，受居民认知水平等方面的影响，故本章 5.4 节增加了健康满意度、婚姻满意度和子女满意度等变量作为控制变量。在增加了控制变量后，逻辑回归分析同样显示空气质量满意度的估计系数显著为正，主观感知类控制变量的回归系数估计值均显著，结论仍然是空气质量满意度越高，居民生命质量越好。

（3）更换模型检验。本章 5.3 节中，空气质量满意度与健康效用值（EQ-5D）的相关关系分析建立了多因素线性回归模型。5.4 节采用二项逻辑回归模型检验空气质量满意度与生活满意度之间的关系，空气质量满意度在 1%的显著水平下对居民生活满意度的正向影响通过了显著性检验，这与 5.3 节的多元线性回归模型的统计结果一致。空气质量满意度越差，居民生活满意度越低，生命质量越差，回归结果依然是稳健的。

5.6　本章小结

本章采用 2018 年中国健康与养老追踪调查（CHARLS）数据库，利用多因素线性回归和二项逻辑回归分析方法，从生命质量的健康效用和体验效用两个维度，实证研究了空气质量感知水平与中国中老年居民健康相关生命质量之间的关系。两种模型产生了一致的结果，即空气质量满意度与居民健康相关生命质量之间存在显著的正相关关系。本章的实证结果表明，空气污染确实会降低居民生命质量效用水平，性别和收入对中老年居民生命质量的影响均有统计学意义（$p<5\%$），但影响作用是间接和有限的。生活方式因素对生命质量的影响也不可忽视，受访者的居住地和抽烟状况对生命质量健康效用的影响的显著性有待进一步验证。收入水平、受教育水平更高的居民群体对空气污染更敏感，从而验证了理论分析中的基本假设。

探讨空气质量主观评价和居民生命质量的相关关系，具有重要的现实意义。从政府的角度而言，当地的空气质量在一定程度上体现了政府环境治理的绩效。从居民的主观感受而言，居住地的空气质量会直接影响其生命质量，从而影响其对空气质量状况的主观评价。本章实证研究的主要研究数据来源于 CHARLS 2018 数据库，使用该数据库数据的一个缺点就是没有涉及空气质量的具体指标主观评价。尽管有这个不足，但是本章的研究较好地反映出健康相关生命质量的问题所在，给出了几点政策建议：

（1）建议改革政绩考核体系，加强环境考核指标权重，包括采用问卷调查等方式，评估城乡居民对空气质量的满意度，并将公众满意度评估作为大气环境治理考核的重要内容之一。这一措施将有助于促进大气环境整治，提高居民生活福利，提升政府环保工作的绩效。

（2）建议建立以政府为主导的大气治理模式，鼓励社会公众参与到空气质量保护行动中，包括利益相关者共同参与共同受益，积极推动个人和民间环保团体参与到大气治理行动中，从而促进空气质量的改善和提高居民对空气质量的主观感受。

（3）建议建立大气环境教育体系，通过加强对大气环境知识的宣传和教育，提高公众对空气质量的认知和关注度，引导民众树立健康管理意识，并加强环保意识和环境知识水平的培养。同时，强调个体环保行为的意义和影响，让居民意识到个人行为对于大气环境保护的重要性，并激发其积极参与环境保护的热情，进而形成一种共同维护环境的社会责任感。

此外，需要指出的是，在本章的研究中，因变量"生命质量健康效用"不仅包括空气污染相关的疾病，还涵盖了其他因素对生命质量健康效应的影响。虽然本研究通过控制一系列变量的影响，如年龄、性别、教育程度等，来尽可能排除这些因素的影响，但仍有一些不可观测或未考虑到的因素可能会影响到研究结果的准确性。例如基因遗传、工作强度等因素可能会影响到个体的生命质量健康效应，但这些因素难以被直接测量和控制。为了进一步排除这些因素的影响，后续的深入研究可以采用一些其他的方法，如双重差分模型或倾向得分匹配模型等，来进一步控制这些未被观测到的因素的影响，以提高研究结果的准确性和可靠性。

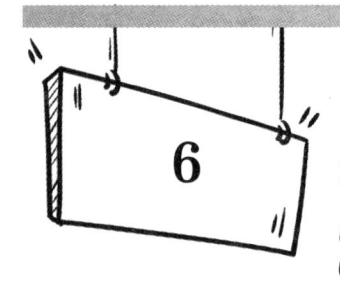

6 空气污染、国民健康与经济发展的交互影响

本章在前文实证分析空气污染对呼吸系统健康和居民生命质量二维效用的负外部性影响的基础上,提出将伤残调整寿命年、早亡寿命损失年、失能寿命损失年和死亡数4个疾病负担综合为国民健康指标,来综合反映居民的生命数量和生命质量状况,并将之引申到经济发展层面,实证分析空气污染对国民健康和经济发展的影响以及三者之间的交互影响。具体而言,本章利用1990—2019年全国废气排放、7类呼吸系统疾病的4种疾病负担指标与经济发展指标为研究对象,首先对空气污染、经济发展和国民健康状况进行描述性统计分析,然后构建向量自回归(Vector Autoregression, VAR)模型和向量误差修正(Vector error correction, VEC)模型,分析探讨空气污染对国民健康和经济发展的负外部性影响以及三者之间的交互影响。最后利用修正的人力资本法,评估空气污染所致的生命数量和生命质量损害以及由此造成的间接经济损失。

6.1 数据与方法

6.1.1 数据来源与处理

本书在探讨空气污染对国民健康与经济发展的负向效应及三者之间的交互影响,测算空气污染导致的呼吸系统疾病造成的经济损失的实证分析中,由于数据的可得性不同,所采用的样本数据主要包含了三类数据:

(1)经济发展数据。反映经济发展情况的国内生产总值(GDP/百亿元)、国民总收入(GNI/百亿元)与人均国内生产总值(PGDP/元人),这三个经济发展指标数据来源于中国统计年鉴和CSMAR数据库。由于反映经济发展水平的GDP和GNI指标与PGDP都有密切的联系,故在描述性统计分析时,采用GDP和GNI数据分析经济的发展水平;在探讨空气污染对国民健康和经济发展的负外部性影响及三者之间的交互影响关系时,采用单一经济发展指标人均GDP数据。

(2)空气污染数据。反映空气污染状况的全国1990—2019年废气排放中二氧化硫(SO_2/Mt)、氮氧化物(NO_x/Mt)和烟粉尘(Soot(dust)/Mt)排放量数据,数据来源于中国国家统计局年鉴。

（3）国民健康数据。综合反映生命数量和生命质量状况的国民健康数据来源于全球疾病负担（Global Burden of Disease，GBD）数据库，包括空气污染导致的七类慢性呼吸系统疾病，分别为中耳炎（Otitis media），慢性呼吸道疾病（Chronic respiratory diseases），慢性阻塞性肺疾病（Chronic obstructive pulmonary disease, COPD），下呼吸道感染（Lower respiratory infections），呼吸道感染和结核病（Respiratory infections and tuberculosis），气管、支气管和肺癌（Tracheal, bronchus, and lung cancer）及上呼吸道感染（Upper respiratory infections）数据。以及七类呼吸系统疾病的四种疾病负担指标数据，包括伤残调整寿命年（DALYs/人年）、死亡人数（Deaths/人年）、由疾病或者身体残疾导致患者早逝而损失的健康生命年数（Years of Life Lost，YLLs/人年）和由疾病或身体残疾导致患者在生活期间所损失的健康生命年数（Years Lost due to Disability，YLDs/人年）。

为了进行异质性分析，本书的呼吸系统疾病数据还包括患者性别和年龄等基本信息，且将研究人群分为0~14岁、15~59岁和60岁以上三个年龄段，以便进行描述性分析和间接经济负担的测算。相对于现有研究（侯亚冰等，2020），本书的研究对象覆盖范围更广、涉及变量也更多。图6.1显示了变量的变动情况。经济发展水平3个变量明显逐年增加，而YLLs和DALYs明显逐年减少，其他变量波动明显。为了消除数据的量级影响，本书将污染物3个排放指标、经济发展水平3个指标和呼吸系统疾病负担4个指标共10个变量分别取自然对数，对其进行描述性统计。表6.1显示，总体上数据的均值和中位数比较接近，并且标准误差相对较小，表明废气排放、经济发展及呼吸系统疾病数据相对均匀。

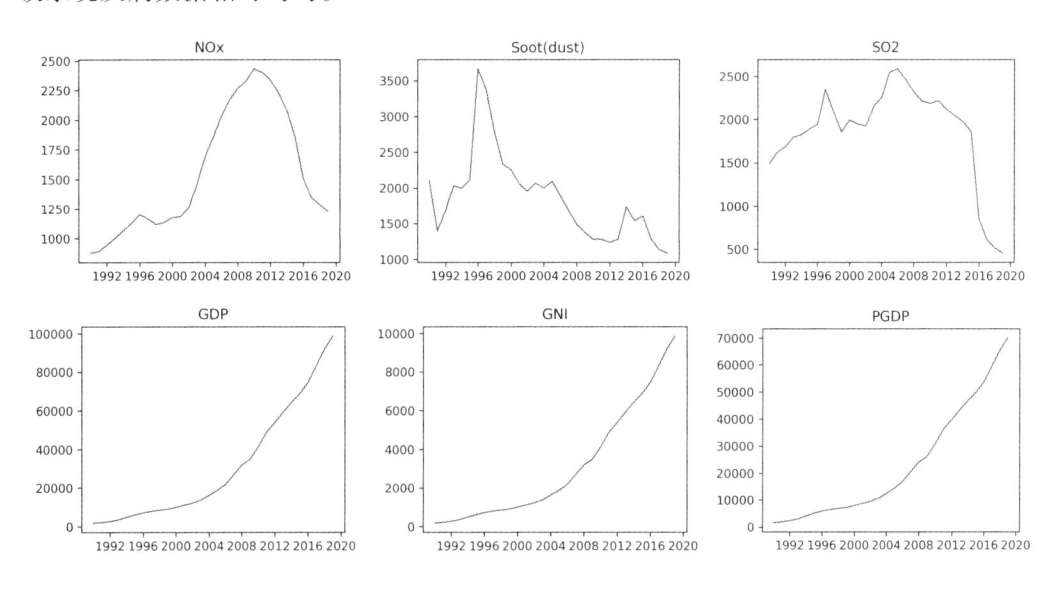

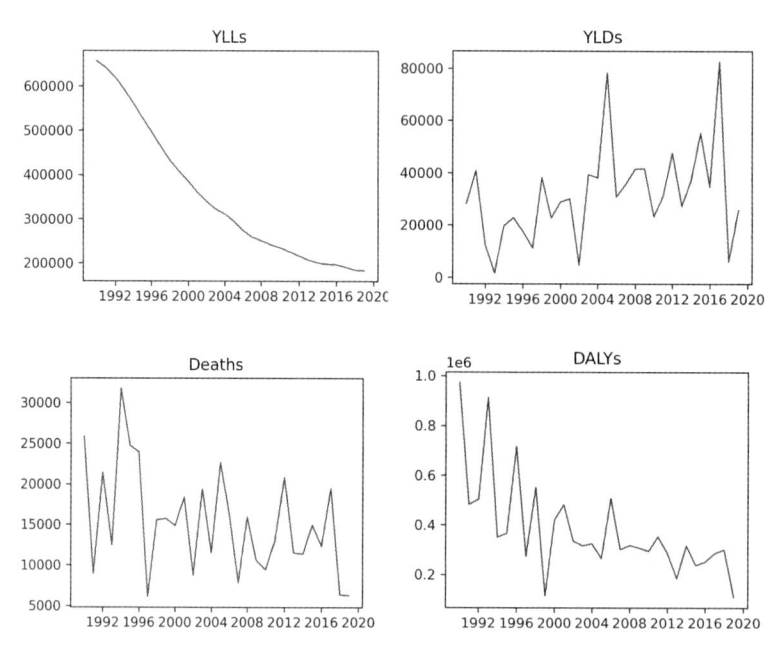

图 6.1 空气污染、国民健康与经济发展各替代指标的变动趋势

表 6.1 空气污染、国民健康与经济发展数据描述性统计结果

变量	均值	中位数	最大值	最小值	标准误
$lnNO_x$	7.296	7.184	7.797	6.778	0.334
lnSoot（dust）	7.483	7.505	8.208	6.992	0.303
$lnSO_2$	7.454	7.581	7.859	6.125	0.453
lnGDP	12.089	12.067	13.802	9.845	1.182
lnGNI	12.083	12.063	13.799	9.848	1.183
lnPGDP	9.533	9.503	11.157	7.416	1.120
lnYLLs	12.675	12.621	13.396	12.12	0.426
lnYLDs	10.143	10.326	11.323	7.400	0.814
lnDeaths	9.542	9.608	10.365	8.718	0.443
lnDALYs	12.776	12.725	13.441	12.271	0.390

6.1.2 国民健康指标定义

本书采用早逝生命损失年、失能寿命损失年、伤残调整寿命年和死亡人数 4 个疾病负担指标作为国民健康的替代变量，且直接使用 GBD 所提供的指标数据进行研究。

1. 早逝寿命损失年

因早逝寿命损失年（Years of Life Lost，YLLs）表示由于疾病或者身体残疾导致患者早逝而损失的健康生命年数，单位人年。全球疾病负担（GBD）提供的YLLs的计算公式有两种，分别为：

$$YLLs = N \times L$$
$$YLLs = \int_a^{a+L} DCxe^{-\beta x} e^{-r(x-a)} dx \quad (6.1)$$

式中：N表示死亡人数，L表示死亡年龄的标准预期寿命。$Cxe^{-\beta x}$为年龄权重连续函数，$e^{-r(x-a)}$为贴现率指数函数，a表示个体患病、残疾、死亡的发生年龄，L代表个体在患病或残疾状态下的平均持续时间，或者指早逝的发生时间，D代表疾病/伤残类型的权重系数，取值的范围从0到1（其中完全健康的取值为0，死亡取值为1）；在年龄指数函数中，C和β是两个参数。其中，C是一个常数，取值为0.17，用于调节年龄的权重因子。β也是一个常数，取值为0.04，用于描述年龄对健康影响的权重函数参数。另外，r是一个常数，取值为0.03，用于表示将未来的效用贴现到现在的贴现率。

2. 失能寿命损失年

失能寿命损失年（Years Lost due to Disability，YLDs）表示由于疾病或身体残疾导致患者在生活期间所损失的健康生命年数，单位人年。一般将疾病的患病率乘以与该残疾相关的短期或长期健康损失（残疾权重）来计算YLDs，即YLDs的计算公式为：

$$YLDs = \sum_{d=i}^{n} W_d \times N_d \times T_d \quad (6.2)$$

式中：W_d表示残疾症状的权重系数，N_d是该种伤残人群的人数，T_d是伤残持续的平均时间。

3. 伤残调整寿命年

伤残调整寿命年（DALYs/人年）指从发病到死亡所损失的全部健康寿命年，是反映疾病对人群生命数量和生命质量损害影响的综合指标。DALYs最初是由（Murray, et al., 1994）在世界卫生组织和世界银行开展的一项关于全球疾病负担（GBD）研究中提出来的概念。伤残调整寿命年，指的是患者因为疾病或者肢体残疾而损失的健康生命年数。伤残调整寿命年的提出，是为了衡量伤残、疾病所造成的健康生命年限损失，从而侧面反映出个体健康水平以及创建一个指标，更好地量化评估疾病负担水平。伤残调整寿命年DALYs这一指数由两部分组成，一部分是由于患者的疾病或者身体残疾导致患者早逝而损失的健康生命年数（YLLs），另一部分则是由疾病或身体残疾导致患者在生活期间所损失的健康生命年数（YLDs），伤残调整寿命年即为这两部分之和（WHO，2020）：

$$DALYs = YLLs + YLDs \quad (6.3)$$

DALYs 以时间为单位计量失能健康状况与正常健康状况之间的生命质量差距，反映不同年龄、不同严重程度疾病的失能所折合的期望寿命损失，与收入等其他因素无关。这里正常健康状况是指生命数量达到了标准的期望寿命，生命过程中"无病"或先前伤残患病并未造成人体机能受到限制的生命状况。

6.1.3 分析方法

1. 向量自回归模型

本章构建向量自回归（VAR）模型和向量误差修正（VEC）模型，分析空气污染对经济发展和国民健康的负外部性影响及三者之间的交互影响。参考已有的研究，本书将经济发展、空气污染和呼吸系统疾病 3 类时序变量共 5 个指标纳入 VAR 模型。其中经济发展水平采用人均 GDP 作为衡量标准，空气污染采用全国废气排放量中二氧化硫、氮氧化物和烟粉尘 3 种指标，国民健康采用呼吸系统疾病负担 DALYs 作为衡量指标。在构建 VAR 模型前，我们对各变量进行了稳定性检验和格兰杰因果检验，并采用 Johansen 协整检验确定协整方程的个数。随后，构建 VAR 模型，滞后期为 p 的 VAR 模型公式为：

$$y_t = \alpha_0 + \alpha_1 y_{t-1} + \alpha_2 y_{t-2} + \cdots + \alpha_p y_{t-p} + \varepsilon_t \quad (t>p) \tag{6.4}$$

其中 $y_t = (PGDP_t, NOx_t, SO2_t, Soot(dust)_t, DALYs_t)'$ 为 t 期被解释变量，$a_1, a_2, \cdots, a_p$ 为回归系数，p 为滞后期，$\varepsilon_t \sim IID(0, \Omega)$ 为误差项。

2. 向量误差修正模型

在宏观计量经济研究中，研究多个平稳时间经济变量之间的数量关系情况，通常采用 VAR 模型。当数据不平稳但满足同阶单整长期均衡关系后，通常还使用向量误差修正（VEC）模型研究短期波动情况。本书经过协整检验发现 5 个变量是二阶单整的，表明空气污染、国民健康与经济发展之间存在长期均衡关系，因此构建了 5 个协整方程。同时考虑到所建 VAR 模型确定模型的滞后阶数 p，则构建的 VEC 模型的滞后期为 $p-1$。VEC 模型如下：

$$\Delta y_t = \alpha \times ECM_{t-1} + \sum_{i=1}^{l} \Gamma_i \Delta y_{t-i} + \varepsilon_t \tag{6.5}$$

其中，y_t 为时间 t 的变量值向量，Δ 表示差分。ECM_{t-1} 为向量误差修正项矩阵，系数 α 为调整系数，其绝对值的大小反映将短期偏离长期均衡状态的变量调整到均衡状态时的速度。l 为最优滞后阶数，取值为 VAR 模型的滞后阶数 -1；Γ_i 为滞后差分项的系数矩阵，ε_t 为残差项向量。

为了深入研究空气污染、国民健康和经济发展之间的动态互动影响，本书采用了脉冲响应分析和方差分解分析方法，以进一步了解各变量之间的冲击反应和贡献度。

3. 修正的人力资本法

研究健康经济损失对空气污染风险控制具有重要意义。本章采用修正的人力资本法（王金南，1994）来测算空气污染所致呼吸系统疾病的间接经济负担 Indirect economic burden（IEB）。修正的人力资本法是非市场物品价值评估方法，其从社会角度来评估人的生命价值，往往应用人均国民收入、人均 GDP（PGDP）等指标来衡量一个统计生命年的价值。对整个社会而言，损失一个统计生命年就相当于损失了一个人均 GDP。所以本书依据人均国内生产总值（PGDP）及不同年龄组创造社会价值的差异赋予不同的生产力权重，选用疾病指标 YLLs、YLDs、Deaths 和 DALYs 与人力资本相结合的方法，估算 1990—2019 年中国呼吸系统疾病的间接经济损失。

$$\text{间接经济负担（IEB）} = \text{人均 GDP} \times \text{疾病负担} \times \text{生产力权重} \quad (6.6)$$

从社会角度来看，空气污染会导致人群患病、伤残、过早死亡等问题，从而减少人力生产要素对 GDP 贡献，对整个社会造成损失。基于人力资本理论，不同年龄段的个体创造的生产力不同，因此可以根据不同年龄段人群的生产力水平赋予不同的权重值。具体而言，幼儿和少年时期的年龄组未参加社会财富创造，其权重值为 0.15；中青年时期和 45～59 岁的年龄组创造的社会财富数量较大，分别被赋予 0.75 和 0.80 的生产力权重；60 岁以上的人群生产力水平下降，其权重值为 0.10（龙泳等，2007）。这种基于年龄段的权重分配方法旨在更加准确地评估人力资本的贡献，并为政策制定者提供更为精准的参考依据。将不同年龄组的疾病指标（YLLs、DLYs、Deaths、DALYs）按照 0～14 岁、15～44、45～59 岁和 60 岁以上年龄组分别合并，再分别乘以生产力权重和人均 GDP，最后求和得到疾病间接经济负担。在 1990—2019 年间，中国空气污染导致的呼吸系统疾病负担 4 个指标造成的间接健康经济损失整体上逐年增加。

6.2 空气污染、国民健康和经济发展实证模型设定

6.2.1 平稳性检验

为了避免出现伪回归现象，变量的平稳性检验是实证检验的基础。因此，本节采用 Augmented Dickey-Fuller（ADF）检验方法对 PGDP、Soot(dust)排放量、NO_x 排放量、SO_2 排放量及 DALYs 这 5 个变量进行检验。在本书中，对 5 个变量使用了对数压缩方法，以排除异方差的影响。根据表 6.2 中展示的 ADF 检验结果，各变量的原始序列和对数后的数据均未能通过 ADF 检验，但是它们的二阶差分数据在 5% 显著性水平下均表现出平稳性。这表明 5 个变量之间可能存在协整关系。

表 6.2　ADF 检验结果

变量	水平检验结果		
	ADF 值	p-value	10% level
PGDP	3.285	1.000	−2.646
ΔPGDP	−6.683	0.000	−2.630
lnPGDP	−2.247	0.190	−2.646
ΔlnPGDP	−3.239	0.018	−2.633
NO_x	−2.467	0.124	−2.625
$ΔNO_x$	−4.443	0.000 2	−2.628
$lnNO_x$	−2.033	0.272	−2.63
$ΔlnNO_x$	−4.498	0.000 2	−2.628
Soot（dust）	−1.547	0.510 3	−2.623
ΔSoot（dust）	−7.541	0.000	−2.628
lnSoot（dust）	−1.188	0.679	−2.623
ΔlnSoot（dust）	−8.110	0.000	−2.628
SO_2	0.213	0.973	−2.623
$ΔSO_2$	−7.467	0.000	−2.628
$lnSO_2$	1.390	0.997	−2.623
$ΔlnSO_2$	−6.952	0.000	−2.628
DALYs	−2.647	0.084	−2.636
ΔDALYs	−2.876	0.048	−2.643
lnDALYs	−1.334	0.613	−2.636
ΔlnDALYs	−3.085	0.028	−2.643

注：Δ 表示二阶差分。

6.2.2　格兰杰因果检验

为了探究空气污染、呼吸系统疾病负担和经济发展之间的相互影响，本书采用 VAR 模型对 NO_x、Soot（dust）、SO_2、人均 GDP 和 DALYs 这 5 个变量之间的 Granger 因果关系进行了格兰杰因果检验（Granger causality test，GCT）（Lopez & Weber，2017）。该检验方法可以考察方程系数的联合显著性，从而评估不同变量之间是否存在因果关系。

1. 模型最优滞后阶数检验

根据 ADF 检验结果，我们可以构建向量自回归模型。然而，在设定 VAR 模型之前，需要仔细考虑模型滞后阶数的选择，因为这会对研究结果产生重要影响。因此，本书结合赤池信息准则（Akaike information criterion，AIC）、贝叶斯信息准则（Bayesian information criterion，BIC）、最终预报误差准则（Final prediction error criterion，FPE）和汉南-昆信息准则（Hannan-Quinn information criterion，HQIC）等多种信息准则，来确定时间序列模型的滞后阶数。具体而言，通过综合考虑这些指标，本书确定了模型的滞后阶数，详见表6.3。根据最小值法则，AIC、BIC和HQIC信息准则都选择4阶滞后，因此我们选择4期作为本书所构建VAR模型的最优滞后阶数。

表6.3　VAR模型滞后期数选择

滞后期（年）	AIC	BIC	FPE	HQIC
0	77.36	77.6	3.96×10^{33}	77.43
1	67.73	69.18	2.71×10^{29}	68.15
2	67.02	69.68	1.70×10^{29}	67.79
3	65.81	69.68	1.058×10^{29}*	66.92
4	63.71*	68.79*	1.06×10^{29}	65.17*

注：表中*表示该种准则的选择结果。

2. 格兰杰因果关系检验

根据表6.4的GCT检验结果，我们发现，在5%的显著性水平下，NO_x排放、Soot（dust）排放和人均GDP是呼吸系统疾病负担DALYs的格兰杰原因，而SO_2排放与DALYs之间不存在格兰杰因果关系。此外，在5%的显著性水平下，NO_x排放和Soot（dust）排放是人均GDP的格兰杰原因，但DALYs和SO_2排放与人均GDP之间不存在格兰杰因果关系。同时，我们还拒绝了PGDP不是NO_x排放和SO_2排放增长的格兰杰原因以及DALYs不是Soot（dust）排放的格兰杰原因的假设。这意味着废气排放是呼吸系统疾病负担和人均GDP的格兰杰原因，废气排放与人均GDP之间存在双向因果关系。

综上所述，空气污染是经济发展和呼吸系统疾病负担的格兰杰原因，空气污染与经济发展之间存在双向因果关系。此外，空气污染的加剧可能会导致呼吸系统疾病，从而对人力资本积累、劳动力供给和劳动生产率产生负面影响，制约经济增长。尽管经济增长对空气污染与呼吸系统疾病也具有一定的影响，但其影响并不显著。

表6.4　Granger因果性检验结果

原假设	滞后阶数	F统计量	p值
NO_x是DALYs的格兰杰原因	1	4.769 5	0.038 2
Soot（dust）是DALYs的格兰杰原因	3	3.614 7	0.026 2
SO_2不是DALYs的格兰杰原因	4	1.658 0	0.205 9
PGDP是DALYs的格兰杰原因	1	10.474 1	0.003 3

续表

原假设	滞后阶数	F 统计量	p 值
DALYs 不是 PGDP 的格兰杰原因	1	0.263 0	0.612 4
NO_x 是 PGDP 的格兰杰原因	1	8.895 6	0.006 1
Soot（dust）是 PGDP 的格兰杰原因	1	3.271 3	0.082 1
SO_2 不是 PGDP 的格兰杰原因	1	2.472 5	0.127 9
PGDP 是 NO_x 的格兰杰原因	1	18.766 6	0.000 2
PGDP 不是 Soot（dust）的格兰杰原因	1	2.501 6	0.125 8
PGDP 是 SO_2 的格兰杰原因	3	4.121 7	0.019 9
DALYs 不是 SO_2 的格兰杰原因	1	2.494 1	0.126 4
DALYs 是 Soot（dust）的格兰杰原因	3	4.837 7	0.010 9
DALYs 不是 NO_x 的格兰杰原因	1	0.177 7	0.676 9

6.2.3 协整检验

虽然空气污染、呼吸系统疾病和经济发展数据为非平稳序列，但我们可以预期这些变量不会无限制地偏离均衡状态。为了判断变量之间是否存在长期均衡关系，本书采用协整方法来分析这些非平稳经济变量之间的数量关系。本节选择反映空气污染、国民健康和经济发展的 5 个变量，使用适用于多变量协整关系检验的 Johansen 协整检验方法（Yavuz & Policy，2014）进行协整检验。检验结果如表 6.5 所示，在 1% 的显著性水平下，通过基于统计量和基于最大特征值统计量的协整检验，我们发现两个统计量的值都远大于 1% 的临界值（迹统计值 12.909 6>6.634 9，最大特征值统计量 12.909 6>6.634 9），即"最多 4 个协整关系"的原假设被拒绝。因此，人均 GDP、DALYs、Soot（dust）排放量、NO_x 排放量及 SO_2 排放量之间存在协整关系，准确地说，存在 5 个协整关系，这正符合 VAR 模型的假设。可以得出结论，空气污染、呼吸系统疾病负担 DALYs 与经济发展之间存在长期均衡关系。

表 6.5 Johansen 协整检验结果

原假设	迹统计值	10%临界值	5%临界值	1%临界值
None	293.130 4	75.102 7	79.342 2	87.774 8
At most 1	152.139 9	51.649 2	55.245 9	62.520 2
At most 2	77.250 5	32.064 5	35.011 6	41.081 5
At most 3	43.929 7	16.161 9	18.398 5	23.148 5
At most 4	12.909 6	2.705 5	3.841 5	6.634 9

续表

原假设	最大特征值	10%临界值	5%临界值	1%临界值
None	140.990 5	34.420 2	37.164 6	42.861 2
At most 1	74.889 4	28.239 8	30.815 1	36.193 0
At most 2	33.320 8	21.873 1	24.252 2	29.263 1
At most 3	31.020 2	15.000 6	17.148 1	21.746 5
At most 4	12.909 6	2.705 5	3.841 5	6.634 9

6.3 空气污染、国民健康和经济发展描述性分析结果

本节首先利用描述性统计分析方法直观地展现1990—2019年的空气污染国民健康和经济发展状况。

6.3.1 经济发展与空气污染时间演化统计性描述

从1990年至2019年，中国的国内生产总值（GDP）和国民总收入（GNI）分别从1887.3亿元和1892.3亿元增长至98 651.5亿元和98 375.1亿元，增长率分别为98.087%和98.076%。空气污染物中全国废气各指标排放总量在1991年至1997年期间显著上升，自1998年起，全国废气中 SO_2 和烟（粉）尘排放总量开始呈现曲折下降趋势，如图6.2所示。全国氮氧化物 NO_x 排放量在1990年至2006年间波动增长，而在2006年至2010年（"十一五"期间）排放量激增（王丽琼，2010）。此后，排放量逐年减少，直至2019年。工业源是 NO_x 排放总量的主要贡献源，其比重维持在70%左右，剩余约30%的贡献主要来自生活源、机动车尾气和集中式排放（刁贝娣等，2016）。从中可以看出，工业源是 NO_x 排放的主要来源，而其他来源的贡献相对较小。

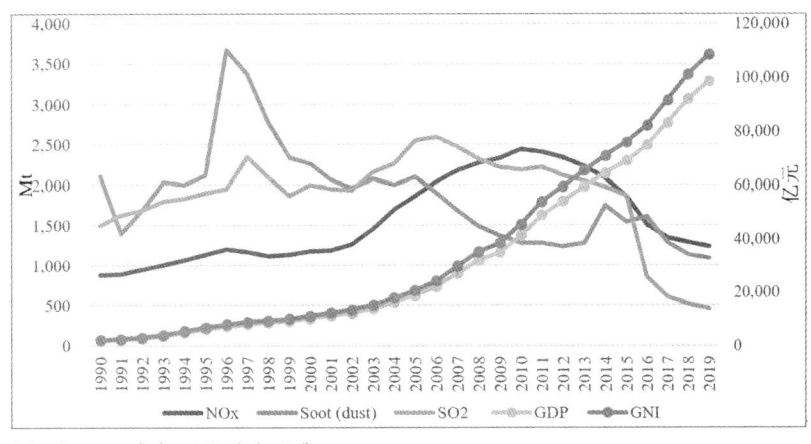

注：数据来源于《中国统计年鉴》。

图6.2 1990—2019年中国经济发展与废气中 SO_2、NO_x 及烟粉尘排放量

总体而言,中国的 GDP 和 GNI 自 1990 年至 2019 年持续攀升;废气排放量则呈现出先增加后缓慢降低的趋势,这是由于"十二五"减排政策的出台。在政策出台之前,排放量一直在增加,而随着政策的实施,排放量开始逐渐下降,但下降速度较为缓慢。废气排放量呈现先不断增加后转为缓慢降低的趋势。

6.3.2 中国呼吸系统疾病时间演化统计性描述

根据图 6.3 所示,1990 年至 2019 年,污染引起的 7 类呼吸系统疾病中,除气管支气管肺癌外,其他 6 类呼吸系统疾病均呈逐年下降趋势。下呼吸道感染、呼吸道感染和肺结核疾病是下降最显著的两种疾病,中耳炎与上呼吸道感染在 7 类呼吸系统疾病中占比最少。气管支气管肺癌的 DALYs 从 1990 年的 126 648 人年,增加到 2019 年的 261 494 人年,增加了 52%。除了慢性阻塞性肺疾病、中耳炎及呼吸道感染肺结核的 DALYs 在 1990 年相比 2019 年分别增加了 364.8、16 985.6 和 273.8 人年以外,其他 4 种疾病(下呼吸道感染,慢性呼吸系统疾病,气管支气管肺癌及上呼吸道感染)的 DALYs 均有所下降,分别减少了 11 848.6、3 325.4、36 261.9 和 107 241.8 人年。以死亡人数 Deaths 计,2019 年的慢性阻塞性肺疾病、下呼吸道感染、中耳炎及呼吸道感染肺结核的死亡人数分别增加了 66 261.6、223.7、247.2 及 762.8 人年,而慢性呼吸道疾病、气管支气管肺癌及上呼吸道感染的死亡人数分别减少 80 938.1、332.2、5 740.1 人年。

根据图 6.3(h)所示的数据,可以看出 1990—2019 年间空气污染导致的下呼吸道感染以及呼吸道感染肺结核疾病患病人数最多,而中耳炎和上呼吸道感染患者在 7 类呼吸系统疾病中占比最少。这 30 年里,中国呼吸系统疾病负担的 DALYs 和 YLDs 呈现显著的下降趋势,其中 DALYs 从 1990 年的 971 919 人年下降至 2019 年的 110 690 人年,降幅为 89%,年平均降幅为 3%。相比之下,1990—2019 年的 Deaths 和 YLLs 则呈现出逐年波动变化的趋势,没有显著的升降趋势。

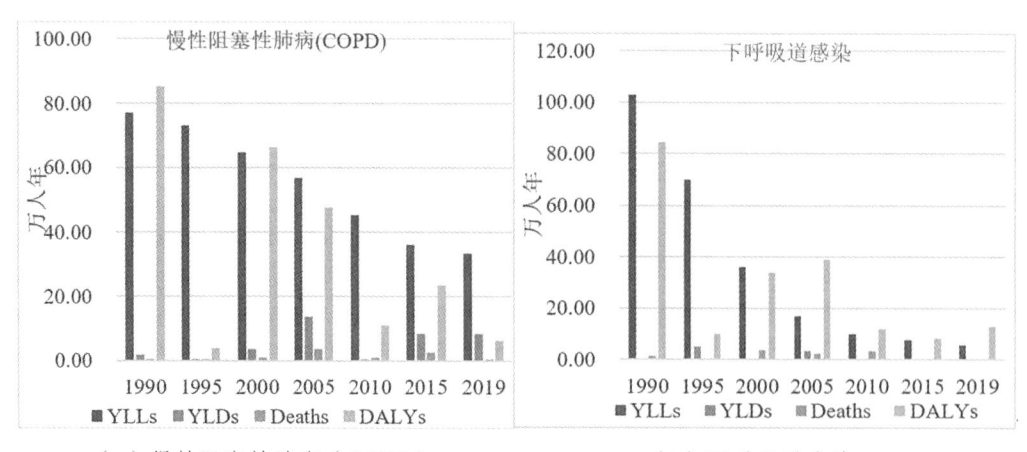

(a)慢性阻塞性肺病(COPD)　　(b)下呼吸道感染

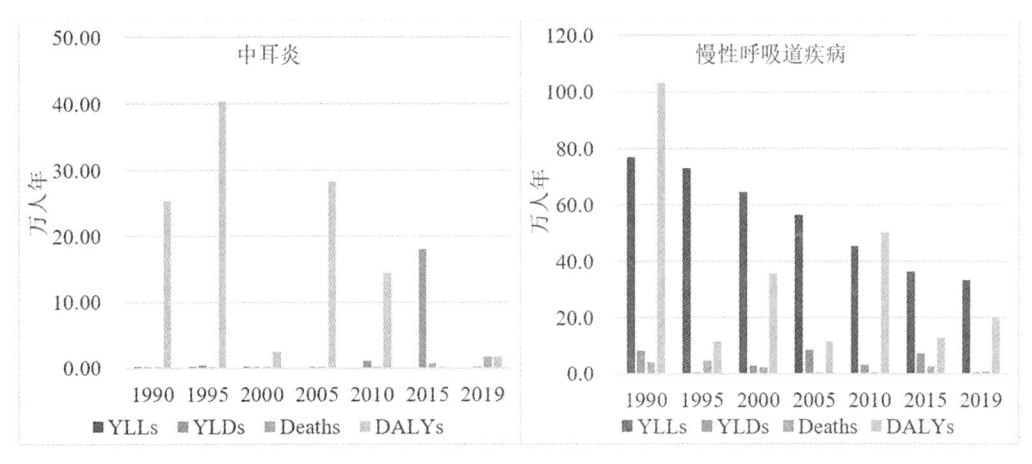

（c）中耳炎

（d）慢性呼吸道疾病

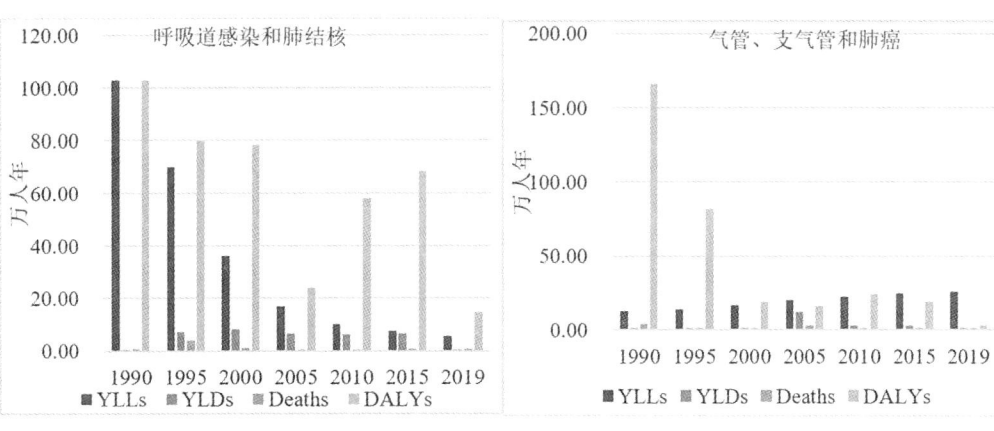

（e）呼吸道感染和结核病

（f）气管、支气管和肺癌

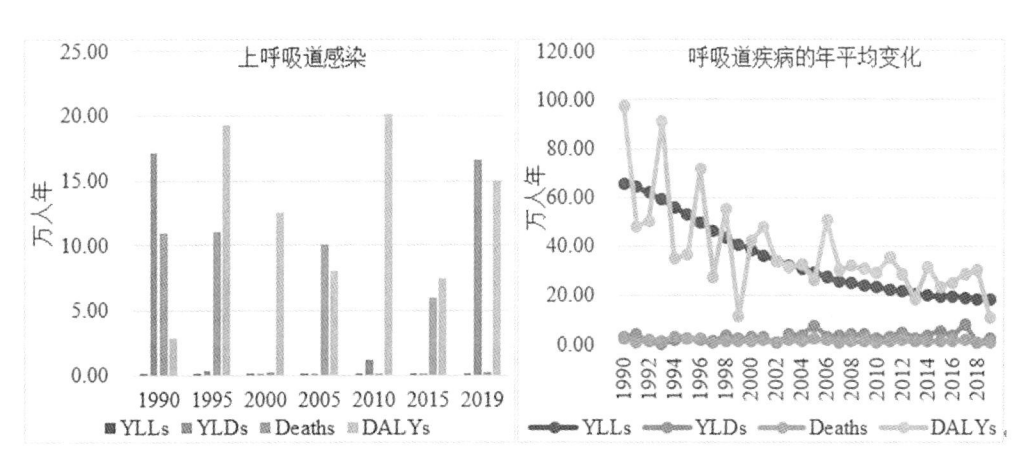

（g）上呼吸道感染

（h）呼吸道疾病的年平均变化

图 6.3　中国 1990—2019 年 7 类呼吸系统疾病的疾病负担时间分布

1. 性别分组的呼吸系统疾病负担指标

对于1990—2019年空气污染导致的疾病负担,根据性别进行分组后,不同性别患者疾病负担的变化状况如图6.4所示。女性的YLLs从1990年的624 802.2人年下降到2019年的139 927.7,减少了77.6%。男性的YLLs从1990年的690 102.1人年下降到2019年的227 148.6,减少了67.08%。男性和女性的DALYs平均每年分别下降了2.85%和3.07%。1990年男性Deaths为25 320.257人年,女性Deaths为26 310.11人年,男性比女性少989.85人年;2019年男性Deaths为7 789.597人年,女性Deaths为4,730.77人年,男性比女性多3 058.82人年。1990年男性YLDs为20 940.88人年,女性YLDs为35 955.52人年,男性比女性少15 014.64人年;2019年男性YLDs为19 529.72人年,女性YLDs为31 771.45人年,男性比女性少12 241.73人年。

总体来看,从1990年到2019年,男性和女性的呼吸系统疾病YLLs、DALYs都呈显著逐年下降趋势。男性和女性Deaths和YLDs逐年交替上升或下降,具有一定的波动性,增减趋势不显著。30年来,男性的YLLs、DALYs和Deaths均高于女性。

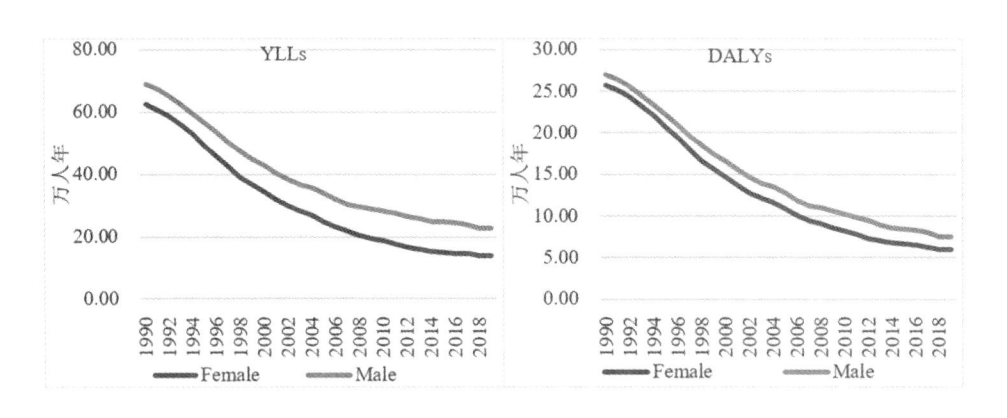

(a)按性别分组的YLLs　　(b)按性别分组的DALYs

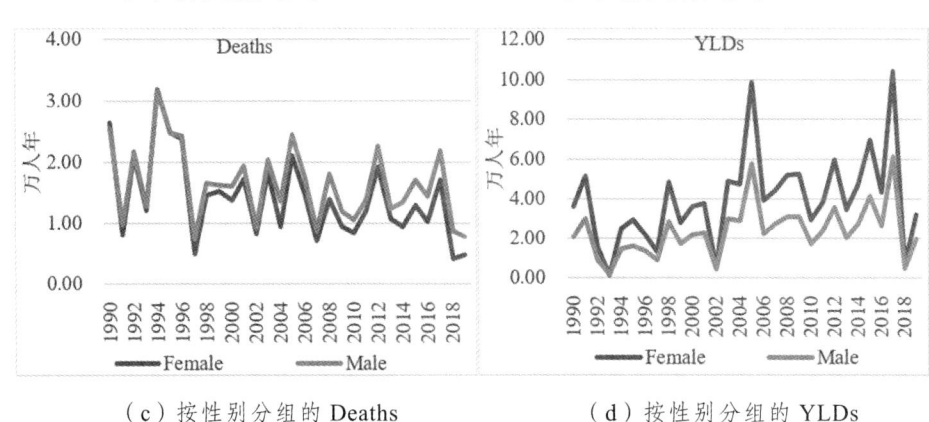

(c)按性别分组的Deaths　　(d)按性别分组的YLDs

图6.4　性别分组的呼吸系统疾病负担的时间分布

2. 年龄分组的呼吸系统疾病负担指标

按年龄分组分析1990—2019年空气污染导致的疾病负担如图6.5所示，不同年龄的不同疾病负担指标表现各异。中国呼吸系统疾病负担YLLs和DALYs整体呈逐年递减趋势，而0~14岁和60岁以上年龄段是空气污染致病DALYs和YLLS风险最大的年龄段，大于15岁小于60岁的人群受空气污染诱发呼吸系统疾病的风险水平较低。1990年的DALYs在0~14岁年龄段取得峰值为2 444 112人年，其次是60岁以上年龄段达到641 613人年。相比之下，呼吸系统疾病的YLDs和Deaths没有显著的年龄差异，各年龄段人群风险没有明显的规律。与1990年相比，2019年中国14岁以下年龄组的YLLs和DALYs人数显著减少，45~59岁年龄组的YLDs有所减少，60岁以上年龄组死亡人数Deaths显著减少。

综上所述，呼吸系统疾病负担存在明显的年龄差异，0~14岁和60岁以上年龄段呼吸系统疾病负担明显高于其他年龄段。

（a）年龄分组的YLLs　　　　（b）年龄分组的DALYs

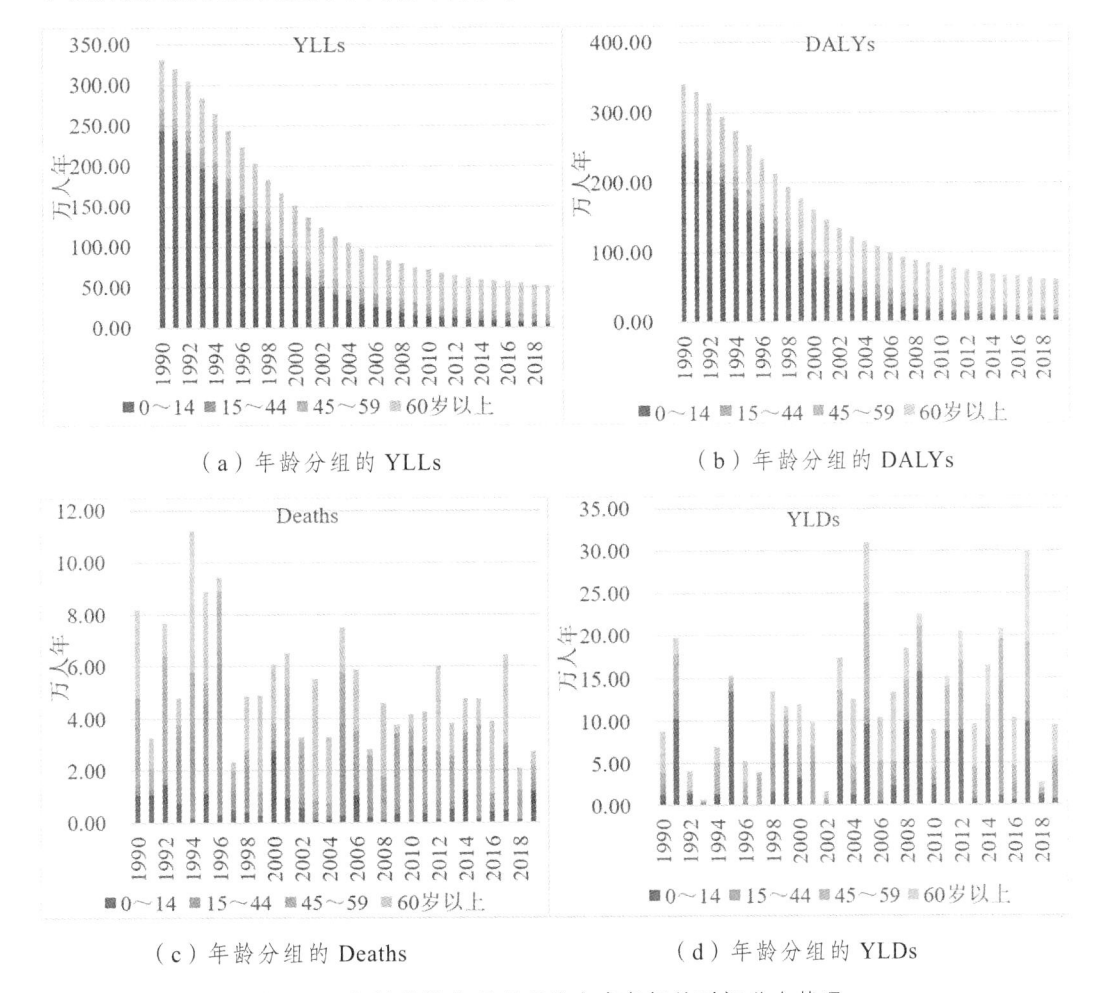

（c）年龄分组的Deaths　　　　（d）年龄分组的YLDs

图6.5　年龄分组的呼吸系统疾病负担的时间分布状况

6.4 空气污染、国民健康和经济发展交互影响模型分析结果

基于平稳性检验和协整检验分析,本书构建 VAR-VEC 模型,分析空气污染对国民健康与经济发展的影响,并讨论空气污染、国民健康与经济发展三者之间的交互影响。

6.4.1 空气污染、国民健康与经济发展之间长期均衡关系分析

经协整检验估计,空气污染、国民健康与经济发展之间存在 5 个协整方程,其中 NO_x、Soot(dust)、SO_2、PGDP 和 DALYs 作为独立变量的协整方程系数的估计结果如表 6.6 所示,其预测方差主要受空气污染的影响,空气污染主要受废气排放影响,经济发展和疾病负担对其预测方差的贡献度相对较小,基本一致。

表 6.6 VAR-VEC 模型结果

变量	模型回归系数				
	NO_x	Soot(dust)	SO_2	PGDP	DALYs
NO_x	—	1.03×10^{-16}**	-4.06×10^{-16}**	-6.23×10^{-16}**	6.04×10^{-14}**
Soot(dust)	-5.01×10^{-16}**	—	2.94×10^{-16}**	5.78×10^{-15}**	-2.17×10^{-13}**
SO_2	2.57×10^{-16}**	-1.16×10^{-16}**	—	-4.89×10^{-15}**	1.13×10^{-13}**
PGDP	-6.82×10^{-17}**	6.04×10^{-17}**	5.76×10^{-17}**	—	-1.53×10^{-14}**
DALYs	-4.31×10^{-19}**	-5.57×10^{-18}**	-4.96×10^{-18}**	-2.79×10^{-17}**	—
$ECM_{1,t-1}$	0.221 1	0.069 0	-0.272 8	0.006 1	0.0004*
$ECM_{2,t-1}$	-2.4006*	-0.7970*	1.9120**	0.017 1	0.000 9
$ECM_{3,t-1}$	1.4966*	0.5543*	-1.6337*	-0.0117	0.000 6
$ECM_{4,t-1}$	5.1988*	1.0624**	-5.6216*	0.1972*	0.0061*
$ECM_{5,t-1}$	-313.163 3	115.29**	-30.512 8	23.2972*	-0.193 6

注:*表示 $p<5\%$,**表示 $p<10\%$,"—"表示数据无法取得。

表 6.6 的后 5 行是 5 个变量的 VEC 模型估计结果,其中误差修正系数表明长期均衡关系对短期变化的调整。空气污染、经济发展与呼吸系统疾病负担的短期变化也受到自身和其他 4 个变量的影响。对 $ECM_{1,t-1}$ 而言,NO_x(系数为 0.221 1)、Soot(dust)(系数为 0.069 0)、PGDP(系数为 0.0061)、DALYs(系数为 0.000 4)的误差修正系数为正,仅 SO_2(系数为-0.272 8)的调整系数为负,且不具有统计显著性,这表明除了 SO_2 排放量没有偏离均衡状态以外,其他 4 个变量对均衡状态有微弱偏离,因此对于修正均衡状态的影响不是很大。对 $ECM_{2,t-1}$ 而言,PGDP(系数为 0.017 1)、DALYs(系数为 0.000 9)、SO_2(系数为 1.912)的调整系数都为正。而 Soot(dust)(系数为-0.797)

和 NO_x（系数为-2.400 6）的误差修正系数为负。表明 SO_2 对均衡状态的偏离相对较大，其他变量没有偏离或者偏离程度很小，对于修复均衡状态的影响不是很大。5个变量在 $ECM_{3,t-1}$、$ECM_{4,t-1}$ 中均有变量微弱地偏离了均衡状态，因此对修正均衡状态不产生影响。对 $ECM_{5,t-1}$ 而言，NO_x（系数为-313.163 3）、DALYs（系数为-0.193 6）、SO_2（系数为-30.512 8）的调整系数都为负，而 PGDP（系数为 23.297 2）、Soot（dust）（系数为 115.29）的调整系数都为正，且具有统计显著性。这表明这两个变量都较大地偏离了均衡状态，对修正均衡状态的影响较大。

综上所述，空气污染、国民健康和经济发展均存在的短期波动，从而偏离平衡状态。但当某变量受到干扰并偏离平衡状态时，系统中空气污染、经济增长和呼吸系统疾病负担等其他因素将共同作用，使其向长期均衡路径收敛，最终回到长期均衡路径。

6.4.2 空气污染、国民健康和经济发展交互影响的脉冲响应分析

本节研究采用脉冲响应函数，来分析空气污染对呼吸系统疾病和经济发展的影响以及它们之间的交互动态联系。图6.6展示了脉冲响应曲线，其中水平轴表示滞后周期数，垂直轴表示脉冲响应强度，蓝色线表示脉冲响应结果，两侧虚线为95%的置信区间。当脉冲函数值为负数时，说明冲击变量对响应变量产生负向影响；而脉冲函数值为正数时，则表示冲击变量对响应变量产生正向影响。

从"三废"排放量对 DALYs 的脉冲图可以看出，蓝色脉冲线波动幅度较大。说明外生冲击下，"三废"排放量的增加对呼吸系统疾病负担 DALYs 的影响较为强烈，正负冲击波动显著且持续时间较长。其中，烟（粉）尘排放对 DALYs 的冲击在第4期和第7期达到正向峰值。当 NO_x 和 SO_2 排放产生冲击时，DALYs 没有即时脉冲响应，存在一定的滞后性。总体来说，废气排放量的累积效应会加剧呼吸系统疾病负担，空气污染对呼吸系统疾病的负面影响具有一定的滞后性。

根据"三废"排放量对人均 GDP 的脉冲响应图可以发现，空气污染对经济发展存在正向和负向的影响，其影响程度虽不大，但持续时间较长。这种影响可能是因为"三废"排放量主要来自工业生产，因此，其增加可以反映出经济产出的增长。然而，废气排放也带来了许多负面影响，例如增加生产成本、影响气候变化、对国民健康和劳动力资源造成损害等。这些负面影响对经济发展同样产生显著影响，特别在后期。在脉冲图中表现为，废气排放对人均 GDP 的影响既有正向冲击也有负向冲击，持续时间较长但强度不大，且逐渐收敛至零。

进一步探讨空气污染、国民健康与经济发展之间的交互影响。通过脉冲图，我们发现，人均 GDP 的增加会对呼吸系统疾病负担 DALYs 产生较长时间的大强度的冲击，这可能是由于经济增长和废气排放之间的高度相关性所致。同时，经济发展带来的废气排放量增加等不良经济效应会加剧呼吸系统疾病负担。从图中还可以看出，呼吸系统疾病负担 DALYs 对经济增长产生的正向冲击相对较小。因此，我们认为，尽管呼吸

系统疾病的负担加重可能会对经济增长造成一定的阻碍,但这种阻碍非常微小,不足以对经济增长产生实质性的负面影响。此外,我们还发现,"三废"排放量的增加对空气污染、国民健康和经济发展都有着长时间且强度较大的冲击影响,这与后文方差分解分析污染物主要受废气排放影响的结论一致。另外,人均 GDP 的增加对污染物排放产生的正向影响较大,且大概在第 3 期达到峰值,然后逐渐减弱转为负向冲击。这与已有的研究结果基本相符(郝汉舟和周校兵,2018;郝淑双和朱喜安,2019),即随着经济的发展,污染物的排放量逐渐增加。然而,当经济增长到达某个特定的水平后,对污染物排放量的正向影响逐渐减弱,并逐渐转变为负向影响。总之,尽管经济发展可以促进污染物的排放,但在经济增长到达一定阈值后,对环境造成的负面影响会逐渐加重。此外,工业单位的技术进步以及产业结构向高层次演化,则会对抑制空气污染物的排放发挥作用(Fujii,et al.,2013)。

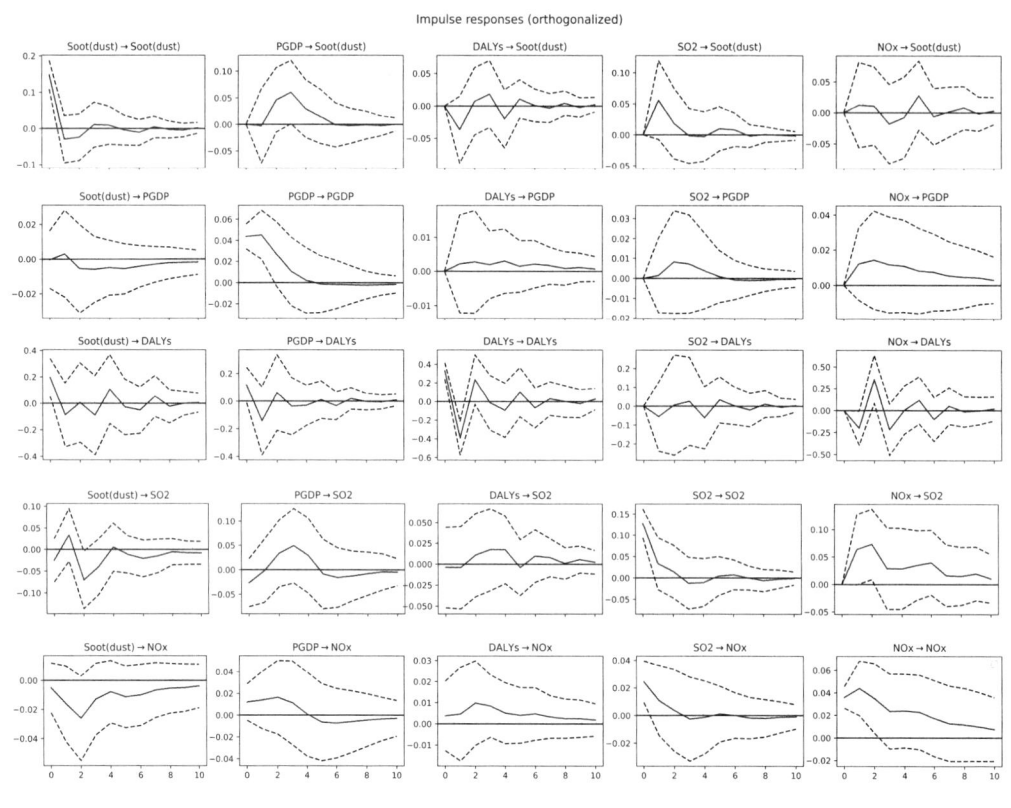

图 6.6 "三废"排放、PGDP 增长与疾病负担 DALYs 的脉冲响应分析

6.4.3 空气污染、国民健康和经济发展交互影响的方差分解分析

在前两节中,我们已经分析了污染物排放、经济发展和呼吸系统疾病的长期均衡、短期扰动以及因果关系。本节旨在采用方差分解的方法,分析空气污染、国民健康和经济发展之间的相互影响以及它们对彼此的影响程度和相对贡献。从方差分解结果表 6.7

可以看出，向前预测 1 期呼吸系统疾病负担 DALYs 的预测方差中，有 20.07%来自呼吸系统疾病自身，0.43%、0.89%和 65.44%分别来自 SO_2、NO_x 和烟粉尘排放量，13.17%来自人均 GDP 的增长。随着滞后期数的增加，烟粉尘排放量、PGDP 和 DALYs 的占比有所降低，而氮氧化物、SO_2 排放占比则有所上升。如果向前预测 10 期，其预测方差有 1.74%来自自身，有 19.54%、32.98%、35.72%和 10.02%的预测方差分别来自 SO_2、NO_x、烟粉尘排放和 PGDP。这说明疾病负担 DALYs 的增长主要受到污染物排放的影响，而呼吸系统疾病和 PGDP 也有一定程度的影响。

表 6.7　呼吸系统疾病负担 DALYs 为响应变量的方差分解表

预测期	DALYs 为响应变量				
	NO_x	Soot（dust）	SO_2	PGDP	DALYs
1	0.008 9	0.654 4	0.004 3	0.131 7	0.200 7
2	0.624 8	0.234 3	0.009 2	0.063 5	0.068 3
3	0.537 5	0.288 8	0.007 0	0.114 3	0.052 3
4	0.509 5	0.313 4	0.045 8	0.093 7	0.037 7
5	0.380 9	0.325 4	0.208 8	0.060 8	0.024 1
6	0.390 2	0.319 0	0.204 1	0.063 5	0.023 3
7	0.371 5	0.300 0	0.242 5	0.064 4	0.021 7
8	0.343 0	0.345 3	0.231 3	0.059 9	0.020 6
9	0.311 6	0.351 1	0.211 1	0.107 5	0.018 7
10	0.329 8	0.357 2	0.195 4	0.100 2	0.017 4

根据表 6.8 的结果，我们可以看出，如果人均 GDP 增长率向前预测 1 期，其预测方差有 62.96%来自其本身，而有 31.46%、2.63%和 2.96%分别来自 SO_2、烟粉尘和 NO_x 排放量增长，呼吸系统疾病负担 DALYs 对其没有影响。如果向前预测 10 期，仅有 1.68%的预测方差来自其本身，而有 65.46%、31.08%、1.08%和 0.71%分别来自 NO_x、SO_2、烟粉尘排放和 DALYs。从短期来看，人均 GDP 的增长主要受经济增长的影响，但随着预测期增加，污染物排放对人均 GDP 增长影响逐渐增加。呼吸系统疾病负担 DALYs 对人均 GDP 的影响微乎其微，这与公共健康水平对于经济发展和经济增长有着显著的正向影响的结论不符。如 Mushkin（1962）从经济学视角把健康定义为人力资本的重要构成部分，并提出死亡、残疾和衰弱是造成人力资本和劳动生产率损失的三大元凶。而于寄语和杨洋（2016）研究发现，居民健康水平的提升对 GDP 的推动作用不断加强。这可能是因为不同研究中所选择的健康水平指标存在差异所导致的。

表 6.8　人均 GDP 为响应变量的方差分解表

预测期	PGDP 为响应变量				
	NO$_x$	Soot（dust）	SO$_2$	PGDP	DALYs
1	0.029 6	0.026 3	0.314 6	0.629 6	0.000 0
2	0.035 1	0.026 5	0.575 9	0.362 1	0.000 4
3	0.043 8	0.018 3	0.692 6	0.240 4	0.004 9
4	0.266 4	0.011 7	0.562 1	0.149 3	0.010 4
5	0.424 7	0.011 6	0.461 5	0.090 5	0.011 8
6	0.472 3	0.009 8	0.446 8	0.059 9	0.011 3
7	0.579 0	0.009 5	0.358 1	0.042 2	0.011 2
8	0.653 3	0.006 4	0.302 1	0.028 4	0.009 7
9	0.652 1	0.007 3	0.312 0	0.020 8	0.007 8
10	0.654 6	0.010 8	0.310 8	0.016 8	0.007 1

如图 6.7 所示，烟粉尘排放量向前预测 1 期，其预测方差有 87.53%来自自身，有 12.47%来自氮氧化物排放，SO$_2$、PGDP 和 DALYs 对其没有影响。但是随着滞后期数的增加，氮氧化物、SO$_2$ 排放、PGDP 增长率和呼吸系统疾病负担 DALYs 的影响逐渐增大，而烟粉尘排放增长率的占比不断减少。如果向前预测 10 期，则其预测方差有 27.14%来自自身，有 47.94%、12.99%、1.88%和 10.04%的预测方差分别来自 NO$_x$、SO$_2$、DALYs 和 PGDP。这说明，烟粉尘排放量的短期冲击效应主要受其自身的影响，长期来看，烟粉尘排放量的影响逐渐减弱，而氮氧化物、SO$_2$ 排放、人均 GDP 增长率和呼吸系统疾病负担 DALYs 的影响逐渐增大。

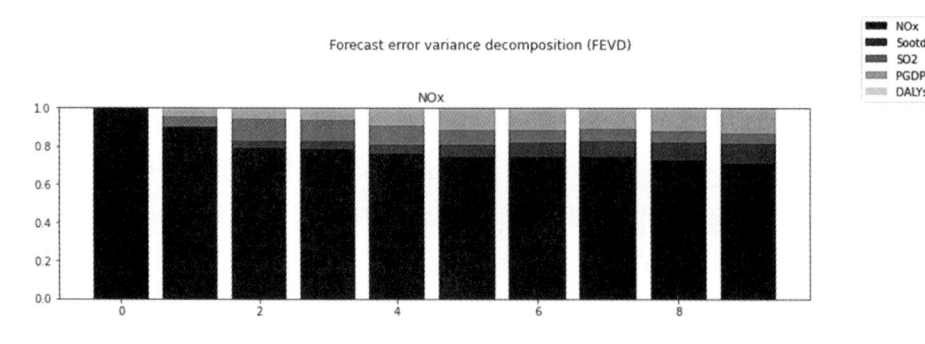

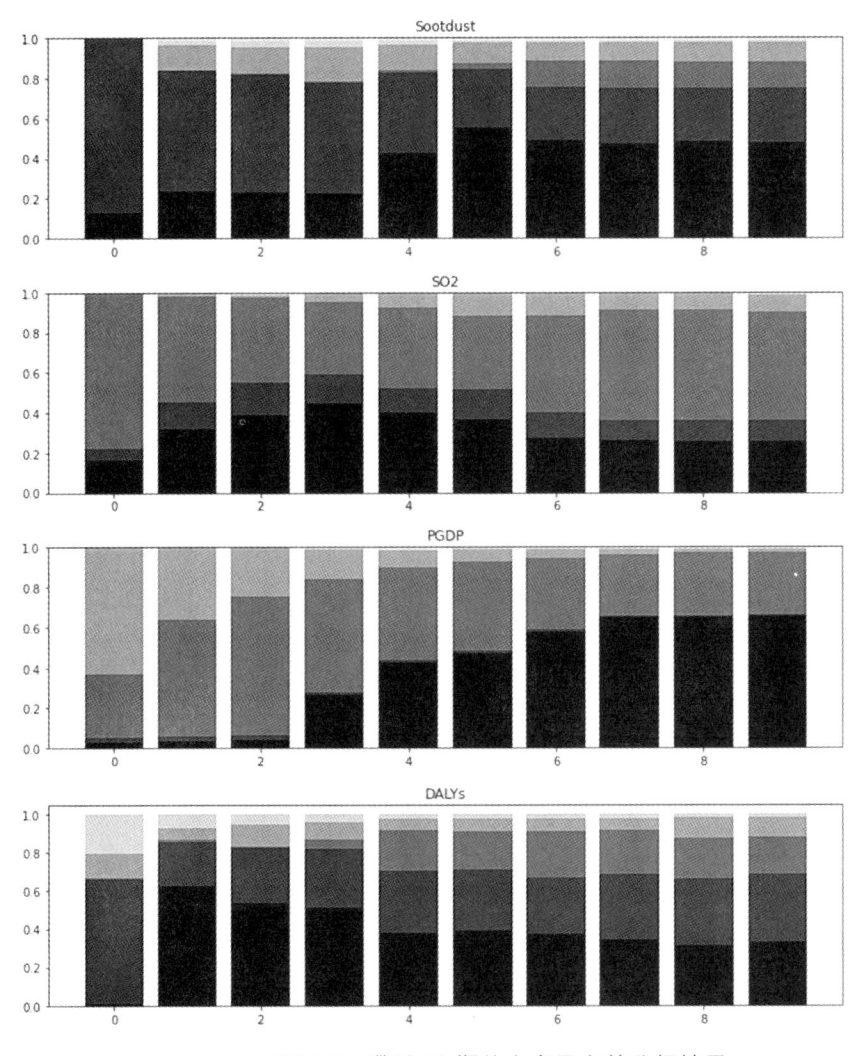

图 6.7 滞后 10 期的全变量方差分解结果

若 SO₂ 排放向前预测 1 期，其预测方差有 77.58%来自自身，有 16.64%和 5.78%分别来自氮氧化物和烟粉尘排放；随着预测期数的增加，氮氧化物、SO₂ 排放、PGDP 增长率和呼吸系统疾病负担 DALYs 的影响都有不同程度的增大，大概在第 6 期前后对 SO₂ 排放影响又开始降低，SO₂ 排放对自身的影响逐渐减少到 6 期后又有所增加；SO₂ 排放如果向前预测 10 期，则其预测方差有 54%来自自身，有 25.53%、10.48%、8.74%和 1.25%的预测方差分别来自氮氧化物、烟粉尘排放、PGDP 和 DALYs。

若氮氧化物排放向前预测 1 期，其预测方差有 100%来自自身排放；随着预测期增加，氮氧化物排放影响占比不断减小，烟粉尘排放、PGDP 增长率和呼吸系统疾病负担 DALYs 的影响都有不同程度的增大，SO₂ 对氮氧化物排放的影响逐渐增加到 4 期后，在第 5 期开始逐渐变小。如果向前预测 10 期，则氮氧化物排放的预测方差有 70.97%来自自身，有 10.39%、5.53%、12.68%和 0.43%的预测方差分别来自烟粉尘排放、SO_2、PGDP 和 DALYs。说明"三废"烟粉尘、氮氧化物和 SO_2 排放的增长主要是受到其他废气排放和自身的影响，同时受到人均 GDP 一定程度的影响。

总的来说，呼吸系统疾病主要受废气排放的影响，污染的加剧会导致呼吸系统疾病负担加重，即空气污染越严重，呼吸系统疾病负担越重，越不利于健康状况的改善。同时，随着预测期增加，污染物排放对人均 GDP 增长的影响逐渐增加，污染的加剧可能通过损害健康等因素，导致人力资本折旧等不良经济效应。Yi 等（2022）研究发现，更好的健康水平可以促进经济的良性发展，这与本书研究结果一致，即保持健康对于促进经济发展具有积极的影响。空气污染主要受废气排放影响，经济发展对其有一定程度的影响，这与（张义和王爱君，2020）的研究结论一致。具体来说，空气污染是经济增长和呼吸系统疾病预测方差的重要变量，而空气污染主要受废气排放的影响，国民健康与经济发展对空气污染各指标预测方差的贡献度相对较小。

6.4.4 稳健性分析

考虑到空气污染对国民健康和经济发展的负面影响，以及这三个变量之间的复杂联立性和交互关系，我们对模型的稳健性进行了进一步检验。我们分别测试了添加新数据或改变数据起始时间，以及选择不同的滞后期是否会对模型估计产生显著的影响。这些检验旨在验证我们的研究结果的稳健性，并确保这些结果不受特定数据或方法的影响。

（1）研究表明，空气污染会对人均 GDP 和疾病负担 DALYs 产生负面影响，其严重程度与健康和经济发展水平提升的程度成反比。在引入经济发展指标 GNI、GDP 及疾病负担指标 YLDs、Deaths 和 YLLs 后，我们发现，由于 GNI、GDP 与人均 GDP 之间存在不同程度的相关性，这些变量未能通过协整检验。而在添加 YLDs、Deaths 和 YLLs 后，我们发现总有数据不平稳的情况。然而，仅添加 Deaths 后，我们发现，空气污染对人均 GDP 的影响系数出现了不同程度的下降，但污染对 DALYs 的影响系数变化微小。这些结果表明，添加新的数据并未对模型估计产生显著影响。

（2）利用 1990—2015 年的数据进行建模，并将结果与 1990—2019 年数据建模结果进行比较，发现不同起始期的选择对模型估计没有显著性影响。具体而言，表 6.9 的 3 至 7 行分别给出了 1990—2015 年 NO_x、Soot（dust）、SO_2、PGDP 和 DALYs 为独立变量的协整方程系数的估计结果。表中各变量系数均通过了显著性检验，进一步验证了在 1%的显著性水平上，空气污染、呼吸系统疾病及经济增长之间存在长期均衡关系。表 6.9 后 5 行分别是 5 个变量的 VEC 模型估计结果，误差修正系数表明长期均衡关系对短期变化的调整。空气污染、经济增长与呼吸系统疾病负担的短期变化，也受到自身同和他 4 个变量的影响。

表6.9 1990—2015年VAR-VEC模型结果

变量	系数				
	NO$_x$	Soot（dust）	SO$_2$	PGDP	DALYs
NO$_x$	—	-2.53×10^{-16}**	2.109×10^{-15}**	2.221×10^{-15}**	2.655×10^{-15}**
Soot（dust）	-1.599×10^{-15}**	—	3.484×10^{-16}**	5.104×10^{-15}**	1.371×10^{-15}**
SO$_2$	6.793×10^{-16}**	5.175×10^{-15}**	—	3.545×10^{-15}**	4.089×10^{-15}**
PGDP	1.024×10^{-14}**	1.081×10^{-14}**	5.346×10^{-15}**	—	5.112×10^{-16}**
DALYs	-3.716×10^{-18}**	-2.861×10^{-15}**	-1.408×10^{-16}**	$-3.728\text{e-}15$**	—
ECM$_{1,t-1}$	-0.2272*	0.1097*	0.1110*	0.4174*	-0.5309*
ECM$_{2,t-1}$	-0.5207	0.3405*	0.0804	1.1786	-1.3020*
ECM$_{3,t-1}$	0.2095**	0.0545	0.1557*	-0.6851*	0.1571
ECM$_{4,t-1}$	-0.4149*	-0.1809*	-0.0899*	0.8568*	-0.0563
ECM$_{5,t-1}$	-0.8272	-0.3798	-1.3721*	4.5220*	-1.0303

注：*表示 $p<5\%$，**表示 $p<10\%$，"—"表示数据无法获得。为节省篇幅，只列出关键的参数，但完整的模型结果可供索取。

1990—2015年5个变量NO$_x$、Soot（dust）、SO$_2$、PGDP和DALYs的脉冲响应曲线如图6.8所示，起始年份变化并没有显著影响空气污染对呼吸系统疾病和经济发展的影响及三者之间的动态联系。

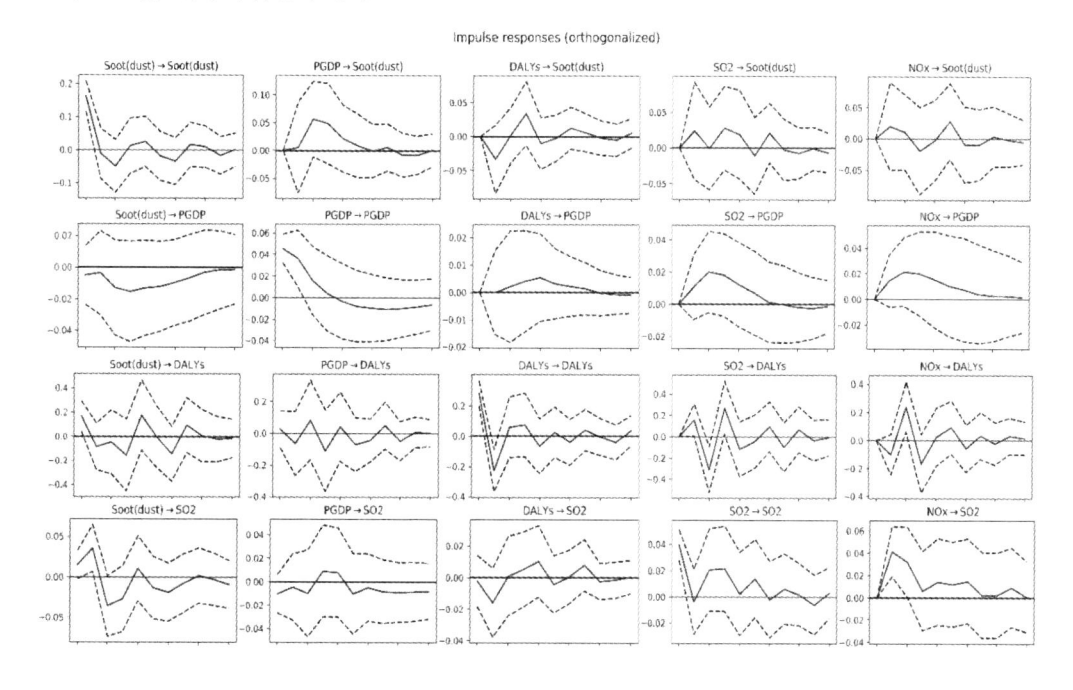

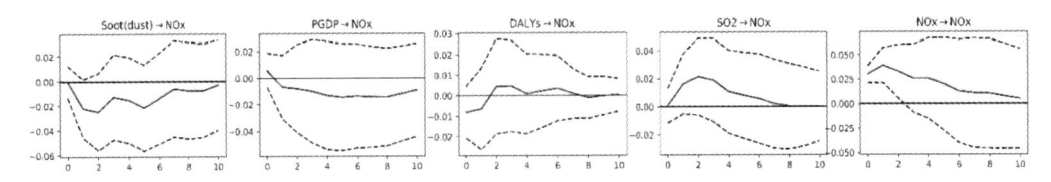

图 6.8 1990-2015 年"三废"排放、PGDP 增长、DALYs 的脉冲响应分析

5 个变量对其他变量变化的贡献度的方差分解分析如表 6.10、表 6.11 和图 6.9 所示。1990—2015 年的呼吸系统疾病同样主要受废气排放的影响,污染的加剧会导致呼吸系统疾病负担的加重,即空气污染越严重,呼吸系统疾病负担越重,越不利于健康状况的改善。随着预测期增加,污染物排放对 PGDP 增长影响逐渐增加,污染的加剧可能通过损害健康造成人力资本折旧等,从而导致不良经济效应。空气污染是经济增长和呼吸系统疾病预测方差的重要变量,空气污染主要受废气排放影响,国民健康与经济发展对空气污染各指标预测方差的贡献度相对较小。

表 6.10　1990—2015 年的呼吸系统疾病负担 DALYs 为响应变量的方差分解表

预测期	DALYs 为响应变量				
	NO_x	Soot（dust）	SO_2	PGDP	DALYs
1	0.380 4	0.048 9	0.016 0	0.025 7	0.529 0
2	0.274 1	0.042 1	0.197 9	0.019 2	0.466 7
3	0.250 4	0.036 2	0.349 5	0.025 0	0.338 9
4	0.269 1	0.097 1	0.304 0	0.040 1	0.289 8
5	0.269 6	0.096 6	0.304 1	0.040 2	0.289 5
6	0.265 0	0.102 4	0.307 4	0.039 3	0.286 0
7	0.264 7	0.101 4	0.307 3	0.042 5	0.284 0
8	0.265 1	0.101 2	0.307 3	0.042 6	0.283 8
9	0.264 4	0.101 0	0.306 4	0.044 6	0.283 5
10	0.263 7	0.100 8	0.306 8	0.046 1	0.282 6

表 6.11　1990—2015 年的人均 GDP 为响应变量的方差分解表

预测期	PGDP 为响应变量				
	NO_x	Soot（dust）	SO_2	PGDP	DALYs
1	0.014 8	0.002 0	0.053 3	0.929 9	0.000 0
2	0.039 6	0.008 5	0.077 7	0.865 0	0.009 2

续表

预测期	PGDP 为响应变量				
	NO$_x$	Soot（dust）	SO$_2$	PGDP	DALYs
3	0.136 6	0.080 1	0.061 3	0.713 2	0.008 8
4	0.301 7	0.218 7	0.034 7	0.438 0	0.006 9
5	0.432 5	0.307 5	0.022 5	0.230 8	0.006 6
6	0.518 4	0.324 8	0.030 2	0.122 0	0.004 7
7	0.574 4	0.307 9	0.041 8	0.072 8	0.003 1
8	0.600 3	0.288 3	0.055 0	0.054 3	0.002 1
9	0.610 2	0.270 9	0.068 3	0.049 2	0.001 4
10	0.613 6	0.255 5	0.080 4	0.049 5	0.001 0

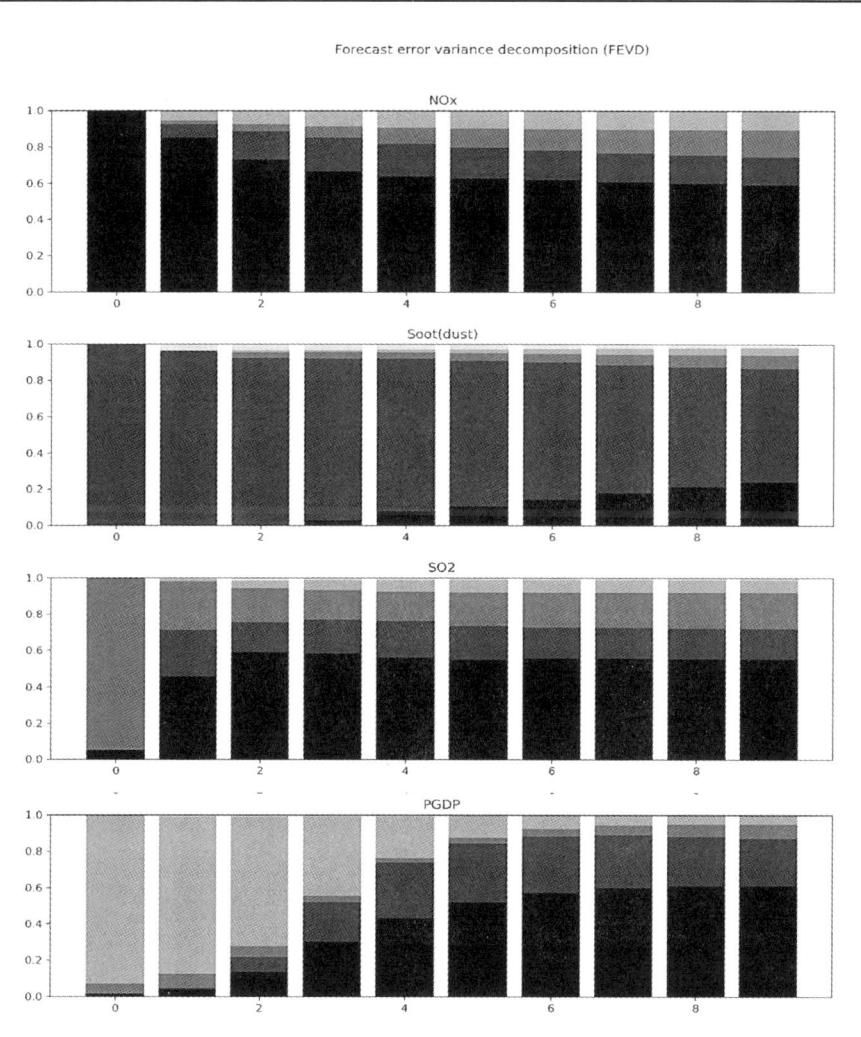

Forecast error variance decomposition (FEVD)

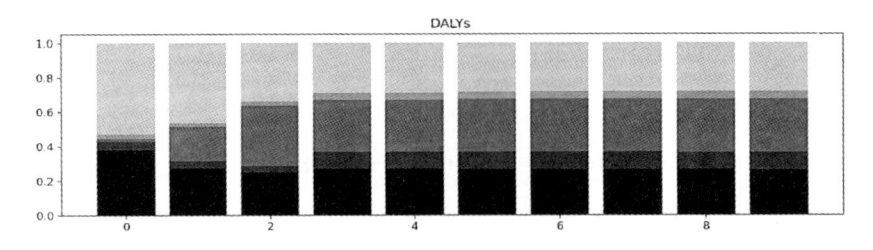

图 6.9　1990—2015 年"三废"排放、PGDP 增长、DALYs 的方差分解图

（3）在建立 VAR 模型时，内生变量的滞后阶数对参数估计自由度的影响很大。为了检验模型的稳健性并节约自由度，本书将变量的滞后阶数设定为 4 阶。然而，当选择较小的滞后阶数（如 p =1，2，3）时，协整方程的数目少于滞后阶数设定为 4 阶时的协整方程个数。尽管如此，仍得到了空气污染对国民健康和经济发展的负向影响的结论。唯一的区别是，在滞后阶数较小的情况下，长期均衡和短期波动之间的交互关系不够清晰明显。因此，可以得出结论，适当减少滞后阶数可以在保证模型稳健性的同时，减少参数估计自由度。

这表明，本书所构建的 VAR-VEC 模型具有较强稳健性，检验是可靠的。

6.5　空气污染间接经济损失评估

前文构建 VAR-VEC 模型，以分析了空气污染对经济发展和国民健康的长期累积效应和短期波动影响及三者之间的长短期交互影响。事实上，相比短期波动影响，空气污染的长期累积效应更不容忽视，不仅会影响当年的呼吸系统疾病和经济发展，也会对后期国民健康和经济发展产生重大影响。本节将实际测算 1990—2019 年这 30 年空气污染所致呼吸系统疾病所造成的经济损失，来具体量化测算空气污染的不良健康和经济效应。

空气污染会导致国民健康问题的加重，增加疾病负担，进而会减少健康劳动力和劳动力的社会价值。也就是说，空气污染的不良影响不仅包括对经济增长的阻碍，还包括对社会卫生资源的额外需求，以应对因污染而导致的疾病治疗和康复。此外，空气污染还会造成严重的社会和家庭直接经济负担。从这个角度来看，尽管疾病的直接经济负担是社会和家庭的直接疾病经济支出，但间接经济负担（Indirect economic burden，IEB）更能反映出劳动力价值降低的情况，进而充分反映出疾病对社会危害的程度。这是因为，IEB 更能体现出疾病对社会劳动力的有效工作时间的减少以及工作能力的降低。

本节利用人均国民生产总值（PGDP）和不同年龄组创造社会价值的差异，采用疾病指标 YLLs、YLDs、Deaths 和 DALYs 与人力资本相结合的方法，对 1990—2019 年呼吸系统疾病的间接经济负担进行估算，结果如表 6.12 所示，呼吸系统疾病 4 个疾病负担指标 YLLs、YLDs、Deaths 和 DALYs 的间接经济损失均在 45～59 岁年龄段取得最大值，分别为 18.54、5.62、2.39 和 52.13 亿元。导致这一结果可能的原因是该年龄段刚好是人生事业巅峰期，家庭工作负担重，承受着身心和经济多重压力，同时人际关系交往最为频繁，社会应酬多，经常喝酒抽烟，身体处于亚健康状态（Liu, et al., 2010）。

表 6.12 年龄分组的年均间接经济损失　　　　单位：亿元

年龄组	YLLs_IEB	YLDs_IEB	Deaths_IEB	DALYs_IEB
0～14	7.94	1.53	0.18	10.75
15～44	6.63	4.78	1.64	46.21
45～59	18.54	5.62	2.39	52.13
60 岁以上	9.55	0.94	0.39	6.03

根据图 6.10 和表 6.13 的结果，1990 年呼吸系统疾病的 4 种疾病指标 YLLs、YLDs、Deaths 和 DALYs 导致的间接经济负担（IEB）分别为 2.68、1.11、0.14 和 5.35 亿元。2019 年，4 种疾病负担指标 YLLs、YLDs、Deaths 和 DALYs 导致的间接经济损失分别为 22.69、7.57、1.75 和 36.78 亿元，相较 1990 年分别增长了 88%，99%，92% 和 85%。1990—2019 年，空气污染导致的呼吸系统疾病的 4 种疾病负担 YLLs、YLDs、Deaths 和 DALYs 的间接经济损失取值区间分别为[2.68, 22.69]亿元，[0.02, 17.91]亿元，[0.05, 3.76]亿元和[2.71, 88.79]亿元。30 年间，空气污染导致的呼吸系统疾病平均间接经济损失为 10.95 亿元。其中，呼吸系统疾病负担 DALYs 在 2014 年达到最大值 88.79 亿元，而 YLDs 和 Deaths 在 2015 年分别达到最大值 17.91 亿元和 3.76 亿元。YLLs 导致的经济损失在 2019 年达到 22.69 亿元。

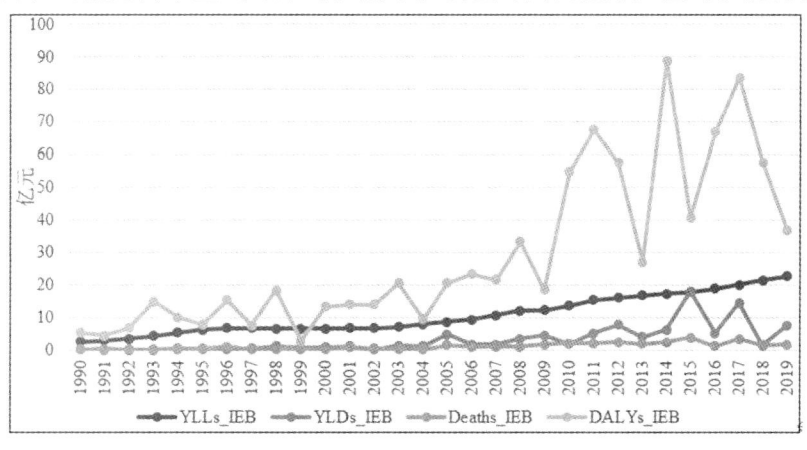

总的来说，1990—2019 年，空气污染导致的间接经济损失整体上逐年增加。虽然我国中东部在 2013 年 12 月发生严重雾霾事件，但通过严格落实节能减排等防治措施，我国废气排放显著减少，空气质量极大改善。因此，2014—2019 年污染导致的间接经济损失增加，可能是由于空气污染的长期累积效应对国民健康产生的长期持续影响。

图 6.10　1990—2019 年空气污染导致的间接经济损失

表 6.13　1990—2019 年空气污染导致的间接经济损失　　单位：亿元

年	间接经济损失（IEB）			
	YLLs_IEB	YLDs_IEB	Deaths_IEB	DALYs_IEB
1990	2.679 3	0.111 2	0.143 8	5.351 4
1991	2.986 5	0.364 6	0.050 5	4.579 8
1992	3.482 9	0.043 3	0.249 3	6.677 7
1993	4.254 3	0.020 8	0.190 2	14.824 7
1994	5.394 7	0.344 1	0.496 8	10.109 4
1995	6.283 1	0.414 3	0.477 1	7.816 8
1996	6.747 4	0.336 3	0.982 5	15.425 9
1997	6.816 7	0.472 7	0.205 1	7.581 4
1998	6.644 0	1.158 9	0.360 5	18.250 9
1999	6.495 3	0.688 0	0.206 1	2.706 7
2000	6.618 4	0.801 2	0.288 1	13.348 5
2001	6.690 7	1.216 7	0.794 3	13.963 2
2002	6.779 4	0.141 1	0.500 9	13.982 7
2003	7.096 1	1.435 5	0.291 5	20.524 4
2004	7.966 3	1.162 8	0.241 4	9.466 5
2005	8.627 3	4.824 3	1.594 8	20.622 8
2006	9.367 9	1.821 8	0.989 9	23.352 7
2007	10.755 4	1.745 5	0.991 7	21.675 3
2008	12.023 8	3.394 6	0.979 1	33.285 8
2009	12.193 7	4.426 8	1.674 3	18.536 7
2010	13.693 0	1.863 9	2.086 4	54.712 2
2011	15.393 0	5.163 8	2.046 1	67.585 2
2012	16.133 7	7.825 5	2.371 5	57.593 0
2013	16.713 9	3.961 7	1.993 6	26.940 5
2014	17.224 0	6.205 1	2.364 9	88.786 2
2015	17.870 6	17.907 1	3.763 5	40.803 6
2016	18.841 1	5.190 0	1.187 7	66.845 0
2017	20.121 0	14.587 9	3.526 5	83.636 9
2018	21.387 9	1.3 243	1.650 4	57.739 4
2019	22.685 7	7.5 685	1.752 4	36.782 1

6.6 本章小结

本章的研究在一定程度上有助于了解空气污染的因果关系及危害程度,从而为平衡经济增长与环境污染之间的关系、改善国民健康提供决策依据。本章主要结论为:中国经济不断攀升,废气排放量呈现先不断增加再缓慢降低的态势;1990—2019年,中国呼吸系统疾病负担整体呈下降趋势,且性别与年龄差异明显,男性明显高于女性,年龄在0~14岁、60岁以上的居民疾病负担明显高于其他年龄段。纳入VAR-VEC模型实证分析的5个变量的原时间序列均包含单位根,但是经过二阶差分之后,变量序列变得平稳,即各变量为同阶单整。空气污染对国民健康和经济发展在一定程度上产生显著的负向影响,且三者之间存在长期均衡关系。

空气污染对经济发展和国民健康的冲击较为波动,"三废"中烟(粉)尘和SO_2排放对经济发展在前几期为负向冲击,二者分别在2期和5期后对经济发展产生正向冲击,而NO_x排放对经济发展持续产生正向冲击。总体而言,空气污染对经济发展的负向或正向冲击的影响程度不大,但持续时间较长。烟(粉)尘排放对DALYs的冲击在第4期和第7期达到正向峰值。当NO_x和SO_2排放产生冲击时,DALYs没有即时脉冲响应,存在一定的滞后性。

方差分解显示,如果人均GDP增长率向前预测1期,有31.46%、2.63%和2.96%的预测方差分别来自SO_2、烟粉尘和NO_x排放量增长;如果向前预测10期,有65.46%、31.08%和1.08%分别来自NO_x、SO_2和烟粉尘排放。若向前预测1期,呼吸系统疾病负担DALYs的预测方差中,有65.44%来自烟粉尘排放量;如果向前预测10期,DALYs的预测方差中有19.54%、32.98%和35.72%的预测方差分别来自SO_2、NO_x和烟粉尘排放。即空气污染是经济增长和呼吸系统疾病预测方差的重要变量。空气污染主要受废气排放的影响,经济发展和国民健康对空气污染各指标预测方差的贡献度相对较小。

污染的加剧会导致呼吸系统疾病负担的加重,还会进一步影响到经济增长。反过来,经济发展过程中工农业生产造成的废气污染,会通过影响国民健康影响到人力资本积累、劳动力供给和劳动生产率,从而制约经济增长。总之,经济发展过程中的工农业生产造成空气污染,空气污染并不会实现经济增长。过度的污染拖累和阻碍经济增长,尤其是对健康的损耗会进一步降低劳动供给和劳动生产率,加重社会间接经济负担。

本章较好地反映出国民健康经济发展和空气污染的问题所在,为平衡经济增长与环境污染之间的关系、改善国民健康,给出以下几点启示:

第一,当前中国已进入空气污染节能减排深水区,空气质量改善的边际成本和社会总成本都在加大,进一步能源转型的科技要求和污染防治措施难度都会大于以往,必须寻求基于精细管理、科技创新和审慎研究的低成本的节能减排改善空气质量的路径。

第二，各级政府不仅要发挥宏观调控作用，制定空气污染治理的政策法规，政府间也应通力合作有效互动，完善区域合作管理机制。牢固树立"人类命运共同体"理念，建立多边、多层次、跨区域的越境空气污染治理合作机制，以期实现全球各国的信息交流与技术合作，最终实现全球环境诉求。

第三，空气污染防控所需要的不仅仅是大规模的政府政策、项目和国际条约，个人行为在任何减少全球空气污染物排放的成功战略中都是很重要的组成部分。因此，应实施节能降耗减排工程和开展全民行动计划相结合，努力降低人均GDP能耗和废气排放强度。

此外，切实实施健康中国战略，合理配置卫生资源，注重提升医疗卫生服务水平，在经济系统健康运行的基础上，有效预防环境健康风险、提高污染致病的治疗水平。

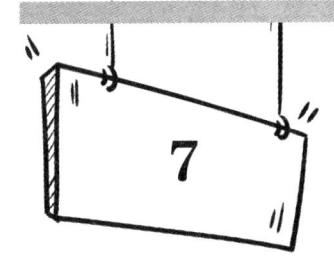

7 空气污染对农业生产的影响评价研究

人类活动导致的空气污染、全球气候环境变化对人类经济社会的影响已经不容小视，农业也是受空气污染影响较直接和脆弱的部门，其发展关系着人们的温饱以及基本生活保障问题。本章以我国供需缺口最大的粮食作物——豆类作为研究对象，基于我国 25 个省级行政区（香港、澳门、台湾、海南、西藏、北京、天津、上海和重庆除外）2005—2019 年的空气污染、气候环境、经济市场、人类种植行为和技术发展水平 5 个方面因素的多个指标构成的面板数据，建立面板空间计量模型，探究空气污染对豆类单位面积产量的影响。

7.1 数据与方法

7.1.1 数据来源与处理

本节所采用的样本数据主要包含种植数据、空气污染数据、气候环境数据、社会经济数据 4 个方面，时间区间为 2005—2019 年，研究样本地区初步选取中国的 31 个省级行政区（香港、澳门、台湾除外），其中，考虑到海南省与西藏自治区地理环境特殊，豆类产量极低且数据缺失严重，因此选择剔除；同时，北京、天津、上海和重庆 4 个直辖市城市耕地面积相较于其他省份较少，且现代化水平较高，不适宜大力发展豆类等农产品的种植，对于本节豆类单产的影响因素分析不具有代表性，因此选择剔除。4 个方面数据具体来源如下：

（1）种植数据。在 25 个省份中，种植数据的选取包括每个省的豆类种植面积、单位面积产量、有效灌溉面积和单位面积化肥使用量。数据分别来源于中国国家统计局年鉴和 CSMAR 数据库，收集到的样本数据均为 375 个，数据完整无缺失。

（2）空气污染数据。空气污染数据主要包括碳排放总量、废气中 SO_2 排放总量。碳排放总量来源于中国国家统计局年鉴，其中碳排放总量指标存在 25 个缺失值，用插值法进行补充；废气中 SO_2 排放总量和废水排放总量数据来源于中经网统计数据库

（3）气候环境数据。气候基本数据从全国 820 个气象观测点中筛选获得，选取每个省份中豆类产量最高的 25 个城市气象站日值气象数据作为本省气候基本数据的代表。豆类作物的生长温度为 10 ℃以上，因此本书将每个站点里每年中大于 10 ℃的日均温

度进行累加，作为该省份年度有效积温值，以此来反映豆类种植中温度的影响。各省的降水量数据来源于中国国家气象科学数据共享服务平台-中国地面气候资料日值数据集V3.0版。此两项数据均完整无缺失。环境数据主要包括废水排放总量和受灾严重程度，其中受灾严重程度用该省每年的受灾次数除以豆类种植面积来表示。其中废水排放总量数据来源于中经网统计数据库，废水排放总量有25个缺失值，用插值法进行补充；受灾次数数据来源于中国国家统计局年鉴。

（4）社会经济数据。社会经济数据包括粮食收益成本比和农村用电量，收益成本比为上期农产品生产相对价格指数除以当期农产品生产资料相对价格指数计算得出。农产品生产相对价格指数和农产品生产资料相对价格指数数据来源于中经网统计数据库，数据完整无缺失；农村用电量数据来源于CSMAR数据库，数据存在25个缺失值，用插值法补充完整。

7.1.2 变量选择

本书选取豆类作物单位面积产量作为被解释变量，影响豆类单位面积产量的空气污染指标为核心解释变量，其他包括气候环境、经济市场、人类种植行为和技术发展水平4个方面因素为控制变量。其中，核心解释变量空气污染以大气中碳排放量、二氧化硫排放量作为替代指标。控制变量中的气候环境因素主要有：气候方面为豆类种植地区的温度变化和降水情况，环境方面为受灾程度以及可能影响到灌溉水质的废水排放量；经济市场因素主要包含粮食的市场价格与成本等经济因素；人类种植行为指的是人为对粮食作物的干预情况，包括施肥与灌溉两种行为；技术发展水平指的是种植粮食的科技水平，本书利用种植地区的现代化程度来体现。因此，本书选取的被解释变量、核心解释变量以及控制变量所包含的具体指标如表7.1所示。

表 7.1 变量指标选择表

变量	指标	指标名称
被解释变量	豆类生产情况	豆类单产
核心解释变量	空气污染	碳排放量
		废气中二氧化硫排放量
控制变量	气候环境	有效积温
		降水量
		受灾程度
		废水排放总量
	经济市场	粮食收益成本比
	人类种植行为	单位面积化肥使用量
		有效灌溉面积比
	技术发展水平	农村用电量

7.1.3 分析方法

本章采用空间计量方法,基于研究对象的理论与数据特征构建面板空间误差模型(Panel Spatial Error Mode),来探究空气污染对豆类单位面积产量的影响,构建模型如下所示:

$$Y = X\beta + \lambda + \rho W\mu + \varepsilon \tag{7.1}$$

式中,Y 表示因变量粮食单产;X 为自变量矩阵;β 是待估计参数,表示 X 对 Y 的边际影响;λ 表示时间效应,用于控制随时间改变因素的影响;W 为空间加权矩阵,其中元素 $W_{i,j}$ 描述了第 j 个与第 i 个截面个体误差项之间的相关性;ρ 为空间误差相关系数,度量了邻近个体关于被解释变量的误差冲击对本个体观察值的影响方向与程度;$\varepsilon_{i,t}$ 为模型残差项。

7.2 空气污染对农业生产影响实证模型设定

7.2.1 空间效应检验

莫兰指数和 Geary's c 是一种度量全局地区之间是否存在空间自相关性的系数,使用的空间邻接矩阵(W)是反映样本空间相关性的基准矩阵,空间邻接矩阵的定义与 7.2.2 节中定义一致。表 7.2 是本节研究样本豆类单产这一指标的空间相关性的检验结果。

表 7.2 空间自相关检验结果

检验系数	豆类单产
Moran-I	0.201**
Geary's c	0.733**

以上检验结果表明,豆类单位产量样本之间存在着显著的空间正相关影响,传统的面板模型不足以处理空间相关性问题,其估计结果不但有偏,而且会极大地高估变量的显著性水平,这种有偏性偏误实质上是源于遗漏空间因素,因此,本书使用空间计量模型来进行实证分析。

7.2.2 模型选择

平稳性检验是面板数据在使用模型前的必备步骤,需保证每个变量都是平稳序列或变量间存在协整关系才可以进行建模。检验后发现豆类单产并不平稳,因此对其做对数处理,处理后的豆类单产与其余变量平稳性检验结果如表 7.3 所示。

从表 7.3 可知，针对以上 11 个变量选择两种同质单位根检验法——LLC 检验（Levin-Lin-Chu test）和 Hadri 检验（Hadri (2000) panel unit root test），一种异质单位根检验法——IPS 检验（Im-Pesaran-Shin test for cross-sectionally demeaned），结果显示以上变量的面板数据均为平稳序列。

表 7.3 平稳性检验结果表

变量	检验方法	检验结果	变量	检验方法	检验结果
Ln（Yield）	LLC	−9.013***	WASTE	LLC	−5.141*
	HARDI	15.238***		HARDI	34.790***
	IPS	−1.781*		IPS	−0.988
COAL	LLC	−4.327**	RATIO	LLC	−19.627***
	HARDI	37.559***		HARDI	−1.484
	IPS	−1.175		IPS	−3.602***
SO_2	LLC	−3.725	FER	LLC	−8.599***
	HARDI	33.522***		HARDI	27.550***
	IPS	−0.717		IPS	−1.588
EAT	LLC	−11.331***	IRRI	LLC	−12.055***
	HARDI	7.187***		HARDI	28.060***
	IPS	−2.304***		IPS	−2.329***
PRE	LLC	−12.314***	POWER	LLC	−7.422***
	HARDI	1.216		HARDI	37.509***
	IPS	−2.236***		IPS	−1.374
DISASTER	LLC	−14.212***			
	HARDI	12.848			
	IPS	−2.550***			

7.2.3 模型的建立

本书构建面板空间误差模型（Panel Spatial Error Mode）如下所示（Schlenker, W.&Roberts, M.（2009））：

$$Y_{i,t} = \beta_0 H_{i,t} + \beta_1 P_{i,t} + \beta_2 X_{i,t} + \beta_3 E_{i,t} + \beta_4 A_{i,t} + \beta_5 T_{i,t} + \lambda_t + \varepsilon_{i,t} \quad (7.2)$$

$$\varepsilon_{i,t} = \rho \sum_{i'} W_{i,i'} \varepsilon_{i',t} + \eta_{i,t} \quad (7.3)$$

式中，i 和 t 分别表示省份和年份；$Y_{i,t}$ 表示粮食单产；$H_{i,t}$ 表示碳排放情况，考虑到煤炭是碳排放的主要来源，选取煤炭使用量来代表碳排放情况；$p_{i,t}$ 表示废气中 SO_2 排放量；$X_{i,t}$ 表示其他气候环境变量，包括受灾程度、有效积温、各省份每年的降水总量以及废水排放总量，其中，受灾程度则用各省份受灾次数除以总播种面积计算得出，有效积温指作物在生育期内有效温度的总和，它反映了生物生长发育对热量的需求，是衡量地区热量资源的指标。

$E_{i,t}$ 表征经济市场因素，以粮食种植的收益成本比表示。由于经济市场因素和豆类单产之间存在着互相影响的关系，两变量间存在明显的内生性问题。本书使用滞后一期的价格变量作为当期价格的替代变量。这一处理方式的依据在于上年的气候条件、市场因素对于农民下一年种植的决策有很大的影响，进而改变农民对当年种植收益与成本的预期，但上一年的气候条件和经济因素与当年的农作物单产（即模型的残差）之间却没有直接的联系。因此，滞后一期的农产品生产价格指数可视为当期种植的预期收益，而当期的农业生产资料价格指数则代表当期面临的种植成本，这两个价格指数之比，即预期收益/种植成本表征了经济市场因素，其比值越高表明种植收益越大；$A_{i,t}$ 表征人类行为干预因素，包括单位面积化肥使用量和有效灌溉面积比，有效灌溉面积比通过有效灌溉面积除以总播种面积计算得出；$T_{i,t}$ 表征技术水平因素，即种植地区的现代化水平，用农村用电量来反映；时间固定效应 λ_t 捕捉政策制度等不随地区改变的因素。

此外，(7.2)式中没有被自变量所捕捉的其他影响因素，将全部纳入残差项（$\varepsilon_{i,t}$），这些因素包括区域农作制度、区域土壤环境、区域种植习惯等，既与当地气候高度相关，又影响到豆类单产，因此也会影响估计结果的一致性。为了弥补潜在的遗漏变量偏误，本书允许样本之间存在空间相关性，利用相邻省份的残差（$\varepsilon_{j,t}$）解释特定省份的残差（$\varepsilon_{i,t}$），以捕捉所有具有区域特征的遗漏变量[①]，表示为(7.2)式。式(7.3)中，$W_{i,j}$ 为空间加权矩阵，规定了空间相关影响的范围，本书采用空间邻接矩阵来反映样本空间相关性，即先验地认为相邻的样本省之间存在着空间相关影响，但不相邻的样本省之间则不再具有空间相关性[②]；相邻样本省之间的空间相关程度则由估计系数 ρ 所反映。式(7.2)和式(7.3)构成了本书的面板空间误差模型，在剥离 $\varepsilon_{i,t}$ 的空间相关性之后，$\eta_{i,t}$ 是实证分析模型的真实残差项。

[①] 空间误差模型能够纠正遗漏变量偏误的基本思想是：凡是不能被回归模型中自变量所捕捉的因素，都将进入模型残差项（$\varepsilon_{i,t}$）；但是，一旦无法观测的遗漏变量具有共同的空间区域特征（即特定省与相邻省共同的区域特征，例如区域农作制度、区域自然灾害、区域品种及土壤类型等），那么，使用相邻省的残差（$\varepsilon_{j,t}$）作为额外的自变量来解释特定省的农作物单产（$Y_{i,t}$），相邻省的残差（$\varepsilon_{j,t}$）就可以反映所有共同的区域特征。

[②] 空间邻接矩阵是一个要素取值为（0，1）的方阵。如果样本县域相邻，则取值1；如果不相邻，则取值0。出于三个方面的考虑，本书选择空间邻接矩阵为基准情形，一是与现有文献（例如 Schlenker et al., 2006；Schlenker and Roberts, 2009）保持一致；二是已有研究（例如 Schlenker et al., 2006；Chen et al., 2016）证实，虽然不同空间加权矩阵的选择会影响空间相关程度指标 ρ 的大小，但不会显著地改变实证分析模型所关注的气候变量的系数估计值。此外，在面板数据情形中，通常假定空间相关影响的范围和程度（即空间加权矩阵 $W_{i,j}$）不随时间变化（Elhorst, 2014）。

至此，本书所关注的空气污染要素系数 β_0、β_1 的经济意义为：在其他条件（$X_{i,t}$，$E_{i,t}$，$A_{i,t}$，$T_{i,t}$ 和 λ_t）不变的前提下，单位碳排放及废气中 SO_2 排放量因素（$H_{i,t}$，$P_{i,t}$）对农作物单产 $Y_{i,t}$ 的边际影响。

7.3 空气污染对农业生产影响的描述性分析结果

针对本书所选的11个变量，以2005—2009年、2010—2014年、2015—2019年每5年为一个时期，做描述性统计如表7.4所示。由表7.4可见，中国豆类单产均值较明显地在稳定增加；全国的碳排放量、气温水平和平均降水量也出现了渐进性增加的现象。与之相反，废气中二氧化硫排放量明显减少。由4.1节空气污染时空分布特征研究发现，空气污染整体上呈现"东南低西北高、沿海低内陆高"的空间分布格局和"冬高春降，夏低秋升"的"U"形月变化规律。中国豆类的主要种植省份在新疆维吾尔自治区、福建省、山东省和广东省，这些省份的空气质量较好，废气中 SO_2 的排放量在2015—2019年有明显的减轻，这是政策干预所带来的良好效果；这些省份降水量分布差异较大，说明豆类对于降水量的敏感性并不高；受灾程度在逐年减轻，然而这不是因为灾害发生的次数变少，与此相反，灾害发生的频次在逐步增加；但中国豆类的种植面积在逐年减少，而高效的、适应豆类生长的耕地面积也在逐年减少。废水的排放控制情况依然不容乐观，仍在逐年增加。粮食收益成本比有比较明显的下降趋势，这意味着中国农民的自主种植意愿可能会有一定程度的下滑，单位面积化肥的使用量基本保持稳定甚至轻微下滑也是这种现象的表现之一。农村用电量则是呈现十分显著的上涨趋势，说明这15年来，中国农村的现代化建设和科学技术发展效果显著。

表7.4 样本描述性统计表

变量名称	变量标识	单位	2005—2009 均值	2005—2009 标准差	2010—2014 均值	2010—2014 标准差	2015—2019 均值	2015—2019 标准差
豆类单产	Yield	公斤/公顷	1 877.857	565.641 6	1 921.798	566.758 4	2 024.988	581.684 2
碳排放量	COAL	万吨	256.164 6	166.789 5	396.438 1	262.679 9	446.621 8	330.754 3
废气中二氧化硫排放量	SO_2	万吨	90.303 12	44.349 46	79.555 2	37.383 18	33.451 12	26.404
有效积温	EAT	摄氏度	256 6.77	972.233 4	2 525.814	948.990 7	2 598.245	969.668 7
降水量	PRE	毫米	894.472 9	416.749 1	933.960 5	436.727 7	990.130 9	478.927
受灾程度	DISASTER	次/公顷	.304 989 1	.156 439	.2 023 446	.112 798 7	.138 672 8	.104 521 1

续表

变量名称	变量标识	单位	2005—2009 均值	2005—2009 标准差	2010—2014 均值	2010—2014 标准差	2015—2019 均值	2015—2019 标准差
废水排放总量	WASTE	万吨	198 086.6	153 076.4	245 094.4	183 915.9	265 363.5	203 324
粮食收益成本比	RATIO		1.030 3	.091 972 9	1.024 677	.060 420 4	.984 379 2	.040 627 5
单位面积化肥使用量	FER	公斤/公顷	326.888 3	108.803 1	366.504 1	126.227 2	360.530 8	134.108 2
有效灌溉面积比	IRRI		.385 587 1	.144 501 2	.407 051 3	.150 282 8	.423 296	.148 057 3
农村用电量	POWER	亿千瓦时	201.981 7	286.545 8	282.934 8	402.312	323.713 6	450.892 3

7.4 空气污染对农业生产影响的模型分析结果

7.4.1 面板空间误差模型回归结果

根据面板空间误差模型式（7.2）和式（7.3）的设定，时间固定效应、个体固定效应和双固定效应三个模型的拟合优度分别为 0.27、0.06 和 0.03，因此选择了时间固定效应模型来考察 4 类要素对中国豆类单产的影响，得到了表 7.5 所示的回归结果。

表 7.5 面板空间误差模型回归结果

	Coef.	Std.Err.	p-value
COAL	−0.000 09	0.000 079	0.254
SO_2	0.001 551 9***	0.000 601 6	0.010
EAT	−0.000 257 8***	0.000 046 8	0.000
PRE	0.000 489 5***	0.000 075 7	0.000
DISASTER	−0.682 334 5***	0.130 501 1	0.000
WASTE	$7.67 \times e^{-7}$***	$2.38 \times e^{-7}$	0.001
RATIO	0.227 392	0.373 917 9	0.543
FER	0.000 258 4	0.000 187 3	0.168
IRRI	1.030 56***	0.128 758	0.000
POWER	−0.000 172**	0.000 084 4	0.041

续表

	Coef.	Std.Err.	p-value
Spatial lambda	−0.114 790 1	0.115 053 7	0.318
Variance Sigma2_e	0.080 123 3***	0.005 870 2	0.000
	within	between	overall
R-sq	0.009 4	0.543 9	0.279 3

从表7.5可以得出以下结论：

（1）空气污染变量中，碳排放（**Coef.**=-0.000 09，*p*>0.05）对豆类单产的影响并不显著，原因在于：一方面，碳排放的增加带来了极端天气、全球变暖等负面气候影响，对豆类的生长起到负面作用；另一方面，CO_2是豆类进行光合作用的条件，对其生长起到了正向作用，目前两种作用可能处于抵消状态，故碳排放未对豆类单产起到显著影响。而废气中SO_2排放量（**Coef.**=0.001 551 9，*p*<0.05）与豆类单产之间存在显著的影响关系：废气中SO_2排放量对豆类单产的影响是最大的，废气中SO_2排放量每增加1万吨，豆类单产增加0.155 194%。结果显示废气中SO_2排放量与豆类单产之间存在正向影响关系，这一结论与假设有所出入。原因可能在于随着我国经济的快速发展，国内能源形势日益紧张，而天然气作为一种清洁燃气燃料和重要的化工原料，其需求量也日益增加。因此国内有学者研究了废气SO_2排放对环境、土壤以及农作物的短期和长期影响。（刘志宏，2012）研究表明，尽管SO_2高于《保护农作物的大气污染物浓度限值》的要求，但并不会对预测影响区域内小麦、水稻、豆类、玉米和油菜造成急性伤害，更不会对其长期生长造成影响；（杨刚等，2010）研究表明，高硫气田SO_2排放会显著降低水稻籽粒的千粒重，进而影响水稻产量并降低水稻品质。没有研究支持SO_2排放对豆类产量的积极影响，这与研究结果相反，可能是由于选取的排放数据收集位置不准确，不能充分反映对豆类种植的影响。事实上，排放与人类活动和工业生产有关，这可能存在遗漏变量和内生性问题。同样的问题也存在于废水排放和豆类产量之间的关系中。

损害程度与大豆产量呈负相关。在大豆种植区，每公顷受害程度每增加1次，大豆产量降低68.233%，说明受害程度是影响大豆单产最严重的因素。这与Chijioke等（2011）的结论一致，他们认为洪水和干旱等极端气候事件会显著影响作物产量，这表明豆类作为一种作物对损害程度也很敏感。

（2）从生物学角度来说，与小麦、水稻等谷物（陈帅等，2015）相似，温度和降水量与豆类单位产量之间均存在"倒U形"的影响关系，即温度和降水量对豆类生产的影响是一种先增后减的非线性关系。模型结果显示，目前的有效积温对豆类的单产产生了负向影响（**Coef.**=-0.000 257 8，p <0.01），即有效积温每增加 1 ℃，豆类单产减少 0.025 78%。这不仅意味着极端天气对豆类单产的影响是显著的，较低或者较高的积温均会造成豆类减产；同时结合表 2-2 的描述性统计结果，我们可以认为，中国所出现的气候变暖现象显著地给豆类生产带来了负向影响。从长期来看，温度升高会对作物生产产生不利影响（Peiris，et al.，1996；Joshi et al.，2013），本书的研究结果表明，豆科植物与温度因素的关系与这一结论是一致的。在中国等农业更加依赖降雨的国家，气候变化对作物生产的影响更为显著，降雨的变化可能对作物生产产生不利影响（Pickson et al.，2020）。中国水稻产量与降水呈负相关，这与本研究中豆科植物产量与降水关系的研究结果相反。降水量与豆类单产之间也存在正向的影响关系（**Coef.**=0.000 155 19，p <0.01），即随着降雨量的增加，粮食单产也会有所增加，降水量每增加 100 mm，豆类单产增加 4.895%。同时也表明，对于目前中国的降水情况而言，它对豆类生产生长依旧处在一个正影响的区间内。

（3）环境类气候变量中，废水排放量（**Coef.**=7.67×e^{-7}，p <0.05）、受灾严重程度（**Coef.**=-0.682 33，p <0.01）均与豆类单产之间存在显著的影响关系。其中，废水排放对豆类单产的影响是最小的，几乎可以忽略不计，废水排放增加 1 万吨，豆类单产增加 0.000 076 6%。结果显示废水排放量与豆类单产之间同样存在正向的影响关系。同理，废水排放量与豆类单产的关系也存在和废气中 SO_2 排放量对豆类单产影响的相同的问题。受灾程度与豆类单产之间存在负向的影响关系。在豆类种植地区，受灾程度每增加 1 次每公顷，豆类单产将减少 68.233%，说明受灾程度是影响豆类单位面积产量最为严重的因素。

（4）粮食的收益成本比对豆类单产不产生影响（**Coef.**=0.227 392，p >0.05），农民对豆类的预期收益和种植成本与豆类产量并无明显关系。

（5）在人类行为干预因素中，有效灌溉面积比（**Coef.**=1.030，p <0.001）与豆类单产之间存在正向的影响关系，即有效灌溉比例的增加能提升粮食的单产。而单位化肥面积使用量（**Coef.**=0.000 258 4，p >0.005）对粮食单产的影响是不显著的。这可能是因为农田土壤环境良好，肥料自我供给和微生态循环处于较好水平，且农民对于豆类耕作的施肥量达到较理想状态，对豆类生长影响较为微弱。

（6）技术水平因素的表征指标——农村用电量（**Coef.**=-0.0001，p <0.05），与豆类单产之间存在负向的影响关系，农村用电量增加 1 亿千瓦时，豆类单产减少 0.01%，即用电量的增加反倒降低了豆类单产。现代科技的发展切实提高了农业种植技术，一定程度上会提升豆类生产能力，但从另一个角度来说，农村的高度现代化一定程度上意味着人类活动的增加、生态环境的过度开发、高质量耕地面积的缩减，这些都会对豆类单位面积的生产能力带来负向影响，结论表明此项因素下负向影响已经略大于正向影响。

7.4.2 农作物产量损失与经济关联性

空气污染对中国大豆生产造成的潜在经济损失，包括直接经济损失和间接经济损失，直接经济损失是指大豆产量和品质下降所引起的经济损失；间接经济损失是指饲料加工、酿造、制药等相关行业的经济损失。目前国内相关研究（王倩等，2021），主要着眼于农业生产投入和产出的损失，关注农作物产量变化造成的直接经济损失。

研究发现，区县第一产业增加值越高，空气污染导致的减产效应越突出，即农业种植规模和体量越大、农业经济收入越高的地区，受空气污染的影响越严重。进一步分析农作物产量损失与区域经济结构的关联性，区县农业增加值占地区生产总值比重越高的区域，农作物产量损失也越严重，即本身越不发达、经济更依靠农业的区县，受空气污染导致的产量损失更大，而且这种现象在大豆种植区体现的较为明显。这无疑表示，空气污染加剧了不同区域发展的不平衡，政府需要加强宏观调控，加大对欠发达地区的农业扶持力度，分区调控粮价，增加农业补贴；重视欠发达地区的空气质量监测，制定严格的大气污染物排放标准，严格控制工业污染排放和面源污染排放；严守耕地红线，确保耕地不减少，尽快针对空气污染对不同区域的减产效应建立调控不公平的机制。

7.4.3 稳健性分析

本节从粮食单产这一单一变量的角度验证了使用空间计量模型的结论，而拉格朗日乘子检验——LM 检验（Lagrange multiplier test），是从包含所有变量的面板数据角度来检验应当使用空间回归方法还是普通面板数据的普通最小二乘法 OLS（ordinary least squares）回归方法。表 7.6 是从包含所有变量的面板数据角度来对整体模型进行 LM 检验的结果，显示模型存在显著的空间误差效应。

表 7.6　LM 检验结果

Spatial error	
Moran's I	15.347***
Lagrange multiplier	204.345***
Robust Lagrange multiplier	13.433***
Spatial lag	
Lagrange multiplier	194.733***
Robust Lagrange multiplier	3.821*

以上两种检验为本书选择空间误差模型（Spatial Error Model）提供了有力地支撑。

而针对面板数据，使用固定效应还是随机效应模型，则需要使用豪斯曼检验（Hausman test），表 7.7 是 Hausman test 的检验结果。

表 7.7　Hausman test 检验结果

	Coef.	Std.Err.	p-value
_Cons	7.200671***	0.2130221	0.000
COAL	2.58929***	0.7248598	0.000
SO₂	−0.4844776	3.493605	0.890
EAT	0.000091*	0.0000525	0.083
PRE	0.0000683	0.0000633	0.280
DISASTER	−0.1533701**	0.0771955	0.047
WASTE	−0.0051428**	0.0022797	0.024
RATIO	−0.1334411	0.1251934	0.286
FER	−0.0001154	0.0002452	0.638
IRRI	0.6176916***	0.2025145	0.002
POWER	0.0000286	0.0001004	0.775
Spatial lambda	0.0596465	0.0839248	0.477
Variance			
Ln_phi	1.278617***	0.305188	0.000
Sigma2_e	0.0246369***	0.001866	0.000
H0：difference in coeffs not systematic　chi2（11）=31.74　Prob>=chi2 =0.0008			

由表 7.7 可见，最终需拒绝选择随机效应的原假设，而选择固定效应面板模型。表 7.2～表 7.7 的 4 项检验结果共同为本章 7.2.2 节构造的模型式（7.2）和式（7.3）提供了强有力的支撑。

7.4.4　结论与讨论

大量观测资料及研究成果表明，空气污染对作物生长发育、种植制度和产量品质都有不同程度的影响，利弊并存，但负面影响多于正向影响。气候变化与中国粮食生产之间的关系错综复杂。从生态系统角度来看，不仅有南方水田和北方旱地两大农田生态系统对作物生长产生重要作用，而且粮食生产也因地域广阔、作物多样、品种众多、栽培方式、种植制度和生产结构差别而受到气候变化的不同影响（覃志豪等，2015）。

本书基于中国 25 个省级行政区（香港、澳门、台湾、海南、西藏、北京、天津、上海和重庆除外）2005—2019 年的面板数据，从空气污染、气候环境、经济市场、人类种植行为和技术发展水平维度，分析了上述因素对中国豆类单位产量的影响，其中着重关注的是空气污染因素，其他因素作为控制变量被纳入模型考虑。本研究结果表明，近年来在空气污染日益改善的大背景下，中国豆类生产发展的方方面面已经显现出渐进性变化的特点。1979—2002年期间，气候变暖更有利于中国豆类的生长，特别是在东北地区，气温升高可以延长作物的生长期，减少霜冻对豆类的影响（Tao, et al., 2021）。然而，本研究2005—2019年的结果表明，随着全球变暖加剧，生长季积温超过拐点最佳积温水平，温度升高开始对大豆产量表现出抑制作用，这与1979—2002年温度变化与大豆产量的关系不同。灾害次数逐年上涨是其最直接的结果表现，而灾害的发生对于豆类减产作用十分明显。由此可见，气温变暖会引起中国粮食主产区光、温、水等气候资源要素时空分布格局发生变化，进而导致土壤有机质、土壤微生物以及土壤肥力的变化，加剧局部地区的农业病虫害暴发和气象灾害形成。

此外，碳排放量每年都在增加。Kumar, P.等（2021）认为，碳排放与谷物产量呈正相关；Pickson, R. B等（2020）认为，CO_2排放在长期内对谷物产量有显著的负向影响，并表现为单向因果关系；Ahsan F等（2020）对谷物产量与CO_2排放之间的关系的结论与Pickson, R. B等相同，但他们的研究表明，CO_2排放与谷物产量之间存在双向因果关系。这些发现与本书中大豆产量与二氧化碳排放之间的关系并不相同，但这并不意味着其对中国豆类作物的生长毫无影响。过度碳排放除了造成气候变暖外，也是气候巨大变化和明显波动的重要成因。最直接的结果是每年的灾害次数增加，这对豆类产量的减少有重大影响。

同时，气候变化还通过环境因子的变化导致粮食作物品种生理生态特性的变化，从而对中国的粮食生产、种植制度、生产方式、结构布局和品种品质产生深远影响。此外，农村的高度现代化已经开始对豆类生长环境产生轻微的负面影响，这也是值得我们关注的结论。种植业是包括空气污染的气候变化最敏感的领域之一，气候变化引起了作物生育期、耕作制度等的改变，灾害发生频率和强度更加严重，给全球粮食生产系统和粮食安全带来风险和压力。保证农业可持续发展和粮食安全是应对气候变化的重要目标之一。

在国际研究中，许多其他国家已经研究了当地豆类生产与废气排放的关系，如Wurr, D.等（2000）对法国豆类生产与CO_2排放和温度变化的关系进行了详细分析。他们得出结论，温度对法国豆类的生产有很大的积极影响，而CO_2对法国豆类的生长有负面影响或甚至没有显著影响。目前国内对豆类作物产量的研究不足，影响因素也不全面。本书采用的面板空间误差模型，从4个方面解释了当前空气污染等气候环境因素对中国大豆单产的影响。本书的结论为应对空气污染和气候变化的中国大豆种植提供了参考，同时CO_2和SO_2排放量、废水排放量与大豆产量呈正相关，技术水平发展与大豆产量呈负相关。这两项发现虽然与谷物产量不同，但值得我们关注和考虑。

虽然本书的研究得出了一些有益的结论，然而本书的指标选取的局限性仍在一定程度上阻碍了研究。在考虑大气污染和水环境污染对豆制品生产的影响时，废气SO_2排放量和废水排放总量本质上反映的是人类生活的排放行为，只能在一定程度上反映大气污染和水污染的实际情况，而这两个指标对种植区和非种植区的区分则显得难以实现。这是由于种植面积统计指标的选择性较低。因此，只能选用整体指标代替种植面积指标。这种指标选择带来的误差，可能导致整体模型拟合优越性降低、估计系数不显著等问题。在以后的研究中，需要考虑其他替代变量或仪器变量，这些变量是高度准确的，可以收集来响应空气和水污染中的污染物浓度。

7.5 本章小结

本书所使用的面板空间误差模型从实证角度较为完善地解释了当前空气污染因素对中国豆类单位面积产量的影响，但指标的局限性依旧为本研究带来了一定程度的阻碍。在考虑空气污染对豆类生产的影响时，废气中 SO_2 排放量实质反映的是人类生活的排放行为，只能在一定程度上反映空气污染的实际情况，而这个指标中种植地区和非种植地区的区分则显得难以实现，这是由于种植地区的统计指标可选择性较低，因此只能选择整体指标来替代种植地区的指标。这种指标选择所带来的误差，可能会导致模型整体拟合优度降低、估计系数不显著等问题。在后期的研究中，需要考虑其他精确度高且可收集的替代变量或工具变量来反映空气中污染物浓度情况。

8 结论、建议与展望

8.1 研究结论

空气污染物本身发生发展规律的不稳定性、空气污染影响生命质量的长期多维性、个体对空气污染生理机制响应的不确定性以及空气污染影响经济发展的复杂性,使得空气污染对生命质量、经济社会发展的影响研究仍然是一个巨大的挑战。本书针对此问题进行了深入探讨,得出了以下主要结论:

(1)中国主要城市的空气质量表现出显著的季节周期性和区域差异性特征,但总体上呈现出逐年改善的趋势。根据描述性统计分析,2014—2022年间,中国主要城市空气质量表现出显著的季节周期性和区域差异性。总体而言,全国空气质量得到了显著改善,AQI值逐年呈下降趋势。尤其在2020—2021年期间,平均AQI降至约56.6,相较于2018年减少了14.88%。全国空气质量以优良等级为主,其中夏季空气质量状况最佳,而冬季相对较差。AQI值、$PM_{2.5}$、PM_{10}、NO_2、CO、SO_2浓度普遍呈现"冬高春降,夏低秋升"的"U"形月度变化规律,而O_3浓度则表现为倒"U"形分布。在区域差异性方面,空气质量较差的地区主要集中在中国中部内陆以及西北部地区,相较之下,沿海和高原地区的空气质量较好。中国主要城市的空气质量整体上呈现"东南低、西北高;沿海低、内陆高"的空间分布格局。

基于AQI值,本书对中国各省市的空气质量进行了分析。在全国范围内,空气质量由好到差排名前10的省份分别为:海南省、西藏自治区、云南省、福建省、贵州省、广东省、黑龙江省、广西壮族自治区、青海省和浙江省。相对而言,空气质量较差的10个省份从差到好依次为:河南省、新疆维吾尔自治区、河北省、天津市、山西省、北京市、山东省、陕西省、宁夏回族自治区和湖北省。在城市层面,空气质量由好到差排名前10的城市依次为:甘孜藏族自治州、林芝市、儋州市、三亚市、三沙市、阿坝藏族羌族自治州、玉树藏族自治州、黔南布依族苗族自治州、阿勒泰地区和迪庆藏族自治州。而空气质量较差的10个城市从差到好依次为:和田地区、喀什地区、阿克苏地区、克孜勒苏柯尔克孜自治州、吐鲁番地区、库尔勒市、石家庄市、安阳市、邯郸市和邢台市。根据对省市整体空气质量的排名和相关关系分析,本书发现空气质量最差的省市均受PM_{10}和$PM_{2.5}$的主要污染影响,并且CO和NO_2在一定程度上也会对AQI产生影响。

本书利用随机森林模型对 6 种主要污染物变量对 AQI 的影响重要性进行了评估。结果表明，$PM_{2.5}$ 和 PM_{10} 是对 AQI 影响最显著的两个指标，其次为 NO_2、O_3 和 CO，这与相关系数分析的结果基本一致。为了对中国空气质量进行长期和短期预测，本书从历史 AQI 数据和 6 种污染物浓度数据的角度分别建立了 SARIMA 和随机森林模型。在短期 AQI 预测方面，随机森林模型在预测精度和稳健性上均优于 SARIMA 模型。这表明，利用 6 种污染物的历史数据作为训练集进行空气质量预测，可以获得比仅依据 AQI 数据更高的预测精度。因此，本书选用 6 种主要污染物的浓度数据作为训练集，并采用随机森林算法对未来 10 年的长期 AQI 进行更准确的预测。长期预测分析结果显示，未来 10 年中国空气质量将呈现持续改善的趋势。

（2）空气污染会增加居民患呼吸系统疾病的住院风险，对其健康造成负面影响并带来严重的健康经济损失。在研究期间（2015—2019 年），武汉市的大气污染物 $PM_{2.5}$、PM_{10}、SO_2 和 O_3 浓度呈下降趋势，而 NO_2 和 CO 表现出波动变化。期间，该市两家医院的呼吸系统疾病逐日住院人数总体上升，并呈现出季节性和性别差异，冬季住院人数相对较多，且男性住院人数高于女性。随着年龄增长，日均住院人数逐步上升，其中 65 岁及以上年龄组的日均住院人数最高。此外，呼吸系统疾病住院费用在研究期间也呈上升趋势，男性和 65 岁以上年龄组的住院费用较高。然而，呼吸系统疾病住院天数在研究期间并未表现出明显的升降变化趋势，但男性和 65 岁以上年龄组的住院天数相对较长。

根据归因风险分析，除 CO 外，$PM_{2.5}$、PM_{10}、SO_2、NO_2 和 O_3 诱发的肺炎住院风险相较于 COPD 更高。在单日滞后效应最大时，$PM_{2.5}$、PM_{10}、SO_2、NO_2 和 CO 浓度每增加 10 个单位，呼吸系统疾病住院人数将分别上升 1.71%、0.71%、8.28%、0.76% 和 0.13%。利用疾病成本法估算，武汉市空气污染物导致呼吸系统疾病住院的经济损失总计约为 31.76 亿元，占 2019 年该市生产总值的 0.20%。情景分析表明，加强空气污染治理是实现健康和经济效益的重要途径之一。在尚未出现污染的情况下采取预防措施，即"治未污染"的策略，所产生的健康经济效益将更为显著。

（3）空气污染对居民的健康相关生命质量的健康效用和体验效用均产生负外部性影响，且居民生命质量水平存在居民个体特征、生活习惯、其他生活感知水平等方面的差异。本书第 5 章采用 EQ-5D 得分与生活满意度得分分别衡量居民健康相关生命质量的健康效用与体验效用，并通过多因素线性回归和二项逻辑回归方法，探究中国中老年居民生命质量与空气质量主观评价之间的关系。相关性检验显示，在 5% 的显著性水平上，各控制变量都与生命质量健康效用 EQ-5D 得分显著相关；在 5% 的显著性水平上，各控制变量除抽烟状况对生命质量体验效用生活满意度得分没有显著相关关系。多重共线性检验表明，各控制变量之间的正相关关系均未超过 0.46，负相关关系均未强于 0.48，表明各控制变量之间不存在显著的多重共线性问题。

多因素线性回归模型显示，在显著性水平 0.1% 下，空气质量满意度对居民生命质量健康效用 EQ-5D 得分的影响显著，平均而言，当其他指标都相同的条件下，空气质量满意度得分每上升一个等级，居民生命质量健康效用值就会下降 2.35 个百分点。即较差的空气质量满意度会降低居民生命质量的健康效用水平。二项逻辑回归模型显示，在 0.1%显著性水平下，空气质量满意度与生命质量之间存在显著正相关关系。在其他指标相同的情况下，空气质量满意度得分每增加一个等级，生活不满意的概率与生活满意的概率之比是原来的 0.7225 倍。异质性分析显示，虽然性别与收入对中老年居民生命质量影响具有统计意义，但影响作用间接且有限；生活方式因素亦对生命质量影响不可忽视。受访者居住地与抽烟状况对生命质量健康效用影响的显著性有待进一步验证。

（4）空气污染对国民健康和经济发展产生负外部性影响，且三者之间存在长期均衡和短期波动交互影响关系。此外，空气污染通过损害生命数量和生命质量健康导致严重的间接经济损失。首先，1990 年至 2019 年间，中国经济持续增长，废气排放量经历了先不断增长后缓慢降低的过程。空气污染导致的下呼吸道感染及呼吸道感染肺结核疾病患者人数最多，而中耳炎和上呼吸道感染患者在 7 类呼吸系统疾病中占比最少。总体来看，中国呼吸系统疾病负担呈现下降趋势，但不同性别和年龄段的居民之间仍存在显著差异。男性疾病负担明显高于女性，0 至 14 岁及 60 岁及以上年龄段的居民疾病负担则显著高于其他年龄段。

其次，空气污染对经济发展和伤残调整寿命年（DALYs）产生显著的负面影响，三者之间存在长期均衡关系。空气污染对经济发展和国民健康的冲击较为波动，"三废"中烟（粉）尘和 SO_2 排放对经济发展在前几期为负向冲击，二者分别在 2 期和 5 期后对经济发展产生正向冲击，而 NO_x 排放对经济发展持续产生正向冲击。烟（粉）尘排放对 DALYs 的冲击在第 4 期和第 7 期达到正向峰值。当 NO_x 和 SO_2 排放产生冲击时，DALYs 没有即时脉冲响应，存在一定的滞后性。

空气污染不仅导致经济发展和 DALYs 的短期波动，同时也是这两者预测方差的重要变量。方差分解显示，如果人均 GDP 增长率向前预测 10 期，有 65.46%、31.08%和 1.08%分别来自 NO_x、SO_2 和烟粉尘排放。若向前预测 1 期，呼吸系统疾病负担 DALYs 的预测方差中，有 19.54%、32.98%和 35.72%的预测方差分别来自 SO_2、NO_x 和烟粉尘排放。废气排放是大气污染的主要来源，而经济发展和 DALYs 对空气污染各项指标预测方差的贡献相对较小。这可能是因为随着污染加剧，呼吸系统疾病负担增加，这反过来进一步影响经济增长。与此同时，经济增长过程中的废气污染会损害生命数量和生命质量，从而对人力资本积累、劳动力供给和劳动生产率产生负面影响，制约经济增长。

最后，运用修正的人力资本法评估发现，从 1990 年至 2019 年间，居民的间接健康经济损失逐年增加。这可能是由于空气污染的长期累积效应对居民生命数量和生命质量产生持续的负外部性影响，导致人民健康受损、早逝和失能。这种影响进一步降低了人力资本的积累和折旧，从而造成严重的间接经济损失。

（5）空气污染变量中，碳排放对豆类单产的影响并不显著，而废气中 SO_2 排放量对豆类单产的影响是最大的；从生物学角度来说，温度和降水量与豆类单位产量之间均存在"倒 U 形"的影响关系；废水排放量、受灾严重程度均与豆类单产之间存在显著的影响关系；有效灌溉比例的增加能提升粮食的单产；农村用电量与豆类单产之间存在负向的影响关系；农民对豆类的预期收益和种植成本与豆类产量并无明显关系。由于碳排放的增加带来了极端天气、全球变暖等负面气候影响，对豆类的生长起到负面作用，且 CO_2 是豆类进行光合作用的条件，对其生长起到了正向作用，目前两种作用可能处于抵消状态，故碳排放未对豆类单产起到显著影响。废气中 SO_2 排放量与豆类单产之间存在正向影响关系，废气中 SO_2 排放量每增加 1 万吨，豆类单产增加 0.155 194%。从生物学角度来说，温度和降水量对豆类生产的影响是一种先增后减的非线性关系。废水排放量与豆类单产之间同样存在正向的影响关系。粮食的收益成本比对豆类单产不产生影响，农民对豆类的预期收益和种植成本与豆类产量并无明显关系。用电量的增加反倒降低了豆类单产。

此外，本书的结果还揭示了现有关于健康、疾病、健康预期寿命损失和生命质量测度估值方法之间存在较大差异。这些差异可能源于不同的数据来源、测量方法、统计技术以及研究背景。因此，在评估空气污染对生命质量和经济发展的影响时，有必要关注这些差异，并在可能的情况下进行综合考虑。

8.2 政策建议

根据本书的研究结论，针对空气污染负外部性影响问题，本书提出以下建议：

第一，针对空气污染的健康损害，以大健康为理念，以人民健康为中心，提供优质大气环境公共品。本书实证分析了空气污染对健康的负面影响，明确了优质空气公共品的重要性，在优质大气环境公共品的提供方面，具体措施包括但不限于：（1）政府应当高度关注经济发展过程中的环境污染问题，各级政府应切实增强健康责任感，以更大的担当作为健康理念的引领者，并加强宏观管理。（2）推进政绩考核体系的改革，应当将环境考核指标的权重提高，特别是控制温室气体排放目标责任等指标。同时，应当完善大气环境综合整治的考核方式，包括通过开展基于问卷调查的城乡居民空气质量满意度评估，并将公众满意度作为大气环境治理考核制度的重要内容之一。（3）现有的空气污染健康和寿命损失的测度估值方法存在较大差异，因此建议进一步结合我国的国情和医疗卫生技术，探索更加科学、合理和可信的测度方法和数值，以更好地评估空气污染的健康损害造成的损失。

第二，以绿色发展为目的，平衡经济社会可持续发展与空气污染的关系。基于本书的理论分析和实证检验，经济发展过程造成了空气污染，过度的空气污染会拖累和阻碍经济增长，尤其是对健康的损耗会进一步降低劳动供给和劳动生产率，加重社会经济负担。以放慢一定的经济发展速度为代价，进一步推动节能减排措施的实施，促进经济社会发展向绿色低碳产业转型，推动能源低碳革命、绿色低碳工业体系的构建和城镇化低碳发展，以解决我国的环境污染问题。（1）我们应当积极促进可再生能源、新能源、可持续基础设施等领域的发展，加大高新技术产业、绿色产业和可再生新能源产业的投资和创新力度，通过技术创新和新兴产业的培育，为经济体系注入新的增长动能，从而快速实现绿色低碳循环发展，达到显著减少空气污染物等环境效益的目标。（2）政企分开，充分发挥政府宏观调控的职能，实现经济的稳定、长期、快速、环保健康的增长。（3）政府加强对企业的监管，通过征收污染税将空气污染的外部性内部成本化。基于经济效益和环境影响的综合考量，关停造成严重环境污染的企业。实现显著减少空气污染物等环境效益，同时带来可观的健康效益和经济效益。

第三，针对不同性别对空气污染的响应存在的差异，制定针对特定性别的防治策略。首先，通过对不同性别人群的污染物暴露水平和生命质量状况进行分析，确定特定性别人群对污染物的敏感性和反应差异。针对不同性别的敏感程度和生理特点，制定不同的防治策略。例如，女性通常比男性更容易受到空气污染的影响，因为女性的生理特点和社会角色决定了她们比男性更容易接触到有毒有害物质，同时她们对空气污染的响应更敏感。因此，针对女性，可以采取更为严格的限制排放标准，以减少女性在生育期间的不良影响，如早产、低出生体重等；加强对室内空气质量的监测和管理，尤其是对化妆品、清洁用品等家庭产品中存在的污染物进行控制。其次，针对不同性别的生活方式和行为习惯，也应该制定不同的防治策略。例如，男性通常比女性更爱好户外活动，因此在城市规划和交通管理方面，应该考虑如何降低户外活动对空气质量的影响，例如设置绿化带、减少机动车使用等。最后，针对不同性别的健康需求和医疗资源分配，应该制定不同的防治策略。例如，女性通常比男性更关注家庭和社交生活，因此在医疗资源分配方面，应该充分考虑女性健康需求的特殊性，加强对妇女健康的关注和照顾。

总而言之，针对特定性别的污染物防治策略，需要综合考虑不同性别人群的生理心理、社会特点、健康需求和医疗资源等多个方面，建立科学的监测体系和数据分析方法，并与公众、政策制定者等各方合作，共同推动空气污染治理和生命质量改善工作。

第四，以污染防治顶层设计为首位，空气污染与气候变化协同治理。考虑到大气作为一种纯公共品，消费时具有明显的负外部性特征，污染排放的应对治理又具有明显的正外部性特征，故其治理的重要途径就是使空气污染、碳排放的外部性内部化，且"治未污染"的环境、健康和经济效益比污染后治理更高。此外，空气污染治理行动作为一种公共品，需要一个规范来约束全球各国的行为，防止出现"搭便车"和"公地悲剧"问题。

（1）以污染防治顶层设计为首位，寻求国际合作，筑基人类命运共同体。空气污染绵延至今已经超越国界，其危害遍及全球。将空气污染治理行动看作全球公共品，坚持全球各国（地区）政府主导、企业施治、市场调节、公众参与的资源互补、权力共享的动态系统，来共同完成空气污染治理。政府、企业、社会团体和个人等都是空气污染治理过程的直接参与者，建立以政府主导、企业行动和公众参与的大气治理模式。首先，政府宏观调控职能是空气污染治理的治本之策。既依赖于中央和地方政府在标准控制、法规制定、监督管理等方面有效互动，又在于政府间在构建合作平台、丰富合作方式、调动参与者积极性等方面的通力合作。其次，充分发挥生态环境部门的主导作用，弥补现有机制存在于环境权益交易制度间的漏洞，充分利用环境规制等政策，形成外部压力，倒逼企业开展环境保护行为，加大生态系统改善运行效率。第三，通过借鉴气候变化谈判的经验，建立多边、多层次、跨区域的越境空气污染治理合作机制，以应对空气污染问题日益加剧的形势。当前，基于经济发展和社会福利的需要，各国（地区）已将大气环境治理保护纳入发展战略中，并将其作为提高竞争力的重要组成部分。为了推动构建人类命运共同体，我们需要积极参与国际环境活动，推进国际规则标准的制定。在此基础上，全球各国应加强信息交流和技术合作，以实现环境诉求、减少空气污染物等环境效益，并为健康和经济效益的提升做出积极贡献。此外，该合作机制也有望促进国际环境争端的解决。最后，空气污染防控不仅依赖于政府的政策、项目和国际条约等大规模的举措，而且还需要将个人行为视为减少全球空气污染物排放成功战略的重要组成部分。个人的直接使用行为，如开车、加热或制冷、开灯等，以及间接使用行为，如购买和使用气溶胶喷雾罐等各类产品，都会对空气质量产生影响。因此，个人和其他社会团体也应该积极参与到大气治理行动中来，以促进空气质量的改善和全球空气污染排放的减少。

（2）充分发挥市场机制作用，利用市场化机制自发调节污染排放。对于空气污染的治理来说，虽然传统的"谁污染，谁治理"生态补偿机制在执行过程中起到了较大的治理作用，但却是被动消极的，且存在生态补偿模式、范围、标准和方式单一等问题。治理空气污染应充分发挥市场机制作用，用"谁污染，谁治理"的生态补偿机制与"谁治理，谁受益"的生态受益机制结合起来的市场化机制，自发调节污染排放。利用生态补偿机制和生态受益机制结合起来的市场化经济激励机制，既能减少空气污染排放，又能激励更多的力量参与到污染治理之中，使污染的正、负外部性都实现内部化。市场机制自发调节措施在一定程度上不仅可以弥补政府宏观调控在空气污染治理中的缺陷，又能够对经济激励机制起调节作用，促进其发挥作用，逐步实现空气污染治理融资市场化与污染排放权交易市场化。

（3）以能源转型为着力点，空气污染与气候变化协同治理。气候变化和空气污染有着同源性，因此需要采取协同共治的战略来应对二者。实施气候友好的空气污染防治战略，通过能源转型来实现减排降污的目标，从而协同治理空气污染和气候变化，提高治理效率。在制定综合、一体化、协同的防治政策时，需要兼顾资源禀赋、能源安全、转型周期和长期减排等多重因素。我国当前正处于以化石能源为主向多元化能源结构转变的关键窗口期，技术创新是实现能源转型的关键。针对气候变化和空气污染的复杂关系，必须采取协同控制的策略，从而在最小代价的情况下获得最高效益。因此，应该实施空气污染控制与气候变化治理的双协同，包括排放源控制的协同和健康效益的协同。

（4）发挥公众媒体宣传监督功能，防范污染和促进污染整治是环境治理体系中必不可缺的环节。媒体在环保方面的宣传、舆论监督和社会各界参与治理的引导，对于推进生态环境保护工作具有显著的作用。城市空气重污染期间，媒体对空气污染问题的报道量明显增加，这种报道对城市空气质量的改善产生了显著的促进作用，尤其是当地媒体报道空气污染时。空气污染报道的有效性不仅受到媒体的政治影响力和权威性等因素的影响，还取决于媒体自身对空气污染问题的关注程度以及城市环境信息的公开程度和监督机制的完备性。此外，公众作为重要的利益相关者，不仅是污染治理的参与者，而且其对环境的关注程度也会对政府和企业等环保主体的环境行为产生影响，从而推动企业进行绿色创新。

8.3 研究局限性与研究展望

本书在深入探讨空气污染对生命质量和经济发展的负面影响方面做出了重要贡献，然而仍存在一定的局限性和不足。

首先，数据来源的不一致性，实际污染水平与空气污染感知水平之间的关系亦需进一步整合和比较。本书采用了多个数据集，如《中国统计年鉴》、全球疾病负担（GBD）数据库、中国健康与养老追踪调查（CHARLS）项目数据库、国家统计局、医院信息系统（HIS）、国泰安 CSMAR 数据库和中国环境监测总站等，旨在得出空气污染对生命质量和经济发展的负面影响结论。然而，本书并未对实际空气污染水平与空气污染感知水平的影响效应进行整合比较。为提高研究结果的准确性和可靠性，未来研究应综合运用多种数据来源，并深入探讨这两种污染水平对健康和经济的影响效应。通过这种方法，可以获得更为精确的研究结构，以及更具可信度和全面性的研究成果。

其次，空气污染对生命质量和经济发展的影响具有多重维度，受众多因素的不同程度制约。本书在实证分析中，仅考虑了空气污染对呼吸系统健康、生命质量二维效用、国民健康和经济发展的影响，未涉及空气污染对心理健康、认知决策、经济发展速度与质量、收入与消费以及工农业生产等方面的影响，因此实证研究的范围有待进一步拓展。在评估空气污染所致经济损失时，本书未充分纳入患者及其家属所承担的交通费用、护理负担、心理压力和精神损失等相关成本，这可能导致运用疾病成本法估算的经济损失存在偏差和低估现象。此外，在探讨空气污染对生命质量的影响时，本书主要依赖于 CHARLS 2018 数据库中的空气质量主观评价数据，以评估其对居民生命质量的影响。然而，这并未包含对特定空气污染指标的感知，以及水质、绿化环境、河湖污染、土壤污染和噪声污染等其他环境因素对生命质量的影响。未来研究可予以进一步补充和完善，以提高分析的全面性和准确性。

尽管本书构建了一个较为全面的空气污染影响分析体系，并验证了其在理论意义和应用价值方面的高水平，但在数据获取和处理上存在一定局限性，未来可以结合国际研究视野对比研究，以进一步完善和改进本书的分析框架和方法，为制定更有效的环境治理政策提供更准确的依据。未来的研究可逐步扩展研究内容的广度，如从空气污染物的来源与控制、空气污染政策制定与评估、空气污染协同治理等方面继续研究。另外，持续污染暴露、空气污染对生命质量和经济社会的负外部性影响的间接后果以及空气污染与气候变化，这三个方面可能是该领域未来的重点深化方向。其中，空气污染与气候变化的协同治理是该领域最新的研究前沿之一，通过气候政策的实施可以减少空气污染，从而有利于身体健康，因此是否存在最佳的空气污染与气候变化政策组合，也值得进一步探讨。

参考文献

[1] 白志鹏，蔡斌彬，董海燕，等. 灰霾的健康效应[J]. 环境污染与防治，2006(03)：198-201.

[2] 蔡子颖，姚青，韩素芹，等. 气溶胶直接气候效应对天津气象和空气质量的影响[J]. 中国环境科学，2017，37(3)：908-914.

[3] 曾先峰，王天琼，李印. 基于损害的西安市空气污染经济损失研究[J]. 干旱区资源与环境，2015，29(1)：105-110.

[4] 陈仁杰，陈秉衡，阚海东. 我国113个城市大气颗粒物污染的健康经济学评价[J]. 中国环境科学，2010，30(3)：410-415.

[5] 陈帅. 气候变化对中国小麦生产力的影响——基于黄淮海平原的实证分析[J]. 中国农村经济，2015(07)：4-16.

[6] 陈素梅，何凌云. 环境、健康与经济增长：最优能源税收入分配研究[J]. 经济研究，2017，52(4)：120-134.

[7] 戴海夏，宋伟民，高翔，等. 上海市A城区大气$PM_{(10)}$、$PM_{(2.5)}$污染与居民日死亡数的相关分析[J]. 卫生研究，2004(03)：293-297.

[8] 刁贝娣，曾克峰，苏攀达，等. 中国工业氮氧化物排放的时空分布特征及驱动因素分析[J]. 资源科学，2016，38(9)：1768-1779.

[9] 丁镭，方雪娟，陈昆仑. 中国$PM_{2.5}$污染对居民健康的影响及经济损失核算[J]. 经济地理，2021，41(7)：82-92.

[10] 丁一汇，李巧萍，柳艳菊，等. 空气污染与气候变化[J]. 气象，2009，35(3)：3-14，129.

[11] 范唯唯. NASA研究发现臭氧空洞恢复的直接证据[J]. 空间科学学报，2018，38(3)：275.

[12] 方博，钱耐思，陈蕾，等. 2013-2017年上海市$PM_{2.5}$短期暴露对人群呼吸系统疾病超额死亡的风险评估[J]. 疾病监测，2022，37(8)：1112-1117.

[13] 符传博，丹利. 空气污染加剧对中国区域散射辐射比例的影响[J]. 科学通报，2018，63(25)：2655-2665.

[14] 过孝民，张慧勤. 我国环境污染造成经济损失估算[J]. 中国环境科学，1990(1)：51-59.

[15] 郝汉舟，周校兵. 中国省际绿色发展指数空间计量分析[J]. 统计与决策，2018，34(12)：114-118.

[16] 郝淑双，朱喜安. 中国区域绿色发展水平影响因素的空间计量[J]. 经济经纬，2019，36(1)：10-17.

[17] 何蔚云，吴燕，郭巍，等. 广州市空气污染对居民每日急救病例影响的短期效

应[J]. 中华疾病控制杂志, 2019, 23(7): 828-834.

[18] 何振芳, 郭庆春, 刘加珍, 等. 河北省空气污染时空变化特征及其影响因素[J]. 自然资源学报, 2021, 36(2): 411-419.

[19] 侯亚冰, 张馨予, 曹新西, 等. 经济发展、空气污染与呼吸系统疾病负担的交互影响[J]. 中国慢性病预防与控制, 2020, 28(5): 329-333.

[20] 华琨, 罗忠伟, 贾斌, 等. 天津市空气污染的健康影响分析[J]. 环境科学, 2023, 44(05): 2492-2501.

[21] 黄永明, 何凌云. 城市化、环境污染与居民主观幸福感——来自中国的经验证据[J]. 中国软科学, 2013, (12): 82-93.

[22] 姜磊, 周海峰, 柏玲. 基于空间计量模型的中国城市化发展与城市空气质量关系[J]. 热带地理, 2019, 39(3): 461-471.

[23] 阚海东, 陈秉衡. 我国大气颗粒物暴露与人群健康效应的关系[J]. 环境与健康杂志, 2002, (06): 422-424.

[24] 李超, 李涵. 空气污染对企业库存的影响——基于我国制造业企业数据的实证研究[J]. 管理世界, 2017, (08): 95-105.

[25] 李惠娟, 周德群, 魏永杰. 我国城市 $PM_{2.5}$ 污染的健康风险及经济损失评价[J]. 环境科学, 2018, 39(8): 3467-3475.

[26] 李娟, 郑海涛, 李金香, 等. 基于生命周期评价的城市生活垃圾焚烧过程环境影响研究[J]. 环境污染与防治, 2022, 44(9): 1209-1215.

[27] 李明, 张亦然. 空气污染的移民效应——基于来华留学生高校-城市选择的研究[J]. 经济研究, 2019, 54(6): 168-182.

[28] 李攀艺, 胡丹, 曹奥臣. 我国城市房价与空气质量关系研究——基于139个城市经验证据的分析[J]. 价格理论与实践, 2020, (06): 166-169.

[29] 李小飞, 张明军, 王圣杰, 等. 中国空气污染指数变化特征及影响因素分析[J]. 环境科学, 2012, 33(6): 1936-1943.

[30] 林南, 王玲, 潘允康, 等. 生命质量的结构与指标——1985年天津千户户卷调查资料分析[J]. 社会学研究, 1987, (06): 73-89.

[31] 刘瑾, 张柳源, 武美琼, 等. 太原市空气污染物浓度对孕期睡眠质量的影响[J]. 中国预防医学杂志, 2023, 24(03): 231-237.

[32] 刘长焕, 邓雪娇, 朱彬, 等. 近10年中国三大经济区太阳总辐射特征及其与 O_3、$PM_{2.5}$ 的关系[J]. 中国环境科学, 2018, 38(8): 2820-2829.

[33] 刘志宏. 某大型天然气净化厂 SO_2 排放对区域农作物的影响预测研究[D]. 西南交通大学, 2012.

[34] 龙泳, 刘学东, 段利平, 等. 失能调整寿命年与人力资本法结合估计间接经济负担的研究[J]. 中华流行病学杂志, 2007, 28(7): 708-711.

[35] 罗干, 徐北瑶, 王体健, 等. 区域大气环境模拟系统 RegAEMS 的研究进展[J]. 中国环境科学, 2022, 42(10): 4571-4580.

[36] 罗进辉, 巫奕龙. 空气污染会倒逼企业进行绿色创新吗?[J]. 系统工程理论与实践, 2023, 43(02): 321-349.

[37] 吕小康, 王丛. 空气污染对认知功能与心理健康的损害[J]. 心理科学进展, 2017, 25(1): 111-120.

[38] 毛敏娟, 刘厚通, 徐宏辉, 等. 多元观测资料融合应用的灰霾天气关键成因研究[J]. 环境科学学报, 2013, 33(3): 806-813.

[39] 彭立颖, 童行伟, 沈永林. 上海市经济增长与环境污染的关系研究[J]. 中国人口·资源与环境, 2008, (03): 186-194.

[40] 祁毓, 卢洪友, 张宁川. 环境质量、健康人力资本与经济增长[J]. 财贸经济, 2015, (06): 124-135.

[41] 祁毓, 卢洪友. 污染、健康与不平等——跨越"环境健康贫困"陷阱[J]. 管理世界, 2015, (09): 32-51.

[42] 钱峻屏, 黄菲, 杜鹃, 等. 广东省雾霾天气能见度的时空特征分析Ⅰ: 季节变化[J]. 生态环境, 2006, (06): 1324-1330.

[43] 邵振艳, 周涛, 史培军, 等. 空气污染对中国重点城市地面总辐射影响的时空特征[J]. 高原气象, 2009, 28(5): 1105-1114.

[44] 宋弘, 孙雅洁, 陈登科. 政府空气污染治理效应评估——来自中国"低碳城市"建设的经验研究[J]. 管理世界, 2019, 35(6): 95-108, 195.

[45] 宋衍蘅, 宋云玲. 空气质量会影响审计师的专业判断吗?[J]. 会计研究, 2019, (09): 71-77.

[46] 宋宇, 唐孝炎, 方晨, 等. 北京市能见度下降与颗粒物污染的关系[J]. 环境科学学报, 2003, (04): 468-471.

[47] 宿兴涛, 王汉杰, 宋帅, 等. 近10年东亚沙尘气溶胶辐射强迫与温度响应[J]. 高原气象, 2011, 30(5): 1300-1307.

[48] 宿兴涛, 许丽人, 魏强, 等. 东亚地区沙尘气溶胶对降水的影响研究[J]. 高原气象, 2016, 35(1): 211-219.

[49] 孙家仁, 许振成, 刘煜, 等. 气候变化对环境空气质量影响的研究进展[J]. 气候与环境研究, 2011, 16(6): 805-814.

[50] 覃志豪, 唐华俊, 李文娟. 气候变化对我国粮食生产系统影响的研究前沿[J]. 中国农业资源与区划, 2015, 36(01): 1-8.

[51] 涂正革, 张茂榆, 许章杰, 等. 收入增长、空气污染与公众健康——基于CHNS的微观证据[J]. 中国人口·资源与环境, 2018, 28(6): 130-139.

[52] 汪宏宇, 龚强, 付丹丹. 沈阳空气质量对到达地面太阳辐射的影响分析[J]. 中

国环境科学，2020，40(7)：2839-2849.

[53] 汪伟全. 空气污染的跨域合作治理研究——以北京地区为例[J]. 公共管理学报，2014，11(1)：55-64，140.

[54] 王桂芝，武灵艳，陈纪波，等. 北京市 $PM_{2.5}$ 污染健康经济效应的 CGE 分析[J]. 中国环境科学，2017，37(7)：2779-2785.

[55] 王宏，龚山陵，张红亮，等. 新一代沙尘天气预报系统 GRAPES_CUACE/Dust：模式建立、检验和数值模拟[J]. 科学通报，2009，54(24)：3878-3891.

[56] 王金南，宁淼，严刚，等. 实施气候友好的空气污染防治战略[J]. 中国软科学，2010，(10)：28-36，111.

[57] 王金南. 环境经济学：理论，方法，政策[M]. 北京：清华大学出版社，1994：19.

[58] 王丽琼. 中国氮氧化物排放区域差异及减排潜力分析[J]. 地理与地理信息科学，2010，26(4)：95-98，103.

[59] 王梅，张晨阳，阮烨，等. 兰州市空气污染治理对居民死亡负担及过早死亡经济损失的影响[J]. 中国预防医学杂志，2021，22(5)：356-361.

[60] 王平利，戴春雷，张成江. 城市大气中颗粒物的研究现状及健康效应[J]. 中国环境监测，2005，(01)：83-87.

[61] 王倩，刘苗苗，杨建勋，毕军. 2013～2019年臭氧污染导致的江苏稻麦产量损失评估[J]. 中国环境科学，2021，41(11)：5094-5103.

[62] 王体健，李宗恺，南方. 区域酸性沉降的数值研究——Ⅰ. 模式[J]. 大气科学，1996，(05)：606-614.

[63] 王旭艳. 武汉市空气污染对呼吸系统疾病的住院影响及经济损失研究[D]. 武汉大学，2021.

[64] 王玉泽，罗能生. 空气污染，健康折旧与医疗成本——基于生理，心理及社会适应能力三重视角的研究[J]. 经济研究，2020，55(12)：80-97.

[65] 王跃思，张军科，王莉莉，等. 京津冀区域大气霾污染研究意义、现状及展望[J]. 地球科学进展，2014，29(3)：388-396.

[66] 王占刚，师华定. 气候变化与空气污染的互馈集成系统设计[J]. 资源科学，2012，34(8)：1416-1421.

[67] 王自发，谢付莹，王喜全，等. 嵌套网格空气质量预报模式系统的发展与应用[J]. 大气科学，2006，(05)：778-790.

[68] 魏下海，林涛，张宁，等. 无法呼吸的痛：雾霾对个体生产率的影响——来自中国职业足球运动员的微观证据[J]. 财经研究，2017，43(7)：4-19.

[69] 吴兑. 近十年中国灰霾天气研究综述[J]. 环境科学学报，2012，32(2)：257-269.

[70] 吴开亚，王玲杰. 巢湖流域空气污染的经济损失分析[J]. 长江流域资源与环境，

2007，(06)：781-785.

[71] 吴琴琴. 空气污染对中国股票市场的影响研究[D]. 重庆大学，2019.

[72] 吴婷婷，路云，艾丹丹，等. 江苏省老年共病患者患病率及健康相关生命质量研究：基于 EQ-5D 量表效用值的测算[J]. 中国全科医学，2020，23(S1)：47-51.

[73] 息晨，尹雪晶，刘晓鸥，等. 雾霾下的美食经济——空气污染与居民外出就餐行为[J]. 世界经济文汇，2020，(06)：16-36.

[74] 夏光，赵毅红. 中国环境污染损失的经济计量与研究[J]. 管理世界，1995,(06)：198-205.

[75] 相鹏，耿柳娜，周可新，等. 空气污染的负外部性效应及理论模型：环境心理学的视角[J]. 心理科学进展，2017，25(4)：691-700.

[76] 谢元博，陈娟，李巍. 雾霾重污染期间北京居民对高浓度 $PM_{2.5}$ 持续暴露的健康风险及其损害价值评估[J]. 环境科学，2014，35(1)：1-8.

[77] 徐北瑶，王体健，李树，等. "双碳"目标对我国未来空气污染和气候变化的影响评估[J]. 科学通报，2022，67(8)：784-794.

[78] 徐嵩龄. 中国环境破坏的经济损失研究：它的意义、方法、成果及研究建议（上）[J]. 中国软科学，1997，(11)：115-127.

[79] 许志华，曾贤刚，虞慧怡，等. 公众幸福感视角下环境污染的影响及定价研究[J]. 重庆大学学报（社会科学版），2018，24(4)：12-27.

[80] 杨刚，钟贵江，伍钧，邓仕槐.高硫气田 SO_2 排放对水稻生长及产量的影响[J]. 中国生态农业学报，2010，18(04)：827-830.

[81] 姚龙仁，王肖君，卓超，等. 模拟酸雨对茶园土壤磷素溶出特征与形态的影响[J]. 浙江农业学报，2022，34(12)：2700-2709.

[82] 于寄语，杨洋. 卫生投资、居民健康水平与经济增长的相互影响研究[J]. 中国卫生经济，2016，35(4)：74-76.

[83] 于潇,陈叙光,梁嘉宁. 空气污染、公共服务与人口集聚[J]. 人口学刊，2022，44(3)：88-99.

[84] 余典范，李斯林，周腾军. 中国城市空气质量改善的产业结构效应——基于新冠疫情冲击的自然实验[J]. 财经研究，2021，47(3)：19-34.

[85] 余红伟，沈芳，钟国栋，等. 蓝天也是金山银山——雾霾治理的经济价值测度[J]. 投资研究，2022，41(1)：128-141.

[86] 余红伟，徐嘉慧，林子祥，等. 空气污染治理的社会安全效应研究——基于犯罪的视角[J]. 中国软科学，2022，(08)：162-171.

[87] 余锡刚，吴建，郦颖，等. 灰霾天气与大气颗粒物的相关性研究综述[J]. 环境污染与防治，2010，32(2)：86-88，94.

[88] 张良, 谢佳慧, 徐翔. 空气污染、生产资料与农业生产经营[J]. 财经问题研究, 2017, (10): 119-125.

[89] 张亮亮, 张朝, 曹娟, 李子悦, 陶福禄. GEE环境下的玉米低温冷害损失快速评估[J]. 遥感学报, 2020, 24(10): 1206-1220.

[90] 张庆丰, Crooks R. 迈向环境可持续的未来:中华人民共和国国家环境分析[M]. 北京: 中国时政经济出版社.2012: 46-52.

[91] 张文静, 王彦文, 杜鹏, 等. 江苏省空气污染对儿童肺通气功能的短期效应研究[J]. 气象学报, 2022, 80(3): 385-391.

[92] 张燕, 章杰宽. 旅游、经济、能源和二氧化碳排放:基于东盟的实证分析[J]. 旅游学刊, 2021, 36(12): 26-39.

[93] 张义, 王爱君. 空气污染健康损害、劳动力流动与经济增长[J]. 山西财经大学学报, 2020, 42(3): 17-30.

[94] 张云权, 吴凯, 朱慈华, 等. 武汉市江岸区空气污染与脑卒中死亡关系的时间序列分析[J]. 中华预防医学杂志, 2015, 49(7): 605-610.

[95] 赵绍阳, 卢历祺. 空气污染影响人们的生育行为吗——基于中国的经验研究[J]. 中国经济问题, 2022, (01): 61-75.

[96] 赵玉杰, 高扬, 周欣悦. 天气和空气污染对诚信行为的影响:一项校园丢钱包的现场实验[J]. 心理学报, 2020, 52(7): 909-920.

[97] 赵泽濛, 郭默宁, 谭鹏, 等. 空气污染短期暴露与北京市高血压患者缺血性脑卒中入院关联分析[J]. 中国公共卫生, 2022, 38(10): 1258-1263.

[98] 郑朝鹏, 叶建亮, 史晋川. 媒体压力与空气质量改善[J]. 经济理论与经济管理, 2022, 42(11): 57-73.

[99] 郑易生, 阎林, 钱薏红. 90年代中期中国环境污染经济损失估算[J]. 管理世界, 1999, (02): 189-197, 207.

[100] 周安国, 陈德全, 吕菲菲. 浙江省空气污染造成的经济损失初步估算[J]. 环境污染与防治, 1998, (06): 36-38.

[101] 周兆媛, 张时煌, 高庆先, 等. 京津冀地区气象要素对空气质量的影响及未来变化趋势分析[J]. 资源科学, 2014, 36(1): 191-199.

[102] 朱欢, 王鑫. 空气质量、相对剥夺与居民生活满意度[J]. 软科学, 2022, 36(2): 71-77.

[103] 朱彤, 万薇, 刘俊, 等. 世界卫生组织《全球空气质量指南》修订解读[J]. 科学通报, 2022, 67(8): 697-706.

[104] 朱晓晶, 钱岩, 李晓倩, 等. 黑碳气溶胶的研究现状:定义及对健康、气候等的影响[J]. 环境科学研究, 2021, 34(10): 2536-2546.

[105] Abulude, F. O., Abulude, I. A., Oluwagbayide, S. D., et al. Air quality index: a

case of 1-day monitoring in 253 Nigerian urban and suburban towns[J]. Journal of Geovisualization Spatial Analysis, 2022, 6(1): 5.

[106] Ahsan, F.; Chandio, A.A.; Fang, W. Climate change impacts on cereal crops production in Pakistan. *Int. J. Clim. Chang. Strateg. Manag.* 2020, *12*, 257–269.

[107] Ain, Q., Ullah, R., Kamran, M. A., et al. Air pollution and its economic impacts at household level: Willingness to pay for environmental services in Pakistan[J]. Environmental Science Pollution Research, 2021, 28(6): 6611-6618.

[108] Akimoto, H. Global air quality and pollution[J]. Science, 2003, 302(5651): 1716-1719.

[109] An, J. L., Wang, Y. S., Li, X., et al. Analysis of the relationship between NO, NO2 and O3 concentrations in Beijing[J]. Huan jing ke xue=Huanjing kexue, 2007, 28(4): 706-711.

[110] Aragon, F. M., Miranda, J. J., Oliva, P. Particulate matter and labor supply: The role of caregiving and non-linearities[J]. Journal of Environmental Economics Management, 2017, 86: 295-309.

[111] Archsmith, J., Heyes, A., Saberian, S. Air quality and error quantity: Pollution and performance in a high-skilled, quality-focused occupation[J]. Journal of the Association of Environmental Resource Economists, 2018, 5(4): 827-863.

[112] Aslanidis, N., Xepapadeas, A. Smooth transition pollution–income paths[J]. Ecological Economics, 2006, 57(2): 182-189.

[113] Atkinson, R. W., Ross Anderson, H., Sunyer, J., et al. Acute effects of particulate air pollution on respiratory admissions: results from APHEA 2 project [J]. American journal of respiratory critical care medicine, 2001, 164(10): 1860-1866.

[114] Bell, M. L., Davis, D. L. Reassessment of the lethal London fog of 1952: novel indicators of acute and chronic consequences of acute exposure to air pollution[J]. Environmental health perspectives, 2001, 109(suppl 3): 389-394.

[115] Bondy, M., Roth, S., Sager, L. Crime is in the air: The contemporaneous relationship between air pollution and crime[J]. Journal of the Association of Environmental Resource Economists, 2020, 7(3): 555-585.

[116] Burkhardt, J., Bayham, J., Wilson, A., et al. The effect of pollution on crime: Evidence from data on particulate matter and ozone[J]. Journal of Environmental Economics Management, 2019, 98: 102267.

[117] Calderón-Garcidueñas, L., Engle, R., Mora-Tiscareño, A., et al. Exposure to severe urban air pollution influences cognitive outcomes, brain volume and systemic inflammation in clinically healthy children [J]. Brain cognition, 2011,

77(3): 345-355.

[118] Cao, Y., Wang, Q., Zhou, D. Does air pollution inhibit manufacturing productivity in Yangtze River Delta, China? Moderating effects of temperature[J]. Journal of Environmental Management, 2022, 306: 114492.

[119] Casas, L., Cox, B., Bauwelinck, M., et al. Does air pollution trigger suicide? A case-crossover analysis of suicide deaths over the life span[J]. European journal of epidemiology, 2017, 32(9): 73-81.

[120] Casemir, B.H.; Diaw, A. Analysis of climate change effect on agricultural production in Benin. *Asian J. Agric. Ext. Econ. Soc.* 2018, 24, 1–12.

[121] Chang, T. Y., Graff Zivin, J., Gross, T., et al. The effect of pollution on worker productivity: evidence from call center workers in China[J]. American Economic Journal：Applied Economics, American Economic Journal：Applied Economics, 2019, 11(1): 151-172.

[122] Chay, K. Y., Greenstone, M. The impact of air pollution on infant mortality: evidence from geographic variation in pollution shocks induced by a recession[J]. The quarterly journal of economics, 2003, 118(3): 1121-1167.

[123] Chen, L., Lin, J., Martin, R., et al. Inequality in historical transboundary anthropogenic PM2. 5 health impacts[J]. Science Bulletin，[J]. Science Bulletin, 2022, 67(4): 437-444.

[124] Chew, S. H., Huang, W., Li, X. Does haze cloud decision making? A natural laboratory experiment[J]. Journal of Economic Behavior Organization, 2021, 182: 132-161.

[125] Chijioke, O.B.; Haile, M.; Waschkeit, C. Implications of climate change on crop yield and food accessibility in sub-saharan Africa. In *Interdisciplinary Term Paper*; Center for Development Research, University of Bonn: Bonn, Germany, 2011; Available online: http：//www.zef.de/fileadmin/downloads/forum/docprog/ Termpapers/2011_1_Oyiga__Haile_Waschkeit.pdf (accessed on 13 September 2013).

[126] Cohen, A. J., Brauer, M., Burnett, R., et al. Estimates and 25-year trends of the global burden of disease attributable to ambient air pollution: an analysis of data from the Global Burden of Diseases Study 2015[J]. The lancet，2017, 389(10082): 1907-1918.

[127] Cook, N., Heyes, A. Pollution pictures: Psychological exposure to pollution impacts worker productivity in a large-scale field experiment[J]. Journal of Environmental Economics Management, 2022, 114: 102691.

[128] Cropper, M. L. Measuring the Benefits from Reduced Morbidity[J]. American Economic Review, American Economic Review, 1981, 71(2): 235-240.

[129] Cureton, S. Environmental victims: environmental injustice issues that threaten the health of children living in poverty[J]. Reviews on Environmental Health, Reviews on Environmental Health, 2011, 26(3): 141–147.

[130] Darçın, M. Association between air quality and quality of life[J]. Environmental Science and Pollution Research, 2014, 21(3): 1954-1959.

[131] Delucchi, M. A., Murphy, J. J., McCubbin, D. R. The health and visibility cost of air pollution: a comparison of estimation methods[J]. Journal of environmental management, 2002, 64(2): 139-152.

[132] Denby, B., Sundvor, I., Cassiani, M., et al. Spatial mapping of ozone and SO2 trends in Europe [J]. Science of the Total Environment, 2010, 408(20): 4795-4806.

[133] Deschênes, O. and Greenstone, M.: The Economic Impacts of Climate Change: Evidence from Agricultural Output and Random Fluctuations in Weather, *The American Economic Review*, 97(1): 354-385, 2007.

[134] Deschenes, O., Greenstone, M., Shapiro, J. S. Defensive investments and the demand for air quality: Evidence from the NOx budget program[J]. American Economic Review, 2017, 107(10): 2958-2989.

[135] Dijkstra, P., Schapendonk, A. H., Groenwold, K. O., et al. Seasonal changes in the response of winter wheat to elevated atmospheric CO2 concentration grown in Open‐Top Chambers and field tracking enclosures [J]. Global Change Biology, 1999, 5(5): 563-576.

[136] Dolfman, M. L. The concept of health: an historic and analytic examination[J]. Journal of School Health, 1973, 43(8): 491-497.

[137] Dong, R., Fisman, R., Wang, Y., et al. Air pollution, affect, and forecasting bias: Evidence from Chinese financial analysts[J]. Journal of Financial Economics, 2021, 139(3): 971-984.

[138] Feng, T., Chen, H., Liu, J. Air pollution-induced health impacts and health economic losses in China driven by US demand exports[J].Journal of Environmental Management, Journal of Environmental Management, 2022, 324: 116355.

[139] Fleury-Bahi, G., Préau, M., Annabi-Attia, T., et al. Perceived health and quality of life: the effect of exposure to atmospheric pollution[J]. Journal of Risk Research, 2015, 18(2): 127-138.

[140] Fonken, L. K., Xu, X., Weil, Z. M., et al. Air pollution impairs cognition,

provokes depressive-like behaviors and alters hippocampal cytokine expression and morphology [J]. Molecular psychiatry, 2011, 16(10): 987-995.

[141] Forouzanfar, M. H., Afshin, A., Alexander, L. T., et al. Global, regional, and national comparative risk assessment of 79 behavioural, environmental and occupational, and metabolic risks or clusters of risks, 1990–2015: a systematic analysis for the Global Burden of Disease Study 2015[J]. The lancet, 2016, 388(10053): 1659-1724.

[142] Fujii, H., Managi, S., Kaneko, S. Decomposition analysis of air pollution abatement in China: empirical study for ten industrial sectors from 1998 to 2009 [J]. Journal of Cleaner Production 2013, 59: 22-31.

[143] Gama, C., Monteiro, A., Pio, C., et al. Temporal patterns and trends of particulate matter over Portugal: a long-term analysis of background concentrations [J]. Air Quality, Atmosphere Health, 2018, 11: 397-407.

[144] Gocheva-Ilieva, S. G., Ivanov, A. V., Voynikova, D. S., et al. Time series analysis and forecasting for air pollution in small urban area: an SARIMA and factor analysis approach[J]. Stochastic environmental research risk assessment, 2014, 28: 1045-1060.

[145] Grossman, G. M., Krueger, A. B. Economic growth and the environment[J]. The quarterly journal of economics, 1995, 110(2): 353-377.

[146] Guo, D., Wang, A., Zhang, A. T. Pollution exposure and willingness to pay for clean air in urban China [J]. Journal of Environmental Management, 2020, 261(C): 110174.

[147] He, Q., Ji, X. J. The labor productivity consequences of exposure to particulate matters: evidence from a Chinese National Panel Survey[J]. International journal of environmental research and public health, 2021, 18(23): 12859.

[148] Heidarinejad, Z., Kavosi, A., Mousapour, H., et al. Data on evaluation of AQI for different season in Kerman, Iran, 2015[J]. Data in brief, 2018, 20: 1917-1923.

[149] Heyes, A., Zhu, M. Air pollution as a cause of sleeplessness: Social media evidence from a panel of Chinese cities[J]. Journal of Environmental Economics and Management, 2019, 98: 102247.

[150] Huang, J., Xu, N., Yu, H. Pollution and performance: Do investors make worse trades on hazy days?[J]. Management Science, 2020, 66(10): 4455-4476.

[151] Huang, R. J., Zhang, Y., Bozzetti, C., et al. High secondary aerosol contribution to particulate pollution during haze events in China[J]. Nature, 2014, 514(7521): 218-222.

[152] Huang, Z., Zheng, W., Tan, X., et al. Polluted air increases perceived corruption [J]. Journal of Pacific Rim Psychology, 2016, 10: e13.

[153] Janjua, P.Z.; Samad, G.; Khan, N. Climate change and wheat production in Pakistan: An autoregressive distributed lag approach. *NJAS Wagening J. Life Sci.* 2014, *68*, 13–19.

[154] Janke, K. Air pollution, avoidance behaviour and children's respiratory health: evidence from England [J]. Journal of health economics, 2014, 38: 23-42.

[155] Ji, M., Jiang, Y., Han, X., et al. Spatiotemporal relationships between air quality and multiple meteorological parameters in 221 Chinese cities[J]. Complexity, 2020, 2020: 1-25.

[156] Johnson, J. Y., Villeneuve, P. J., Pasichnyk, D., et al. A retrospective cohort study of stroke onset: implications for characterizing short term effects from ambient air pollution[J]. Environmental Health, 2011, 10(1): 1-9.

[157] Joshi, N.P.; Maharjan, K.L.; Piya, L. *Effect of Climate Variables on Yield of Major Food Crops in Nepal-A Time-Series Analysis*; MPRA Paper No. 35379; Springer: Tokyo, Japan, 2013.

[158] Kan, H., London, S. J., Chen, G., et al. Differentiating the effects of fine and coarse particles on daily mortality in Shanghai, China[J].Environment International, 2007, 33(3): 376-384.

[159] Keeling, C. D. The concentration and isotopic abundances of carbon dioxide in rural and marine air [J]. Geochimica et Cosmochimica Acta, 1961, 24(3-4): 277-298.

[160] Kennelly, B. How should cost-of-illness studies be interpreted?[J]. The Lancet Psychiatry, 2017, 4(10): 735-736.

[161] Kim, H., Cho, J., Isehunwa, O., et al. Marriage as a social tie in the relation of depressive symptoms attributable to air pollution exposure among the elderly[J]. Journal of affective disorders, 2020, 272: 125-131.

[162] Kumar, P.; Sahu, N.C.; Kumar, S.; Ansari, M.A. Impact of climate change on cereal production: Evidence from lower-middleincome countries. *Environ. Sci. Pollut. Res.* 2021, *28*, 51597–51611.

[163] Künzli, N., Bridevaux, P.O., Liu, L.S., et al. Traffic-related air pollution correlates with adult-onset asthma among never-smokers[J]. Thorax, 2009, 64(8): 664-670.

[164] Lelieveld, J., Evans, J. S., Fnais, M., et al. The contribution of outdoor air pollution sources to premature mortality on a global scale[J]. Nature, Nature, 2015,

525(7569): 367-371.

[165] Levy, T., Yagil, J. Air pollution and stock returns in the US[J]. Journal of Economic Psychology, 2011, 32(3): 374-383.

[166] Li, C., Wang, B., Fang, Z., et al. Plant species diversity is driven by soil base cations under acid deposition in desert coal-mining region in northwestern China[J]. Ecological Indicators, 2022, 145: 109682.

[167] Li, S., Wang, T., Huang, X., et al. Impact of East Asian summer monsoon on surface ozone pattern in China [J]. Journal of Geophysical Research: Atmospheres, 2018, 123(2): 1401-1411.

[168] Li, Y., Chiu, Y., Lu, L. C. Energy and AQI performance of 31 cities in China [J]. Energy Policy, 2018, 122: 194-202.

[169] Li, Y., Guan, D., Yu, Y., et al. A psychophysical measurement on subjective well-being and air pollution[J]. Nature Communications, 2019, 10(1): 5473.

[170] Liao, L., Liao, H. Role of the radiative effect of black carbon in simulated PM 2.5 concentrations during a haze event in China[J]. Atmospheric and Oceanic Science Letters, 2014, 7(5): 434-440.

[171] Liao, X., Tu, H., Maddock, J. E., et al. Residents' perception of air quality, pollution sources, and air pollution control in Nanchang, China[J]. Atmospheric pollution research, 2015, 6(5): 835-841.

[172] Lim, N. O., Hwang, J., Lee, S.J., et al. Spatialization and Prediction of Seasonal NO2 Pollution Due to Climate Change in the Korean Capital Area through Land Use Regression Modeling[J]. International journal of environmental research and public health, 2022, 19(9): 5111.

[173] Lim, S. S., Vos, T., Flaxman, A. D., et al. A comparative risk assessment of burden of disease and injury attributable to 67 risk factors and risk factor clusters in 21 regions, 1990–2010: a systematic analysis for the Global Burden of Disease Study 2010[J]. The lancet, 2012, 380(9859): 2224-2260.

[174] Lin, X., Wang, D. Spatio-temporal variations and socio-economic driving forces of air quality in Chinese cities [J]. Acta Geographica Sinica, 2016, 71(8): 1357-1371.

[175] Liu Yansui, Liu Yu, Guo Liying. The Impact of Climate Change on Agricultural Production and Coping Strategies in China[J]. *Chinese Journal of Eco-Agriculture*, 2010, 18(4): 905-910.

[176] Liu, G. G., Wu, H., Li, M., et al. Chinese time trade-off values for EQ-5D health states[J]. Value in health, 2014, 17(5): 597-604.

[177] Liu, H., Hu, T. How does air quality affect residents' life satisfaction? Evidence based on multiperiod follow-up survey data of 122 cities in China[J]. Environmental Science Pollution Research, 2021, 28(43): 61047-61060.

[178] Liu, H., Li, Q., Yu, D., et al. Air quality index and air pollutant concentration prediction based on machine learning algorithms[J]. Applied Sciences, 2019, 9(19): 4069.

[179] Liu, H., Salvo, A.. Severe air pollution and child absences when schools and parents respond [J]. Journal of Environmental Economics Management, 2018, 92: 300-330.

[180] Liu, L., Long, Y., Zhang, T., et al. Sub-Health status of the young and middle-aged populations and the relationships among sub-health, sleepness and personality in Hubei Province, China[J]. Zhonghua Liu Xing Bing Xue Za Zhi= Zhonghua Liuxingbingxue Zazhi, 2010, 31(9): 970-974.

[181] Liu, P., Zhao, C., Göbel, T., et al. Hygroscopic properties of aerosol particles at high relative humidity and their diurnal variations in the North China Plain[J]. Atmospheric Chemistry Physics, 2011, 11(7): 3479-3494.

[182] Liu, T., He, G., Lau, A. J.. Avoidance behavior against air pollution: evidence from online search indices for anti-PM 2.5 masks and air filters in Chinese cities [J]. Environmental Economics Policy Studies, 2018, 20: 325-363.

[183] Lopez, L., Weber, S. Testing for Granger Causality in Panel Data [J]. The Stata Journal, 2017, 17(4): 972-984.

[184] Lu, H., Yue, A., Chen, H., et al. Could smog pollution lead to the migration of local skilled workers? Evidence from the Jing-Jin-Ji region in China [J]. Resources, conservation recycling, 2018, 130: 177-187.

[185] Lu, J. G., Lee, J. J., Gino, F., et al. Polluted morality: Air pollution predicts criminal activity and unethical behavior[J]. Psychological science, 2018, 29(3): 340-355.

[186] Luechinger, S. Air pollution and infant mortality: a natural experiment from power plant desulfurization [J]. Journal of health economics, 2014, 37: 219-231.

[187] Luo, L., Zhang, Y., Jiang, J., et al. Short-term effects of ambient air pollution on hospitalization for respiratory disease in Taiyuan, China: A time-series analysis[J]. International journal of environmental research public health, 2018, 15(10): 2160.

[188] Mendelsohn, R.; Nordhaus, W. and Shaw, D.: The Impact of Global Warming on Agriculture: A Ricardian Analysis, *The American Economic Review*, 84(4): 753-771, 1994.

[189] Mendoza, Y., Loyola, R., Aguilar, A., et al. Valuation of air quality in Chile: The life satisfaction approach[J]. Social Indicators Research, 2019, 145: 367-387.

[190] Menz, T. Do people habituate to air pollution? Evidence from international life satisfaction data[J]. Ecological Economics, 2011, 71: 211-219.

[191] Mohan, M., Kandya, A. An analysis of the annual and seasonal trends of air quality index of Delhi[J]. Environmental monitoring assessment, 2007, 131: 267-277.

[192] Moscoso-López, J. A., González-Enrique, J., Urda, D., et al. Hourly pollutants forecasting using a deep learning approach to obtain the AQI [J]. Logic Journal of the IGPL, 2023, 31(4): 722-738.

[193] Mulchi, C., Rudorff, B., Lee, E., et al. Morphological responses among crop species to full-season exposures to enhanced concentrations of atmospheric CO_2 and O_3[J]. Water, Air, Soil Pollution, 1995, 85: 1379-1386.

[194] Murray, C. J. L., Lopez, A. D., World Health Organization. Global comparative assessments in the health sector: disease burden, expenditures and intervention packages[J].World Health Organization, 1994.

[195] Mushkin, S. J. Health as an Investment[J]. Journal of political economy, 1962, 70(5, Part 2): 129-157.

[196] Naidenova, I., Parshakov, P., Suvorov, S. Air pollution and individual productivity: Evidence from the Ironman Triathlon results[J]. Economics Human Biology, 2022, 47: 101159.

[197] Nel, A. Air pollution-related illness: effects of particles[J]. Science, 2005, 308(5723): 804-806.

[198] Ozbay, F., der Heyde, T. A., Reissman, D., et al. The enduring mental health impact of the September 11th terrorist attacks: challenges and lessons learned[J]. Psychiatric Clinics, 2013, 36(3): 417-429.

[199] Peiris, D.R.; Crawford, J.W.; Grashoff, C.; Jefferies, R.A.; Porter, J.R.; Marshall, B. A simulation study of crop growth and development under climate change. *Agric. Meteorol.* 1996, *79*, 271–287.

[200] Pickson, R.B.; He, G.; Ntiamoah, E.B.; Li, C. Cereal production in the presence of climate change in China. *Environ. Sci. Pollut. Res.* 2020, *27*, 45802–45813.

[201] Poder, T. G., He, J. Willingness to pay for a cleaner car: The case of car pollution in Quebec and France[J]. Energy, 2017, 130: 48-54.

[202] Qin, Y., Zhu, H. Run away? Air pollution and emigration interests in China [J]. Journal of Population Economics, 2018, 31(1): 235-266.

[203] Ren, F., Zhu, Y., Le, D. The Spatial Effect of Air Pollution Governance on Labor Productivity: Evidence from 262 Chinese Cities[J]. International Journal of Environmental Research Public Health, 2022, 19(20): 13694.

[204] Reser, J. P., Swim, J. K. Adapting to and coping with the threat and impacts of climate change[J]. American Psychologist, 2011, 66(4): 277.

[205] Rickenbacker, H. J., Vaden, J. M., Bilec, M. M. Engaging Citizens in Air Pollution Research: Investigating the Built Environment and Indoor Air Quality and Its Impact on Quality of Life[J]. Journal of Architectural Engineering, 2020, 26(4): 04020041.

[206] Ridker, R. G., Henning, J. A. The Determinants of Residential Property Values with Special Reference to Air Pollution[J]. The Review of Economics and Statistics, 1967, 49(2): 246-257.

[207] Rudorff, B. F., Mulchi, C. L., Lee, E. H., et al. Effects of enhanced O3 and CO2 enrichment on plant characteristics in wheat and corn[J]. Environmental Pollution, 1996, 94(1): 53-60.

[208] Samuelson P A. The pure theory of public expenditure[J]. The review of economics and statistics, 1954: 387-389.

[209] Sarmiento, L. Air pollution and the productivity of high‐skill labor: evidence from court hearings[J]. The Scandinavian Journal of Economics, 2022, 124(1): 301-332.

[210] Schlenker, W.; Hanemann, W. and Fisher, A.: The Impact of Global Warming on US Agriculture: An Econometric Analysis of Optimal Growing Conditions, *Review of Economics and Statistics*, 88(1): 113-125, 2006.

[211] Sekhar, S. R. M., Siddesh, G. M., Tiwari, A., et al. Identification and Analysis of Nitrogen Dioxide Concentration for Air Quality Prediction Using Seasonal Autoregression Integrated with Moving Average[J]. Aerosol Science and Engineering, Aerosol Science and Engineering, 2020, 4(2): 137-146.

[212] Shi, Q., Guo, F. Do people have a negative impression of government on polluted days? Evidence from Chinese Cities[J]. Journal of Environmental Planning Management, 2019, 62(5): 797-817.

[213] Shi, X., Li, X., Chen, X., et al. Objective air quality index versus subjective perception: which has a greater impact on life satisfaction?[J]. Environment, Development Sustainability, 2022, 24(5): 6860-6877.

[214] Song, L. Impact analysis of air pollutants on the air quality index in jinan winter[J]. proceedings of the 2017 IEEE International Conference on

Computational Science and Engineering (CSE) and IEEE International Conference on Embedded and Ubiquitous Computing (EUC), F, 2017 [C]. IEEE.

[215] Sossou, S.; Igue, C.B.; Diallo, M. Impact of climate change on cereal yield and production in the Sahel： Case of Burkina Faso. *Asian J. Agric. Ext. Econ. Soc.* 2019, *37*, 1–11.

[216] Stanaway, J. D., Afshin, A., Gakidou, E., et al. Global, regional, and national comparative risk assessment of 84 behavioural, environmental and occupational, and metabolic risks or clusters of risks for 195 countries and territories, 1990–2017: a systematic analysis for the Global Burden of Disease Study 2017[J]. The lancet，2018, 392(10159): 1923-1994.

[217] Stone, C. J. Additive regression and other nonparametric models[J]. The annals of Statistics，1985, 13(2): 689-705.

[218] Sun, F., Koemle, D. B., Yu, X. Air pollution and food prices: evidence from China[J]. Australian Journal of Agricultural Resource Economics，2017, 61(2): 195-210.

[219] Sunyer，J.，Esnaola，M.，Alvarez-Pedrerol，M.，et al. Association between traffic-related air pollution in schools and cognitive development in primary school children：a prospective cohort study[J]. PLoS medicine，2015，12(3)：e1001792.

[220] Suwandee, S., Anupunpisit, V., Ratanamaneichat, C., et al. Quality of life and Environment of Communities along Saen Saeb Canal: A survey foundation of the physical and the current situation (Phase I) [J]. Procedia-Social Behavioral Sciences，2013, 88: 205-211.

[221] Taub, D. R., Miller, B., Allen, H. Effects of elevated CO2 on the protein concentration of food crops: a meta‐analysis [J]. Global Change Biology, 2008, 14(3): 565-575.

[222] Tao, F.; Yokozawa, M.; Liu, J.; Zhang, Z. Climate-crop yield relationships at provincial scales in China and the impacts of recent climate trends. *Clim. Res.* 2008, *38*, 83–94.

[223] Thimmegowda, G. G., Mullen, S., Sottilare, K., et al. A field-based quantitative analysis of sublethal effects of air pollution on pollinators[J].Proceedings of the National Academy of Sciences，2020, 117(34): 20653-20661.

[224] Tsai, S. S., Chen, C. C., Chen, P.S., et al. Ambient ozone exposure and hospitalization for substance abuse: A time-stratified case-crossover study in Taipei[J]. Journal of Toxicology Environmental Health, Part A，2022, 85(13): 553-560.

[225] Vos, T., Lim, S. S., Abbafati, C., et al. Global burden of 369 diseases and injuries in 204 countries and territories, 1990–2019: a systematic analysis for the Global Burden of Disease Study 2019[J]. The Lancet, 2020, 396(10258): 1204-1222.

[226] Wagner, J. G., Allen, K., Yang, H. Y., et al. Cardiovascular Depression in Rats Exposed to Inhaled Particulate Matter and Ozone: Effects of Diet-Induced Metabolic Syndrome[J]. Environmental health perspectives, 2014, 122(1): 27-33.

[227] Wang, C., Lin, Q., Qiu, Y. Productivity loss amid invisible pollution[J]. Journal of Environmental Economics Management, 2022, 112: 102638.

[228] Wang, H. M., Bell, J. F., Edwards, T. C., et al. Weight status, quality of life, and cigarette smoking among adolescents in Washington State [J]. Quality of Life Research, 2013, 22: 1577-1587.

[229] Wang, X., Zhang, Q., Chang, W. Y. Does economic agglomeration affect haze pollution? Evidence from China's Yellow River basin[J]. Journal of Cleaner Production, 2022, 335: 130271.

[230] Wei, J., Guo, X., Marinova, D., et al. Industrial SO2 pollution and agricultural losses in China: evidence from heavy air polluters[J]. Journal of Cleaner Production, 2014, 64: 404-413.

[231] Weuve, J., Puett, R. C., Schwartz, J., et al. Exposure to particulate air pollution and cognitive decline in older women[J]. Archives of internal medicine, 2012, 172(3): 219-227.

[232] Willgoose, C. E. Your Health Today[J]. Education, 1955, 75(8): 512.

[233] Williams, J. F. Personal hygiene applied [M]. WB Saunders, 1922: 529.

[234] Wong, T. W., Lau, T. S., Yu, T. S., et al. Air pollution and hospital admissions for respiratory and cardiovascular diseases in Hong Kong[J]. Occupational and environmental medicine, 1999, 56(10): 679-683.

[235] World Health Organization. Air quality guidelines: global update 2005: particulate matter, ozone, nitrogen dioxide, and sulfur dioxide[M]. World Health Organization, 2006: 163.

[236] Wu, D. X., Wang, G. X., Bai, Y. F., et al. Effects of elevated CO2 concentration on growth, water use, yield and grain quality of wheat under two soil water levels[J]. Agriculture, Ecosystems Environment, 2004, 104(3): 493-507.

[237] Wurr, D.; Edmondson, R.; Fellows, J. Climate change: A response surface study of the effects of CO2 and temperature on the growth of French beans. *J. Agric. Sci.* 2000, *135*, 379–387.

[238] Yan, Y., Bai, Z. P. Research advances in exposure to ambient particulate matter

and health effects[J]. Asian Journal of Ecotoxicology, 2012(2): 123-132.

[239] Yang Xiaoguang, Liu Zhijuan, Chen Fu, et al. The Possible Effects of Global Warming on Cropping Systems in China VI. Possible Effects of Future Climate Change on Northern Limits of Cropping System in China[J]. *Scientia Agricultura Sinica*, 2011, 44(8) : 1562-1570.

[240] Yao, M., Wu, G., Zhao, X., et al. Estimating health burden and economic loss attributable to short-term exposure to multiple air pollutants in China[J]. Environmental Research, 2020, 183: 109184.

[241] Yavuz, N. Ç. CO2 emission, energy consumption, and economic growth for Turkey: evidence from a cointegration test with a structural break[J]. Energy Sources, Part B: Economics, Planning, and Policy, 2014, 9(3): 229-235.

[242] Yi, F., Jiang, F., Zhong, F., et al. The impacts of surface ozone pollution on winter wheat productivity in China–An econometric approach[J]. Environmental Pollution, 2016, 208: 326-335.

[243] Zeng, S., Wu, L., Guo, Z. Does Air Pollution Affect Prosocial Behaviour? [J]. Frontiers in Psychology, 2022, 13: 752096.

[244] Zhang Y, Shi T, Wang A J, et al. Air pollution, health shocks and labor mobility[J]. International Journal of Environmental Research and Public Health, 2022, 19(3): 326-335.

[245] Zhang, J., Mu, Q. Management. Air pollution and defensive expenditures: Evidence from particulate-filtering facemasks[J]. Journal of Environmental Economics Management, 2018, 92: 517-536.

[246] Zhang, P., Zhou, X. Health and economic impacts of particulate matter pollution on hospital admissions for mental disorders in Chengdu, Southwestern China[J]. Science of the Total Environment, 2020, 733: 139114.

[247] Zhang, X.T., Liu, X. H., Su, C. W., et al. Does asymmetric persistence in convergence of the air quality index (AQI) exist in China?[J]. Environmental Science Pollution Research, 2020, 27: 36541-36569.

[248] Zheng, S., Wang, J., Sun, C., et al. Air pollution lowers Chinese urbanites' expressed happiness on social media[J]. Nature human behaviour, 2019, 3(3): 237-243.

[249] Zhou, G. Q., Xie, Y., Wu, J. B., et al. WRF-Chem based PM2.5 forecast and bias analysis over the East China Region[J]. China Environmental Science, 2016, 36(8): 2251-2259.

[250] Zhou, W., Wu, X., Ding, S., et al. Predictive analysis of the air quality indicators

in the Yangtze River Delta in China: An application of a novel seasonal grey model[J]. Science of The Total Environment, 2020, 748: 141428.

[251] Zhu, R., Zhang, C., Mei, M. The climate characteristics of atmospheric self-cleaning ability index and its application in China[J]. China Environ Sci, 2018, 38(10): 3601-3610.

[252] Zivin, J. G., Neidell, M. The impact of pollution on worker productivity[J]. China Environ Sci, 2012, 102(7): 3652-3673.

[253] Lovejoy, E.T.; Hannah, L. *Climate Change and Biodiversity*; Yale University Press: New Heaven, CT, USA; London, UK; Sheridan Books: Ann Arbor, MI, USA, 2005.

[254] Li, X.; Qin, D.; Li, J. *National Assessment Report on Climate Change*; Science Press: Beijing, China, 2007.

[255] Aryal, J.P.; Sapkota, T.B.; Khurana, R.; Khatri-Chhetri, A.; Rahut, D.B.; Jat, M.L. Climate change and agriculture in South Asia: Adaptation options in smallholder production systems. *Env. Dev. Sustain.* 2019, *22*, 5045-5075.

[256] Banerjee, C.; Adenaeuer, L. Up, up and away! The economics of vertical farming. *J. Agric. Stud.* 2014, *2*, 40.

[257] Ali, T.; Huang, J.; Wang, J.; Xie, W. Global footprints of water and land resources through China's food trade. *Glob. Food Secur.* 2017, *12*, 139-145.

[258] Adams, R.M.; Hurd, B.H.; Lenhart, S.; Leary, N. Effects of global climate change on agriculture: An interpretative review. *Clim. Res.* 1998, *11*, 19-30.

[259] Zhao, C.; Liu, B.; Piao, S.; Wang, X.; Lobell, D.B.; Huang, Y.; Asseng, S. Temperature increase reduces global yields of major crops in four independent estimates. *Proc. Natl. Acad. Sci. USA* 2017, *114*, 9326-9331.

[260] Shankar, S. Impacts of Climate Change on Agriculture and Food Security. In *Biotechnology for Sustainable Agriculture: Emerging Approaches and Strategies*; Lakahan, R., Mondal, S., Eds.; Elsevier: Amsterdam, The Netherlands, 2017.

[261] Howden, S.M.; Soussana, J.-F.; Tubiello, F.N.; Chhetri, N.; Dunlop, M.; Meinke, H. Adapting agriculture to climate change. *Proc. Natl. Acad. Sci. Sci. USA* 2007, *104*, 19691-19696.

[262] Xiong, W.; Lin, E.; Ju, H.; Xu, Y. Climate change and critical thresholds in China's food security. *Clim. Chang.* 2007, *81*, 205-221.

[263] Zhou, W. *Impact of Climate Change on Grain Production in China and Coping Strategies*; Nanjing Agricultural University: Nanjing, China, 2012.

[264] Jiang, M. *Research on Bean Improvement, Production and Utilization in China*

in the Twentieth Century; Nanjing Agricultural University: Nanjing, China, 2006.

[265] Meng, L. Review of domestic and international bean markets in 2011 and outlook for 2012. *Agric. Outlook* 2011, 11, 10-13.

[266] Lin, E. *Simulation of the Impact of Global Climate Change on Chinese Agriculture*; China Agricultural Science and Technology Press: Beijing, China, 1997.

[267] Cline, W. *Global Warming and Agriculture: Impact Estimates by Country*; Peterson Institute: Washington, DC, USA, 2007.

[268] Pan, G.-X.; Gao, M.; Hu, G.-H.; Wei, Q.-P.; Yang, X.-G.; Zhang, W.-Z.; Zhou, G.-S.; Zou, J.-W. Impacts of Climate Change on Agricultural Production in China. *J. Agric. Environ. Sci.* 2011, *30*, 1698-1706.

[269] Lobell, D.; Bänziger, M.; Magorokosho, C.; Vivek, B. Nonlinear Heat Effects on African Maize as Evidenced by Historical Yield Trials. *Nat. Clim. Chang.* 2011, *1*, 42-45.

[270] Sarker, M.A.R.; Alam, K.; Gow, J. Assessing the effects of climate change on rice yields: An econometric investigation using Bangladeshi panel data. *Econ. Anal. Policy* 2014, *10*, 405-416.

[271] Loum, A.; Fogarassy, C. The effects of climate change on cereals yield of production and food security in Gambia. *Appl. Stud. Agribus. Commer.* 2015, *9*, 83–92.

[272] Susanto, J.; Zheng, X.; Liu, Y.; Wang, C. The impacts of climate variables and climate-related extreme events on island country's tourism: Evidence from Indonesia. *J. Clean. Prod.* 2020, *276*, 124204.